电子信息前沿专著系列　　"十四五"时期国家重点出版物出版专项规划项目

国家出版基金项目
NATIONAL PUBLICATION FOUNDATION

高速目标长时间相参积累信号处理

● 李小龙　孙智　孔令讲　著

Long-time Coherent Integration Signal Processing
for High Speed Target

人民邮电出版社
北　京

图书在版编目（CIP）数据

高速目标长时间相参积累信号处理 / 李小龙，孙智，
孔令讲著. -- 北京：人民邮电出版社，2023.8
（电子信息前沿专著系列）
ISBN 978-7-115-58935-4

Ⅰ．①高… Ⅱ．①李… ②孙… ③孔… Ⅲ．①中频积
累—信号处理 Ⅳ．①TN974

中国版本图书馆CIP数据核字（2022）第048936号

内 容 提 要

本书围绕高速目标长时间相参积累信号处理，从匀速运动高速目标相参积累、匀加速运动高速目标相参积累、变加速运动高速目标相参积累、高阶机动目标相参积累、多模态高速目标相参积累、变尺度高速目标相参积累、时间信息未知高速目标相参积累、高速目标多帧联合相参积累等多个角度，全面、系统地介绍高速目标长时间相参积累理论与技术，以期丰富雷达高速目标探测理论体系，为我国高速目标预警雷达装备的研制发展提供一定的理论基础与技术参考。

本书可作为雷达系统与信号处理领域科研工作者的阅读与参考用书，也可供高等院校信号处理相关专业的师生参考阅读。

◆ 著　　　　李小龙　孙　智　孔令讲
责任编辑　贺瑞君
责任印制　李　东　焦志炜

◆ 人民邮电出版社出版发行　　北京市丰台区成寿寺路 11 号
邮编　100164　　电子邮件　315@ptpress.com.cn
网址　https://www.ptpress.com.cn
北京捷迅佳彩印刷有限公司印刷

◆ 开本：700×1000　1/16
印张：19.5　　　　　　　　　2023 年 8 月第 1 版
字数：392 千字　　　　　　　2023 年 8 月北京第 1 次印刷

定价：149.00 元

读者服务热线：(010)81055552　印装质量热线：(010)81055316
反盗版热线：(010)81055315
广告经营许可证：京东市监广登字 20170147 号

电子信息前沿专著系列

总　序

　　电子信息科学与技术是现代信息社会的基石，也是科技革命和产业变革的关键，其发展日新月异。近年来，我国电子信息科技和相关产业蓬勃发展，为社会、经济发展和向智能社会升级提供了强有力的支撑，但同时我国仍迫切需要进一步完善电子信息科技自主创新体系，切实提升原始创新能力，努力实现更多"从 0 到 1"的原创性、基础性研究突破。《中华人民共和国国民经济和社会发展第十四个五年规划和 2035 年远景目标纲要》明确提出，要发展壮大新一代信息技术等战略性新兴产业。面向未来，我们亟待在电子信息前沿领域重点发展方向上进行系统化建设，持续推出一批能代表学科前沿与发展趋势，展现关键技术突破的有创见、有影响的高水平学术专著，以推动相关领域的学术交流，促进学科发展，助力科技人才快速成长，建设战略科技领先人才后备军队伍。

　　为贯彻落实国家"科技强国""人才强国"战略，进一步推动电子信息领域基础研究及技术的进步与创新，引导一线科研工作者树立学术理想、投身国家科技攻关、深入学术研究，人民邮电出版社联合中国电子学会、国务院学位委员会电子科学与技术学科评议组启动了"电子信息前沿青年学者出版工程"，科学评审、选拔优秀青年学者，建设"电子信息前沿专著系列"，计划分批出版约 50 册具有前沿性、开创性、突破性、引领性的原创学术专著，在电子信息领域持续总结、积累创新成果。"电子信息前沿青年学者出版工程"通过设立专家委员会，以严谨的作者评审选拔机制和对作者学术写作的辅导、支持，实现对领域前沿的深刻把握和对未来发展的精准判断，从而保障系列图书的战略高度和前沿性。

　　"电子信息前沿专著系列"首批出版的 10 册学术专著，内容面向电子信息领域战略性、基础性、先导性的应用，涵盖半导体器件、智能计算与数据分析、通信和信号及频谱技术等主题，包含清华大学、西安电子科技大学、哈尔滨工业大学（深圳）、东南大学、北京理工大学、电子科技大学、吉林大学、南京邮电大学等高等院校国家重点实验室的原创研究成果。本系列图书的出版不仅体现了传播学术思想、积淀研究成果、指导实践应用等方面的价值，而且对电子信息领域的广大科研工作者具有示范性作用，可为其开展科研工作提供切实可行的参考。

　　希望本系列图书具有可持续发展的生命力，成为电子信息领域具有举足轻重影响力和开创性的典范，对我国电子信息产业的发展起到积极的促进作用，对加快重要原创成果的传播、助力科研团队建设及人才的培养、推动学科和行业的创新发展都有所助益。同时，我们也希望本系列图书的出版能激发更多科技人才、产业精英投身到我国电子信息产业中，共同推动我国电子信息产业高速、高质量发展。

2021 年 12 月 21 日

前　　言

近年来，随着航空航天技术的不断发展，越来越多的高速目标出现在雷达探测领域，比如弹道导弹、高超声速飞机、高空高速巡航导弹、临近空间高速飞行器等。这类高速目标不仅飞行速度快、机动性强，还具有攻击距离远、隐身能力强等特点，极易突破现有的雷达防御体系，给国家安全带来严重威胁。提高雷达对高速目标的探测能力已成为雷达信号处理领域的前沿课题和迫切任务。

与非相参积累信号处理相比，长时间相参积累信号处理技术通过同时利用雷达目标回波信号的幅度和相位信息，进行回波信号的同相叠加，可以获得更高的积累增益，能够显著地改善低信噪比下雷达对高速目标的远距离探测性能。然而，由于高速目标运动特性的显著变化（高速、高机动等），高速目标长时间相参积累信号处理除了涉及常规的距离走动校正与多普勒走动补偿技术之外，还涉及许多由高速机动与长时间积累相结合而产生的新的理论和技术问题。

本书总结并梳理了作者所在科研团队近十年来在高速目标预警探测领域的研究积累，并融入了国内外相关研究的新成果。全书共 9 章：第 1 章介绍高速目标发展动态、长时间相参积累信号处理面临的挑战以及相关技术的研究进展，以便使读者对长时间相参积累信号处理技术形成基本的了解；第 2 章～第 9 章围绕高速目标的运动状态，详细介绍匀速运动、匀加速运动、变加速运动、高阶机动、多模态运动、变尺度、时间信息未知情形下高速目标的长时间相参积累处理技术，以及高速目标多帧联合的长时间相参积累信号处理技术。最后，本书对长时间相参积累信号处理领域未来的研究方向进行展望，希望能对感兴趣的读者有所启发。

本书介绍的作者所在科研团队的相关研究工作，获得了国家自然科学基金青年科学基金项目（编号 61801085、62101099）、中国博士后科学基金项目（编号 2019T120825、2018M633352、2021M690558、2022T150100）、中国科协"青年人才托举工程"项目（YESS20200082），以及电子信息前沿青年学者出版工程的资助。同时，本书的出版得到了郝跃院士的关心和支持，以及中国电子学会、人民邮电出版社领导和编辑的信任与帮助，在此一并表示衷心感谢！此外，还要特别感谢在本书的整理及校对过程中付出辛勤劳动的同学们，他们是望明星、陈海旭、王凯瑶、柳庆蕙、杨帆、高龙吉等。

　　最后，十分感谢家人对作者工作的大力支持和理解。

目　　录

第1章 绪论

雷达具有全天时/全天候稳定工作、对云雾穿透能力强及探测距离远等优点，因此引起世界各国的高度重视，数十年来得到大力发展。通过对无线电信号的发射、接收、处理和控制，雷达能够实现对飞机、导弹、舰船等目标和城市、山川等场景的探测和成像，在国防领域（防空预警、精确制导、侦察监视等）和民用领域（遥测遥感、无人驾驶、反恐维稳等）都发挥了举足轻重的作用，其价值和意义早已成为全社会的共识，其研究水平已成为衡量国家电子信息技术乃至科技发展水平的重要标志之一。

雷达最重要的功能之一是目标检测。长时间相参积累信号处理技术，能够在不改变系统硬件的前提下提高雷达的检测性能，近年来得到广泛关注与研究[1-5]。然而，随着航空航天技术的大力发展，弹道导弹、临近空间高速飞行器等高速目标的飞行速度越来越快、机动性越来越强、攻击距离越来越远，给现代雷达长时间相参积累信号处理带来了巨大挑战[6-9]。进一步开展高速目标长时间相参积累信号处理技术研究，能够继续提高雷达系统对高速目标的探测能力，对于提升我国的防空预警和空间监视能力有重要作用。

1.1 研究背景与意义

时至今日，雷达的发展已经走过了几十个春秋。作为探测、侦察、成像、识别、制导的主要工具，雷达一直以来都扮演着"千里眼"的角色，在海、陆、空、天等多维信息获取中发挥着无可替代的作用。

现代雷达可以实现多种功能，主要包括目标检测、参数估计、目标跟踪、成像、识别等，但其中最重要的是目标检测。目标检测能够解决目标有无的判决问题，是参数估计、目标跟踪、成像以及识别等其他功能的基础与前提，也是衡量雷达性能优劣最重要的指标之一。因此，提高雷达对目标的检测能力对于保障领空安全意义重大。

总的来看，提高雷达检测性能的方法主要分两类。一类是改变雷达系统参数，如提高发射机的发射功率、降低接收机的噪声系数、增大天线孔径等。该类方法虽然能有效地改善检测性能，但往往会受到工程实现的限制，需要显著增加系统研制成本。另一类是通过延长探测时间、采用多脉冲能量积累、提高积累效率等信号处理方式来提高回波信噪比（Signal-to-Noise Ratio，SNR），从而提高雷达的检测性能[10-14]。相较而言，基于信号处理的方法能够有效减少硬件的限制，降低系统研制成本，实现方式更为灵活，应用前景广阔。

作为一种提高雷达检测性能的有效信号处理技术，长时间积累的本质是用时间换取能量，因此需要保证足够长的波束驻留时间[15-19]。随着设计水平与制造工艺的提升，雷达体制不断完善。相控阵雷达、多输入多输出雷达、稀布阵脉冲合成孔径雷达等新体制数字阵列雷达能够利用数字波束形成技术对目标空域保持长时间"凝视"探测，可获取更多的脉冲回波信号，为长时间相参积累信号处理奠定基础。相应地，采用长时间相参积累信号处理技术的雷达系统主要有如下优势。

（1）探测增程：雷达采取发射宽波束和数字多波束接收或多波束小区域扫描的方式工作，从而可以把雷达波束固定在某些方向上，在较长的时间内一直"盯住"目标，增加目标在波束内的驻留时间，以获得更多的脉冲回波信号；进而通过长时间相参（非相参）积累信号处理，提升雷达探测威力，实现远距离目标探测。

（2）低截获率：为覆盖较大的空域，并获取较长的探测时间，雷达往往采用宽波束发射，发射信号能量在空间各向散射，不会形成明显的方向图，即空间不形成高增益发射波束，敌方难以截获；而在接收端通过长时间积累信号处理，积累信号能量，有利于后续目标检测。

（3）多普勒分辨能力强：常规雷达需要波束扫描，在一个波位的回波脉冲数较少，积累时间有限，一般可供积累的脉冲只有几个或十几个。而采用长时间相参积累信号处理的雷达，探测时不采用物理聚焦和扫描的概念，工作时连续不断地对全空间进行监视，故积累时间和脉冲数理论上只受到系统相干性能和目标运动的限制。因此，基于长时间相参积累信号处理的雷达可以用于积累的脉冲数远高于常规扫描雷达，极大地提高了系统的多普勒分辨能力。

然而，随着航空航天和隐身技术的蓬勃发展，近年来涌现出以 X-43 临近空间高超声速飞行器、F-35 第五代战斗机以及白杨-M 洲际导弹等为代表的高速目标。这类高速目标飞行速度快、机动性强、隐身能力强、飞行距离远，给雷达长时间积累信号处理带来了巨大挑战[20-24]。

目前，长时间积累信号处理方法（以下简称积累方法）主要分为非相参积累信号处理方法（以下简称非相参积累方法）和相参积累信号处理方法（以下简称相参积累方法）两大类。非相参积累方法不利用相位信息而直接对回波幅度进行叠加，实现方式简单，但在低 SNR 环境中积累增益下降明显。典型的非相参积累方法有投影变换[包括霍夫（Hough）变换[25-29]与拉东（Radon）变换[30-31]]、三维匹配滤波[32-34]、动态规划[35-38]、粒子滤波[39-43]等。相参积累方法能够充分利用相位和幅度信息，使目标回波在相同的相位点进行幅度叠加。与非相参积累方法相比，相参积累方法能够克服噪声电平的限制，得到更高的积累增益，从而提高雷达的检测能力[44-47]。最典型的相参积累方法是运动目标检测（Moving Target Detection，MTD）[48]，该方法可以通过快速傅里叶变换（Fast Fourier Transform，FFT）实现，简单易行。但 MTD 适用的前提是目标能量需集中在同一个距离与多普勒单元内，这使得其对高速目标回波信号进行有效积累的应用受到很大限制。原因在于：在长时间积累信号处理过程中，高速目标的速度快与机动性强等特性会使目标回波信号能量散布在不同的距离与多普勒单元中，造成距离走动（Range Migration，RM）和多普勒走动（Doppler Frequency Migration，DFM）等问题，导致传统的 MTD 相参积累方法失效。

因此，研究并设计全新、有效的高速目标长时间相参积累理论与方法，从而进一步提高现有雷达系统对高速目标的探测性能，对于提升我国的空天防御能力具有重要的现实意义。

1.2 高速目标发展动态

雷达系统探测技术的不断发展，是为了获得更好的目标探测性能，使得探测距离更远、探测信息更精细、探测速度更快等。而作为被探测一方，高速目标的发展则是为了获取更好的突防能力，换言之，就是让雷达难以探测到。事实上，伴随着航空航天等技术的迅速发展，高速目标的飞行速度、机动性能、隐身能力等都获得了大幅提升。

作为高速目标的典型代表，临近空间高速飞行器的发展过程能够鲜明地表征国内外空间高速目标的发展特点与趋势。为此，下面以临近空间高速飞行器为例，回顾和分析高速目标的发展动态。

1.2.1 临近空间与临近空间高速飞行器

临近空间是伴随科学技术的发展在现代战争中开辟出来的一块新战场，是陆、海、空、天、电、网多维一体化战场的重要组成部分，临近空间安全是国家安全体系中的一个重要环节，近年来受到世界各国的高度重视。临近空间是指距地面 20～100km 的空域，主要包含大气平流层、中间层和小部分增温层，纵跨非电离层和电离层（按大气被电离的状态，60km 以下为非电离层，60～1000km 为电离层）[49-51]。如图 1-1 所示，临近空间处于天空和太空的结合部，作为空天一体化的重要纽带，对于各军事强国发展空间高科技和军事应用、满足空天立体作战需求具有极为特殊的战略意义[52]。

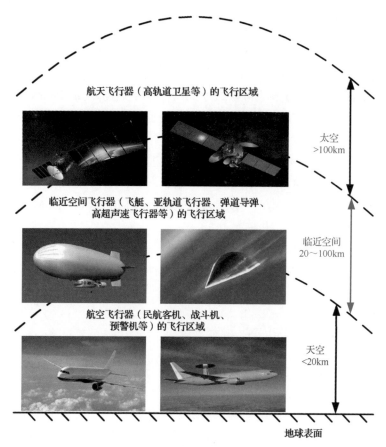

图 1-1　临近空间示意图

　　近年来，随着航空航天技术和隐身技术的蓬勃发展，涌现出 X-43A、X-51A、HTV-2、X-37B 等代表未来飞行器发展趋势的临近空间高速飞行器（High Speed Near Space Vehicle，HSNSV）。临近空间高速飞行器通常是指能够在临近空间飞行，飞行速度在 1 马赫（1 马赫≈340m/s）以上的飞行器[51]。典型的临近空间高速飞行器主要有以下 3 种。

　　（1）高超声速巡航导弹，其飞行速度大于 6 马赫，飞行高度在 30km 以上，射程大于 1000km，命中精度在 15m 以内，如美国高超声速巡航导弹 X-51A、美国海军高速打击导弹 HISSM、俄罗斯"彩虹"-D2 试验飞行器。

　　（2）高超声速飞机，既能在大气层内做高超声速飞行，又能进入轨道运行，如美国的 X-43A 试验飞行器（不仅可用于高超声速飞机，还可用于高超声速导弹）和 NASP 计划、俄罗斯的螺旋计划等。

　　（3）高机动再入飞行器，飞行高度游离在外层空间与稀薄大气层之间，具有适应稀薄大气层飞行的高超声速高升阻比气动布局，能够依靠很高的再入速度在临近空间做高超声速远距离滑翔，甚至做波浪式的机动再入，如美国的 X-37B 空天飞机等。

临近空间高超声速飞行器因其高速、高机动的特点正在成为空天攻防对抗中的潜在威胁，预计 2025 年将会转化为现实威胁。需要指出的是，在临近空间运动的高超声速飞行器，上可威胁卫星等天基平台，下可攻击航空器等空基平台，甚至地面目标，给国家空天安全和领土完整带来巨大威胁[49]。因此，提高现代雷达对临近空间高超声速飞行器等高速目标的探测能力，对于提升国家防空能力、保障领土完整具有重大意义[53]。

1.2.2　临近空间高速目标发展动态

临近空间与临近空间高速飞行器是未来空间争夺的焦点，目前主要军事强国正在加紧进行临近空间高速目标的各项研究工作，以争取尽早占据这一战略制高点，在未来的军事对抗中获取优势及主导地位。

作为航空工业强国，美国在临近空间高速目标的研究中一直处于领先地位。20世纪 60 年代，美国洛克希德·马丁公司的"臭鼬工厂"设计并制造了 SR-71"黑鸟"喷气式战略侦察机，最大飞行速度可达 3.5 马赫，能够在 30 000m 的高空巡航[54]。SR-71 比当时绝大部分防空导弹、战斗机的速度更快、飞行高度更高，当时被称为"无法被击落的神话"。图 1-2 所示为 SR-71"黑鸟"临近空间战略侦察机。

图 1-2　SR-71"黑鸟"临近空间战略侦察机

自 1995 年起，美国国家航空航天局（NASA）就提出并开始实施"高超声速目标发展计划"，大力发展临近空间高超声速飞行器。2001 年，美军研制的 X-43A 首飞失败，后经改良于 2004 年试飞成功，其速度达到了 7 马赫。同年年底的第三次试飞中，X-43A 的最高速度达到了 10 马赫[55-56]，图 1-3 所示为 X-43A 临近空间高超声速飞机。

图 1-3 X-43A 临近空间高超声速飞机

2004 年 1 月，美国国防部高级研究计划局（DARPA）联合美国空军研究实验室主持研制临近空间高超声速验证机，代号"乘波者"。2005 年 9 月，美国空军正式将该计划编号为 X-51A[57]。2010 年 5 月，X-51A "乘波者"临近空间高速飞行器进行了首次试飞，飞行速度达到了 5 马赫，但由于密封问题或作动器故障，该次试飞并未达到预期，以失败告终。在随后的 3 年中，美军又进行了 3 次试飞，仅有一次成功，飞行速度达到 5.1 马赫，即每小时可以飞行约 6248km，基本能够满足"一小时打击全球"的军事需求。图 1-4 展示了 X-51A "乘波者"临近空间高速飞行器。

图 1-4 X-51A "乘波者"临近空间高速飞行器

2007 年，美国洛克希德·马丁公司提出了 SR-72 "临界鹰"无人侦察机的概念，用以执行远距离侦察监控、携带临近空间新型武器发起远距离俯冲等任务，图 1-5 所示为 SR-72"临界鹰"临近空间无人侦察机[58]。该型号无人机是在 SR-71"黑鸟"侦察机的基础上进行改进的，最大飞行速度可达 6 马赫。

图 1-5　SR-72"临界鹰"临近空间无人侦察机

2003—2012 年，DARPA 联合美国海军开展"猎鹰"计划，目的是研制出可重复利用的无人驾驶超高速空天飞机。后来该类无人机被命名为 HTV 系列临近空间飞行器，包括 HTV-1、HTV-2 和 HTV-3 这 3 种型号[59]。2010 年和 2018 年，HTV-2 的型号验证均取得成功，其最高速度可以达到 20 马赫，图 1-6 所示为 HTV-2 临近空间高速飞行器。

图 1-6　HTV-2 临近空间高速飞行器

2011 年，美国成功试飞 X-37 空天战斗机，并于 2012 年再次发射成功。该飞行器在太空停留长达 22 个月后成功返回地球,官方记录的最高速度可达 25 马赫[60-62]。

X-37 空天战斗机如图 1-7 所示，X-37 拥有出众的巡航能力和突防能力，能够持续执行飞行任务，作战半径极大，具备"1 小时打击全球"的能力。该型号空天战斗机的出现扩大了美军在临近空间的作战优势，给传统的防空系统带来巨大威胁。

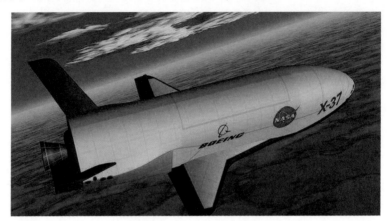

图 1-7　X-37 空天战斗机

此外，美国正全力研发能以 5 马赫速度飞行的临近空间高超声速远程战略轰炸机 B-3[63]。相关资料显示，B-3 预计将于 2030 年研制成功并列装部队，用以替换现有的 B-2 轰炸机。B-3 能够以高超声速进行超远程巡航，具备"1 小时打击全球"的能力。与 B-2 相比，其隐身效果更好、载弹量更大，并能在无须加油的条件下连续飞行达 5000km 以上。图 1-8 展示了 B-3 高超声速远程战略轰炸机的构想图。

图 1-8　B-3 高超声速远程战略轰炸机的构想图

除美国外，世界其他主要军事强国（俄罗斯、法国、德国、澳大利亚等）也相继开展临近空间高速飞行器的研究计划，具体情况如表 1-1 所示[64]。

表 1-1 其他主要军事强国的临近空间高速目标研究计划

试验时间	相关科研单位	项目/型号代号	飞行速度（马赫）
1991—1998 年	俄罗斯巴拉诺夫中央航空发动机研究所、茹科夫斯基中央空气流体动力学研究院	"冷"计划	3.5～6.5
2001 年、2004 年	俄罗斯中央航空发动机研究院、中央空气流体动力学研究院	"鹰"计划	6.0～14.0
1991—2012 年	俄罗斯彩虹机械制造设计局、中央航空发动机研究院	"彩虹"-D2 计划	2.5～6.5
1999 年、2003 年、2004 年	法国国家空间研究中心、法国宇航-马特拉公司	"普罗米修斯"计划	1.8～8.0
1995—2003 年	欧洲航空防务与航天公司 LFK 分公司	HFK2L1、HFK2L2、HFK2E0、HFK2E1 等系列导弹	5.0～7.0
2005—2016 年	德国航空航天中心	Shefex 计划	最大 11.0
2006—2014 年	澳大利亚国防科学与技术部、美国空军研究实验室	HIFiRE 项目	最大 8.0
2017 年	俄罗斯相关机构	"匕首"高超声速巡航导弹	最大 10.0

我国近年来也在积极开展临近空间高超声速飞行器的研究。2014—2016 年，我国自主研制的 DF-ZF 高超声速飞行器经过 7 次成功试飞，能够以最高约 10 马赫的速度在临近空间滑翔，具有强机动性，射程可达 12 000km。该型号的成功试验为我国在该领域后续深入研究奠定了坚实基础。2018 年，中国航天空气动力技术研究院进行了"星空 2 号"高超声速飞行器首次测试并取得成功，测试中其最高速度能够达到 6 马赫以上。

总体来看，临近空间高速目标的主要发展趋势可以总结为以下两点。

（1）飞行速度越来越快：飞行速度由早期 SR-71 的 3.5 马赫到 X-51A 的 5.1 马赫、SR-72 的 6 马赫、HTV-2 的 20 马赫，再到 X-37B 的 25 马赫。临近空间高速目标的飞行速度发展趋势如图 1-9 所示。

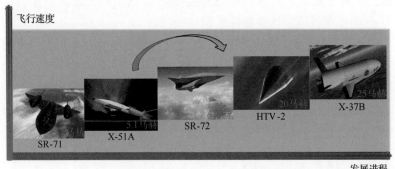

图 1-9 临近空间高速目标的飞行速度发展趋势

（2）机动性越来越强：由早期 SR-71 多以稳态巡航飞行到爬升+俯冲飞行，再到 X-37B、DF-ZF 等能够以跳跃、螺旋、蛇形机动、正弦、大拐角等诸多不规则运动方式飞行。临近空间高速目标的机动性能发展趋势如图 1-10 所示。

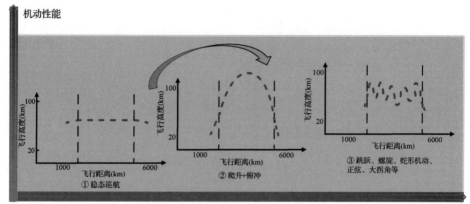

图 1-10　临近空间高速目标的机动性能发展趋势

随着以临近空间高速飞行器为代表的空间高速目标研制技术的不断发展与完善，这类目标势必会给雷达长时间相参积累信号处理带来更加严峻的挑战，促使长时间相参积累信号处理理论与方法的研究不断更新迭代。

1.3　长时间相参积累信号处理面临的挑战

由于高速目标运动特性的显著变化（高速、高机动等），长时间相参积累信号处理面临着严峻的挑战，具体表现在以下 8 个方面。

（1）距离走动：雷达探测时间内，目标的高速运动会导致回波包络在不同的脉冲周期之间发生走动，造成回波信号能量分布在不同的距离单元内，传统的 MTD 方法已不能有效适用该类目标的积累检测。

（2）多普勒走动：目标的强机动性会导致回波信号具有非平稳时变特性，信号相位呈非线性变化，使得目标能量在频域分散，产生多普勒走动，进而导致相参积累增益降低。

（3）变尺度效应：目标的高速运动使得回波信号的幅度和相位发生尺度伸缩，导致回波产生变尺度效应，造成传统的脉冲压缩（以下简称脉压）输出存在主瓣偏移和展宽问题，严重影响目标的积累检测。

（4）变模态运动：目标的高机动特性意味着探测时间内目标的运动模态不再是单一、固定的，而是多模态、变化的。例如，当高速高机动目标运用跳跃、螺旋、蛇形机动、正弦、大拐角等诸多不规则方式在空间飞行时，目标将具有变模态运动特性。此时，回波信号在慢时间上不再是连续的单分量多项式相位信号，而是跳变的多分量多项式相位信号（不同的分量对应不同的运动模态）。传统单分量多项式相位信号的检测方法难以实现不同运动模态间回波信号能量的有效积累和检测。

（5）时间信息未知：在目标检测和参数估计完成之前，目标进入和离开雷达探测区域的时间可能是未知的。此时，基于时间信息已知（目标信号开始时间与终止时间）的回波模型和相应的相参积累方法都不再适用，难以有效实现回波信号能量的积累。

（6）多目标间的相互干扰：多目标时，由于各个目标与雷达间的距离不同以及存在散射强度差异等，雷达接收到的各个目标的回波信号强度可能也存在明显差异。强目标的回波信号很可能会影响弱目标的相参积累与运动参数估计。

（7）帧内-帧间的联合处理：为了尽可能地提升雷达对高速目标的探测性能，除了信号的帧内积累，还可考虑信号的帧间积累，以最大限度地改善回波 SNR。然而，目前还没有专门针对高速目标的帧内-帧间联合处理方法。

（8）高阶机动：空间高速机动目标存在的振动、旋转、进动和章动等微动特征可构成高速目标后续识别和辨识的基础。为了实现微动特征的精细化估计，进行长时间相参积累信号处理时，可能还需要考虑目标的高阶运动分量（加加速度、四阶运动分量等），以实现对目标运动特征的精细化描述与估计。

1.4　长时间相参积累信号处理技术的研究进展

通过长时间相参积累可以改善回波 SNR，进而提高雷达对弱目标的探测性能。然而，高速目标在长时间相参积累过程中会发生距离走动和多普勒走动等问题，导致传统的相参积累方法失效。近二十年来，针对高速机动目标长时间相参积累中的距离走动和多普勒走动等问题，国内外学者进行了大量研究。根据目标的机动性和相应的运动状态，这类研究工作可以分为以下 3 类。

（1）匀速运动高速目标长时间相参积累方法，主要针对的是稳态巡航或者匀速爬升状态下的高速目标。

（2）匀加速运动高速目标长时间相参积累方法，主要针对的是俯冲攻击或者加速爬升状态下的高速目标。

（3）变加速运动高速目标长时间相参积累方法，主要针对的是周期跳跃飞行或者变轨运动状态下的高速目标。下面将依据这 3 类目标的顺序对长时间相参积累方法的研究现状进行详细介绍。

1.4.1　匀速运动高速目标长时间相参积累方法

在长时间相参积累信号处理过程中，匀速运动高速目标的速度会引起一阶距离走动（First-order Range Migration，FRM），导致回波信号能量分布在不同的距离单元内。此时，为了实现有效的相参积累，必须先校正一阶距离走动（又称为线性距离走动）。国内外学者针对匀速运动高速目标的一阶距离走动校正与相参积累问题展开研究，并提出了一系列方法。按照是否需要进行运动参数搜索，可以将这些方法分为参数搜索和非参数搜索两大类。

1. 基于参数搜索的匀速运动高速目标相参积累方法

基于参数搜索的匀速运动高速目标相参积累方法主要有梯形变换（Keystone Transform，KT）[65-68]、Radon 傅里叶变换（Radon Fourier Transform，RFT）[69-71]以及坐标系旋转-运动目标检测（Axis Rotation-Moving Target Detection，AR-MTD）[72]等。

1999 年，DiPietro 研究了合成孔径雷达（Synthetic Aperture Radar，SAR）成像中的目标距离走动问题，提出了基于 KT 的相参积累方法[65]；通过距离频率-慢时间平面上的尺度变换校正目标的距离走动，进而实现了回波信号能量的相参积累。随后 KT 被应用到了脉冲多普勒雷达当中，实现了弱目标的相参积累检测[66-67]。但是，KT 通常需要利用 sinc 插值实现，会带来一定的积累性能损失。为此，Zhu 等人于 2007 年提出了基于 Chirp-Z 变换（Chirp-Z Transform，CZT）的 KT 实现方法[68]，无须插值处理，能够避免插值损失并降低计算复杂度。然而，对于高速目标，目标速度对应的多普勒频率往往高于脉冲重复频率，导致多普勒模糊，出现欠采样现象。此时，为了不影响距离走动校正与相参积累性能，在进行 KT 处理的过程中，还需要对目标的多普勒模糊数进行搜索，相应的计算代价会提高。

2011 年，Xu 根据目标的速度与距离走动以及多普勒频率之间的耦合关系，提出了基于 RFT 的相参积累方法[69]。该方法通过距离-速度域上的二维参数搜索抽取出回波信号，并构建多普勒匹配滤波器，进而实现回波信号能量的同相叠加。RFT 的本质是沿搜索的运动轨迹抽取并积累回波信号能量。每个距离与速度的搜索值组合对应一条待搜索的运动轨迹，相应地会有一个 RFT 积累输出。当距离与速度的搜索值分别和目标真实距离与速度相匹配时，回波信号能量被完整抽取并相参积累，形成最大峰值。随后，Xu 等人证明了高斯白噪声背景中 RFT 是最优检测器，它能够实现最大似然估计。

然而，由于离散脉冲采样、有限的距离分辨率以及积累时间受限等原因，RFT 的积累结果中会产生峰值较高的盲速旁瓣（Blind Speed Sidelobe，BSSL），导致严重的虚警[70]，不利于多目标情况下的相参积累与目标检测。针对 RFT 的 BSSL 抑制问题，Xu 推导了 BSSL 的解析表达式，提出了基于加窗处理的 BSSL 抑制方法[70]。然而，该方法会引起 3dB 左右的积累性能损失。为此，Qian 提出了一种基于子孔径重复间隔（Sub-Aperture Repeat Interval，SARI）设计的 BSSL 抑制方法[73]，通过联合处理两个不同子孔径的 RFT 输出，可以有效地抑制 BSSL。但是，SARI 方法需要很大的计算复杂度，而且对积累时间的利用率只有 50%。针对 RFT 需要二维搜索从而导致计算复杂度较大的问题，2012 年，Yu 提出了频率槽 RFT（Frequency Bin RFT，FBRFT）以及子带 RFT（Sub-band RFT，SBRFT）两种快速实现方法[71]。但这两种方法针对的只是低速目标，并且没有考虑高速目标情形下的盲速旁瓣问题。

2014 年，Rao 等人根据运动轨迹和慢时间轴间的夹角以及目标速度之间的耦合关系，提出了基于坐标系旋转（Axis Rotation，AR）的相参积累方法[72]，即首先通过二维回波数据的旋转校正距离走动，随后利用慢时间维（也称慢时间）傅里叶变换实现回波信号能量的相参积累。AR 方法需要搜索目标运动轨迹与慢时间轴间的旋转角，每个搜索旋转角对应一条旋转后新的运动轨迹。当搜索旋转角与真实夹角相等时，运动轨迹与慢时间轴保持水平，距离走动得到校正。然而，在 AR 积累信号处理过程中，存在能量峰值偏移与多普勒频率变化问题，导致积累后的能量峰值位置不在目标初始距离单元内，影响目标初始距离的估计。

2．基于非参数搜索的匀速目标相参积累方法

基于非参数搜索的匀速目标相参积累方法主要有尺度傅里叶逆变换（Scaled Inverse Fourier Transform，SCIFT）[74]、频域去斜梯形变换（Frequency Domain Deramp Keystone Transform，FDDKT）[75]、频域 SCIFT（Frequency Domain SCIFT，FDSCIFT）[76]、序列翻转变换（Sequence Reversing Transform，SRT）[77]、距离频率多项式相位变换（Range Frequency Polynomial-Phase Transform，RFPPT）[78]以及相邻回波互相关（Cross-Correlation of Adjacent Echoes，CCAE）[79]等。

2015 年，Zheng 等人提出了基于对称自相关函数与 SCIFT 的高速目标相参积累方法，首先通过频域自相关将回波变换到距离频率–慢时间时延域，随后利用 SCIFT 积累的目标能量峰值估计目标速度，最后利用速度的估计值构造补偿相位函数校正距离走动。基于 SCIFT 的相参积累方法通过 FFT、复乘以及快速傅里叶逆变换（Inverse Fast Fourier Transform，IFFT）就可实现，无须搜索目标速度，极大地降低了计算代价[74]。随后，Zheng 研究了基于 FDDKT 处理的距离走动校正与相参积累方法，指出 FDDKT 可以获得比 SCIFT 更好的抗噪声性能与旁瓣抑制能力[75]。此外，在 SCIFT 方法的基础上，Niu 等人在 2017 年提出了一种基于 FDSCIFT 的快速实现方法，进一步降低了计算复杂度[76]。SCIFT、FDDKT 以及 FDSCIFT 这 3 种方法都是基于回波信号的频域自相关，可避免参数搜索，计

算复杂度较小。但是，相关处理后方法的积累性能有损失，不利于低 SNR 下的目标积累检测。

除了基于频域相关变换的方法外，诸多学者还提出了基于时域相关变换的非参数搜索相参积累方法。

2017 年，Li 等人提出了 SRT 匀速目标相参积累方法，通过沿慢时间维对回波数据进行翻转实现时域相关变换，进而校正距离走动并完成能量的积累[77]。SRT 方法可以避免参数搜索，但无法根据积累处理结果直接估计出目标的速度。同年，Li 等人提出了 RFPPT 的匀速目标相参积累方法，首先通过对回波信号做慢时间自相关变换实现一阶距离走动校正，随后利用 IFFT 估计目标速度，最后通过 MTD 实现目标能量的相参积累[78]。RFPPT 方法需设计相应的慢时间时延变量，对参数变化较为敏感。2019 年，Zhang 等人提出了基于 CCAE 的非搜索相参积累方法，通过对相邻回波信号做时域互相关变换积累目标能量并估计目标参数，使计算复杂度显著降低[79]。与 RFPPT 相比，CCAE 方法的相邻互相关操作可以避免引入新的时延变量。此外，CCAE 方法能够积累距离扩展目标不同散射体的能量，适用于宽带雷达的高分辨场景。SRT、RFPPT 与 CCAE 这 3 种方法都是通过回波信号时域相关变换避免参数搜索，从而降低计算代价的。然而，进行时域相关变换会导致多目标积累时出现交叉项，使低 SNR 下的积累性能降低。

与参数搜索类方法相比，基于非参数搜索的匀速目标相参积累方法可以通过回波信号的相关操作避免搜索过程，从而减小计算复杂度。但是，非参数搜索类方法对回波 SNR 的要求更高，难以适用于低 SNR 下回波信号能量的相参积累。参数搜索类方法虽然能够实现更低 SNR 的有效积累，但计算复杂度更高，且往往存在 BSSL 效应或多普勒模糊问题。因此，研究并设计低 SNR 环境中能够避免 BSSL 效应与多普勒模糊的匀速目标相参积累方法，具有一定意义。

此外，需要指出的是，上述匀速目标相参积累方法（包括参数搜索类与非参数搜索类）均基于窄带"停走"模型，忽略了目标的脉内运动，相应的相参积累方法的设计也没有考虑脉内运动对回波信号脉压与积累的影响。

但是，随着高分辨成像与远距离探测需求的提升，实际应用中需要具有大时宽带宽积（高平均功率）雷达。在大时宽带宽积的条件下，使用传统脉冲压缩方法的输出结果存在失配效应，包括包络中心偏移、峰值下降和主瓣展宽等，这种失配效应就是尺度效应。尺度效应会造成脉内积累 SNR 损失，进而影响后续多脉冲间的相参积累，导致目标检测与估计性能急剧恶化。除了尺度效应，高速目标长时间相参积累过程中还会发生一阶距离走动现象。因此，为了提高大时宽带宽积下雷达对高速目标的积累检测与参数估计性能，必须在相参积累前解决尺度效应与一阶距离走动问题。

目前，对于尺度效应下相参积累处理的研究相对较少，理论与方法体系尚不完善。2014 年，Qian 等人提出了基于宽带尺度 RFT（Wideband Scaled Radon Fourier Transform，WSRFT）的超高速目标相参积累方法[80]。该方法基于目标速度已知的假设，限制了其实用性。另外，WSRFT 方法的脉压和相参积累是两个独立的过程，没有考虑脉压（脉冲内能量积累）与多脉冲积累（脉冲间能量积累）间的耦合特性，导致其积累检测和参数估计性能有所下降。2017 年，Xu 等人考虑超高速运动的雷达平台，介绍了一种 Omega-K 方法来补偿地面目标的尺度效应[81]。但是，当目标速度未知时，该方法也将失效。因此，需要研究空间超高速目标的尺度效应问题，并设计有效的相参积累方法。

1.4.2　匀加速运动高速目标长时间相参积累方法

要实现匀加速运动高速目标的相参积累，不仅需要校正目标速度引起的距离走动，还需要补偿目标加速度引起的多普勒走动（DFM）；甚至还需要校正加速度引起的距离走动，即距离弯曲（Range Curvature，RC）。与匀速运动高速目标相参积累方法类似，匀加速运动高速目标相参积累方法也可以分为参数搜索和非参数搜索两大类。

1. 基于参数搜索的匀加速运动高速目标相参积累方法

典型的参数搜索类匀加速运动高速目标相参积累方法有 KT-去调频处理（KT-Dechirp Process，KT-DP）[82]、KT-最小熵[83]、缩放处理和分数阶傅里叶变换（Scaling Processing and Fractional Fourier Transform，SPFRFT）[84]、KT-分数阶傅里叶变换（KT-Fractional Fourier Transform，KT-FRFT）[85]、改进 AR-分数阶傅里叶变换（Improved AR-Fractional Fourier Transform，IAR-FRFT）[86]、二阶 KT-改进分数阶 Radon 变换（Second-order KT-Modified Fractional Radon Transform，SKT-MFRT）[87]、二阶 KT-RFT（Second-order KT-Radon Fourier Transform，SKT-RFT）[88]、Radon 分数阶傅里叶变换（Radon Fractional Fourier Transform，RFRFT）[89]、Radon 线性正则变换（Radon Linear Canonical Transform，RLCT）[90]等。

2010 年，Su 针对高速目标相参积累检测问题，提出了基于 KT-DP 的匀加速运动高速目标距离走动校正与能量积累方法，首先通过 KT 和多普勒模糊数搜索校正目标速度引起的一阶距离走动，然后利用去调频处理（Dechirp Process，DP）估计目标的加速度，进而补偿多普勒走动，最后利用慢时间维傅里叶变换实现目标能量的相参积累[82]。2011 年，Xing 提出了基于 KT 与最小熵准则的高速机动目标相参积累与运动参数估计方法，并分析了运动参数估计误差对相参积累性能的影响，但是该方法对回波信号的输入 SNR 要求较高，不适用于低 SNR 下的目标相参积累[83]；同年，Tao 研究了匀加速运动高速目标相参积累过程中的距离走动与多普勒走动效应，分析了目标发生距离走动与多普勒走动的临界条件，并提出了基于 SPFRFT 的距离走动校正和多普勒走动补偿方法[84]。

2015 年，Li 等人提出了基于 KT-FRFT 的相参积累方法，首先利用 KT 校正由目标无模糊速度引起的一阶距离走动，随后通过多普勒模糊数搜索校正盲速引起的一阶距离走动，最后利用 FRFT 操作消除多普勒走动并对目标能量进行相参积累[85]。2016 年，Rao 等人在 AR 方法的基础上，提出了 IAR-FRFT 相参积累方法[86]。与 KT-FRFT 类似，IAR-FRFT 方法首先利用 IAR 校正一阶距离走动，随后通过 FRFT 积累目标能量。

然而，上述研究都只考虑了目标速度引起的距离走动，而没有考虑目标加速度引起的距离走动。当目标的加速度较大、雷达信号带宽增大或积累时间较长时，往往需要考虑相参积累时间内目标加速度引起的二阶距离走动（Second-order Range Migration，SRM），否则会有积累性能损失。

2011 年，Sun 等人为实现在速度模糊情况下的二阶距离走动校正和多普勒走动补偿，提出了 SKT-MFRT 相参积累方法。SKT-MFRT 方法首先利用 SKT 校正目标加速度引起的二阶距离走动，随后通过 MFRT 方法校正剩余的一阶距离走动并补偿多普勒走动[87]。2013 年，Tian 等人提出了 SKT-RFT 相参积累方法[88]，先利用 SKT 校正二阶距离走动，再通过 FRFT 或改进去调频处理补偿多普勒走动，最后使用 RFT 消除一阶距离走动的影响并完成相参积累。然而，SKT-MFRT 和 SKT-RFT 都是依次校正距离走动和补偿多普勒走动，导致后续的多普勒走动补偿性能易受先前距离走动校正结果的影响。

为了同时校正距离走动和补偿多普勒走动，2014 年，Chen 根据目标的速度、加速度与距离走动以及多普勒走动之间的关系，提出了基于 RFRFT 的相参积累方法[89]。RFRFT 方法首先通过距离-速度-加速度域上的三维搜索抽取出回波信号，然后利用 FRFT 方法实现抽取信号能量的相参积累，可以同时完成目标的距离走动校正和多普勒走动补偿。与 MTD、FRFT 以及 RFT 这 3 种方法相比，RFRFT 可以实现更低 SNR 下的弱目标检测。与 RFT 方法类似，RFRFT 也是通过参数空间的多维搜索联合校正距离走动和补偿多普勒走动。但与 RFT 方法不同的是，RFRFT 不仅需要对速度和距离进行搜索，还需要搜索目标加速度。

此外，在 RFRFT 方法的基础上，Chen 又提出了基于 RLCT 的相参积累方法[90]。与 RFRFT 方法类似，RLCT 方法也是通过距离-速度-加速度域上的三维搜索抽取回波信号。不同之处在于，RLCT 是利用线性正则变换（Linear Canonical Transform，LCT）实现抽取信号的能量积累。然而，RFRFT 和 RLCT 都需要进行四维搜索，导致计算复杂度较大。

2. 基于非参数搜索的匀加速运动高速目标相参积累方法

典型的非参数搜索类匀加速运动高速目标相参积累方法有二阶 Wigner-Ville 分布（Second-order Wigner-Ville Distribution，SoWVD）[91]、二阶 KT-对称瞬时自相关函数（Second-order KT-Symmetric Instantaneous Autocorrelation Function，SKT-SIAF）[92]、KT-匹配方程-时间翻转变换（KT-Matched Function-Time Reversing Transform，KT-MF-TRT）[93]、自相关处理-扩展 KT（Autocorrelation Processing-Extended KT，AP-EKT）[94]等。

2016 年，Huang 等人提出了基于 SoWVD 的相参积累方法，先利用 KT 校正一阶距离走动，然后构造二阶距离走动补偿函数，对剩余距离走动进行校正，最后利用 SoWVD 变换估计目标加速度并补偿多普勒走动[91]。同年，Zhang 等人提出了 SKT-SIAF 方法，首先通过 SKT 校正二阶距离走动，然后计算二阶距离走动校正后回波信号的对称瞬时自相关函数（Symmetric Instantaneous Autocorrelation Function，SIAF），随后对回波信号依次进行 SCIFT、尺度傅里叶变换（Scaled Fourier Transform，SFT）和 FFT，获得多普勒模糊数与加速度的估计值，进而利用参数估计值构建相位补偿函数校正距离走动并补偿多普勒走动[92]。SoWVD 和 SKT-SIAF 两种方法在多目标积累时会产生交叉项，而且在低 SNR 环境下积累性能会有一定的损失。

2017 年，Huang 等人提出了基于 KT-MF-TRT 的目标能量相参积累方法，首先利用 KT 对一阶距离走动进行校正，然后通过匹配函数对二阶距离走动进行补偿，接着通过慢时间的 TRT 操作来补偿多普勒走动，避免了目标运动参数搜索过程，最后在距离-多普勒域积累信号能量[93]。然而，KT-MF-TRT 方法是通过分步校正距离走动和补偿多普勒走动，进而实现相参积累的，因此 KT-MF-TRT 会出现参数估计误差传递，进而影响后续的检测与估计结果。此外，该方法仅适用于慢时间关于原点对称分布的情况。

2018 年，Zheng 等人提出了基于 AP-EKT 的非参数搜索相参积累方法，首先通过依次进行慢时间自相关、扩展 KT、SFT 以及 FFT 在三维参数空间积累目标能量。然后利用积累峰值坐标估计目标的径向速度和加速度，再利用估计的运动参数校正距离走动和补偿多普勒走动，随后对沿距离频率做 IFFT 后沿着慢时间做 FFT，实现目标的相参积累[94]。AP-EKT 方法能够在三维参数空间同时估计目标的运动参数（距离、速度以及加速度），可避免参数估计误差传递问题。与 SoWVD 方法相比，AP-EKT 方法能够获得更好的检测与估计性能，且计算复杂度低一个数量级。

总体而言，基于参数搜索的匀加速目标相参积累方法的积累性能较好，但是需要很大的计算代价；非参数搜索类匀加速目标相参积累方法的计算复杂度小，但积累检测性能对输入 SNR 较敏感，且多目标场景中存在交叉项问题。因此，研究能够在计算代价与积累性能之间进行良好折中的匀加速目标相参积累信号处理方法，具有重要意义。

1.4.3 变加速运动高速目标长时间相参积累方法

与匀加速运动高速目标相比，变加速运动高速目标长时间相参积累处理过程中，不仅需要考虑一阶/二阶距离走动与一阶多普勒走动，往往还需要考虑目标加加速度（加速度变化率，又称第二加速度）引起的三阶距离走动（Third-order Range Migration，TRM）以及二阶多普勒走动（Second-order Doppler Frequency Migration，SDFM），其中二阶多普勒走动又称为多普勒弯曲。

为了实现变加速运动高速目标回波信号的长时间相参积累处理，国内外学者研究并提出了一系列相参积累方法，包含参数搜索和非参数搜索两大类。

1．基于参数搜索的变加速运动高速目标相参积累方法

典型的参数搜索类变加速目标相参积累方法有广义 RFT（Generalized RFT，GRFT）[95-97]、Radon 分数阶模糊函数（Radon Fractional Ambiguity Function，RFRAF）[98]、Radon 线性正则模糊函数（Radon Linear Canonical Ambiguity Function，RLCAF）[99]、IAR-离散调频傅里叶变换（IAR-Discrete Chirp-Fourier Transform，IAR-DCFT）[100]、KT-三维匹配滤波处理（KT Third-dimensional Matched Filtering Process，KT-TMFP）[101]、Radon 高阶时间调频率变换（Radon High-order Time-chirp Rate Transform，RHTRT）[102]、TRT-特殊 GRFT（TRT-Special GRFT，TRT-SGRFT）[103]等。

2012 年，Xu 等人在 RFT 的基础上，提出了 GRFT 相参积累方法，用以解决高机动目标的相参处理问题。GRFT 可以看成 RFT 的拓展，利用多维参数搜索在抽取回波信号的同时，构建匹配滤波器补偿抽取回波序列的相位差异。当搜索参数与目标运动参数相等时，可获得信号能量的相参积累，GRFT 积累输出也达到最大[95]。与 RFT 类似，GRFT 的积累输出结果中也可能出现 BSSL，使目标检测时虚警严重。此外，多维参数搜索会导致 GRFT 的计算代价增大。为此，Qian 研究了 GRFT 的快速实现方法，指出可以通过粒子群优化（Particle Swarm Optimization，PSO）快速实现 GRFT[96-97]。但是，PSO 对初始参数的设置比较敏感，也容易陷入局部最优，找不到全局最优解。

2015 年，Chen 提出了基于 RFRAF 的变加速运动高速目标相参积累方法[98]。该方法主要包含以下 3 个步骤：首先，通过距离-速度-加速度-加加速度域上的四维参数搜索抽取出回波信号；然后，计算抽取信号的瞬时自相互函数（Instantaneous

Autocorrelation Function，IACF），目的是降低距离走动以及多普勒走动的阶数；最后，利用 FRFT 实现相参积累。Chen 还给出了 RFRAF 与 MTD、RFT 以及 FRFT 之间的关系，并分析了 RFRAF 的可逆性、双线性变换、时移以及频移等特性。

同年，Chen 还研究了具有微动特性的海上机动目标相参积累问题，提出了基于 RLCAF 的相参积累与运动参数估计方法[99]。与 RFRAF 的不同之处在于：RLCAF 是利用 LCT 完成抽取信号的相参积累的。与 FRFT 相比，LCT 具有更高的自由度。因此，与 RFRAF 相比，RLCAF 可获得更好的杂波抑制能力。由于 FRFT 和 LCT 在实现信号能量的积累过程中都需要进行参数搜索，因而与 GRFT 方法相比，RFRAF、RLCAF 以及 PD-LVD 方法的计算复杂度更高，并且低 SNR 条件下的积累性能会下降。同年，Rao 等人在 IAR 方法的基础上，结合 DCFT 处理提出了 IAR-DCFT 方法，用以解决具有距离走动/多普勒走动的变加速目标相参积累问题[100]。与 RLCAF 和 RFRAF 方法相比，IAR-DCFT 方法的计算复杂度有所下降。但是，IAR-DCFT 方法无法校正二阶/三阶距离走动，存在能量积累损失。

2016 年，Huang 等人提出了 KT-TMFP 方法，用以实现三阶距离走动校正与多普勒走动补偿。KT-TMFP 方法首先利用 KT 校正目标的一阶距离走动，然后在距离频率–慢时间域的三维匹配滤波消除距离与慢时间的耦合，最后通过慢时间维傅里叶变换聚焦目标能量，实现相参积累[101]。KT-TMFP 方法能够有效地估计速度、加速度以及加加速度，并获得与 GRFT 相近的积累检测性能，但是仍然需要联合搜索目标的多普勒模糊数–加速度–加加速度，计算复杂度与 GRFT 相近。同年，Huang 等人又提出了 RHTRT 方法，首先利用 Radon 变换搜索估计目标速度并校正一阶距离走动，随后通过 HTRT 估计目标的加加速度[102]。然而，该方法没有考虑目标加加速度引起的三阶距离走动，并且在多目标积累时会产生交叉项，不利于多目标场景下的积累检测与参数估计。

2017 年，Li 等人结合时间翻转与 GRFT，提出了 TRT-SGRFT 相参积累方法，用以降低传统 GRFT 方法的计算复杂度。TRT-SGRFT 方法先利用 TRT 分离运动参数，降低距离走动与多普勒走动的阶数，接着通过 SGRFT 估计获得目标的部分运动参数，然后进行 SGRFT 操作以估计剩余运动参数，最后构造匹配滤波方程，消除所有的距离/多普勒走动并实现能量的相参积累[103]。该方法与 GRFT 方法相比能够降低约一半的计算复杂度，但检测性能会有一定损失。

2. 基于非参数搜索的变加速运动高速目标相参积累方法

基于参数搜索的变加速运动高速目标相参积累方法均需通过多维搜索获得运动参数的估计值并进行校正与补偿，计算复杂度较高，不利于工程的快速实现。

为了降低计算复杂度，相关学者也提出了非参数搜索的变加速运动高速目标相参积累方法。

基于非参数搜索的典型变加速运动高速目标相参积累方法有调频率–二次调频率分布（Chirp Rate-Quadratic Chirp Rate Distribution，CR-QCRD）[104]、广义 SCFT-非均匀 FFT（Generalized SCFT-nonuniform FFT，GSCFT-NUFFT）[105]、相邻互相关函数（Adjacent Cross Correlation Function，ACCF）[106]、TRT-SKT-LVD[107]等。

2014 年，Zheng 等人基于广义 KT 与参数瞬时对称自相关变换提出了 CR-QCRD 方法[104]。次年，Zheng 等人又提出了基于 GSCFT-NUFFT 的非搜索变加速目标相参积累方法[105]。与 CR-QCRD 方法相比，GSCFT-NUFFT 方法的计算代价有所下降，但是积累检测性能会有 1dB 的损失。与 GRFT 等搜索类方法相比，CR-QCRD 和 GSCFT-NUFFT 方法可通过对称自相关、FFT 和非均匀 FFT 处理实现，无须参数搜索，就能有效地降低计算复杂度。然而，CR-QCRD 和 GSCFT-NUFFT 方法都假设目标的距离走动已经得到校正，只考虑多普勒走动。对于变加速运动高速目标，需要同时考虑距离走动和多普勒走动的影响。

为了校正、补偿变加速运动高速目标的距离走动与多普勒走动，Li 等人在 2016 年提出了基于 ACCF 的非参数搜索快速实现相参积累方法。ACCF 方法无须参数搜索，只需对回波信号沿相邻快时间方向做两次自相关变换，就可消除距离/多普勒走动并得到运动参数的估计值，最后利用慢时间维 FT 积累目标能量[106]。该方法的计算复杂度很小且实现方式简单，但 SNR 损失较大，难以适用于低 SNR 环境。同年，Li 等人又提出了 TRT-SKT-LVD 方法，分别通过 TRT、SKT 处理依次校正目标的三阶、一阶以及二阶距离走动，再利用 LVD 完成相参积累[107]。TRT-SKT-LVD 方法简单易行，可通过复乘、FFT 与 IFFT 等方式快速实现，利于工程应用，但低 SNR 环境下方法的积累性能有所损失。

1.4.4　现有研究存在的问题

国内外研究机构和众多学者已经在雷达运动目标相参积累信号处理技术方面进行了深入研究，在距离走动校正和多普勒走动补偿方面取得了诸多成果。但在高速目标长时间相参积累信号处理技术方面，仍处于研究起步阶段，存在的主要问题如下。

（1）当多个目标的散射强度差异较大时，长时间相参积累后，散射强度大的目标积累结果会对散射强度小的目标形成"遮挡"，导致难以实现散射强度更小目标的信号积累与检测。如何在各目标散射回波强度存在较大差异的情况下，同时获得多个目标的回波信号积累，成为一个待解决的问题。

（2）目标回波信号的起始时间与终止时间未知时如何获得回波信号的有效积累。雷达探测时，特别是战场对抗环境下，目标往往突然出现、骤然离开。其进入和离开雷达探测区域的时间往往未知，致使目标回波信号的起始时间与终止时间未知，导致现有基于目标回波信号起始时间、终止时间已知的长时间相参积累方法的性能急剧恶化。所以，必须研究相应的方法来实现起始时间、终止时间高速未知情况下高速目标回波信号能量的相参积累。

（3）如何实现多模态运动高速目标回波信号的长时间相参积累信号处理。高速目标以跳跃飞行、大拐角等方式在空间穿梭时，探测时间内将具有多个运动模态，难以用单一运动模型准确表征。现有长时间相参积累方法是针对单模态运动高速目标，无法实现目标多个模态间回波信号能量的有效积累。针对目标的模态变换特性，设计匹配的回波信号积累方法，成为一个待解决的问题。

（4）采用大时宽带宽积发射信号能够有效地提高发射信号功率和雷达分辨率，有利于提升目标探测性能。然而，在大时宽带宽积下，超高速目标的回波信号将发生变尺度效应，导致传统的相参积累方法失效。如何实现超高速目标大时宽带宽积雷达回波信号的长时间相参积累信号处理，成为一个待解决的问题。

（5）如何实现多帧联合处理的长时间相参积累信号处理。为了进一步提升雷达的探测威力，不仅需要完成回波信号的帧内各脉冲积累，还需要通过回波信号的帧间积累，以最大限度地改善回波 SNR。因此，同时考虑帧内积累和帧间积累的多帧联合长时间相参积累信号处理是一个亟待解决的问题。

（6）高速机动目标的高阶运动分量估计问题。为了实现高速机动目标微动特征（振动、旋转、进动和章动等）的精细化估计，长时间相参积累信号处理时，还需要考虑目标的高阶运动分量（加加速度、四阶运动分量等），以实现对目标运动特征的精细化描述与估计。因此，具有高阶运动分量的高速机动目标信号积累与参数估计方法也需要进行研究。

（7）积累检测性能与计算代价之间的矛盾。参数搜索类相参积累方法能够获取良好的积累检测性能，但是计算代价很大；非参数搜索类相参积累方法虽然能够有效降低计算复杂度，但是积累检测性能会有一定损失。如何设计能够在积累检测性能与计算复杂度间取得很好折中的相参积累方法，仍然是一个值得研究的问题。

（8）低 SNR 下的目标积累与检测。在低 SNR 条件下，高速目标回波淹没在噪声中，无法实现对目标的有效积累与检测。因此，在低 SNR 条件下，如何充分利用信号的幅度和相位信息，在更广义的积累空间中增大目标和噪声干扰的差异强度，提高积累检测性能，也是必须解决的难点问题。

参考文献

[1]   李小龙. 高速机动目标长时间相参积累算法研究[D]. 成都: 电子科技大学, 2017.

[2]   Sun Z, Li X, Yi W, et al. A coherent detection and velocity estimation algorithm for the high-speed target based on the modified location rotation transform[J]. IEEE Journal of Selected Topics in Applied Earth Observations and Remote Sensing, 2018, 11(7): 2346-2361.

[3]   Li X, Sun Z, Yi W, et al. Radar detection and parameter estimation of high-speed target based on MART-LVT[J]. IEEE Sensors Journal, 2018, 19(4): 1478-1486.

[4]   Li X, Sun Z, Zhang T, et al. WRFRFT-based coherent detection and parameter estimation of radar moving target with unknown entry/departure time[J]. Signal Processing, 2020, 166: 107228.

[5]   Li X, Sun Z, Yeo T S. Computational efficient refocusing and estimation method for radar moving target with unknown time information[J]. IEEE Transactions on Computational Imaging, 2020, 6: 544-557.

[6]   Carter P H, Pines D J, Rudd L V E. Approximate performance of periodic hypersonic cruise trajectories for global reach[J]. Journal of Aircraft, 1998, 35(6): 857-867.

[7]   Li X, Sun Z, Yeo T S, et al. STGRFT for detection of maneuvering weak target with multiple motion models[J]. IEEE Transactions on Signal Processing, 2019, 67(7): 1902-1917.

[8]   Kong L, Li X, Cui G, et al. Coherent integration algorithm for a maneuvering target with high-order range migration[J]. IEEE Transactions on Signal Processing, 2015, 63(17): 4474-4486.

[9]   Li X, Kong L, Cui G, et al. A low complexity coherent integration method for maneuvering target detection[J]. Digital Signal Processing, 2016, 49: 137-147.

[10]   Li X, Cui G, Yi W, et al. A fast maneuvering target motion parameters estimation algorithm based on ACCF[J]. IEEE Signal Processing Letters, 2015, 22(3): 270-274.

[11]   Li X, Kong L, Cui G, et al. ISAR imaging of maneuvering target with complex motions based on ACCF-LVD[J]. Digital Signal Processing, 2015, 46: 191-200.

[12]   Li X, Kong L, Cui G, et al. A fast detection method for maneuvering target in coherent radar[J]. IEEE Sensors Journal, 2015, 15(11): 6722-6729.

[13]   Li X, Kong L, Cui G, et al. Detection and RM correction approach for manoeuvring target with complex motions[J]. IET Signal Processing, 2016, 11(4): 378-386.

[14] Li X, Yang Y, Sun Z, et al. Multi-frame integration method for radar detection of weak moving target[J]. IEEE Transactions on Vehicular Technology, 2021. DOI: 10.1109/TVT.2021.3066516.

[15] Li X, Cui G, Kong L, et al. High speed maneuvering target detection based on joint keystone transform and CP function[C]//2014 IEEE Radar Conference. NJ: IEEE, 2014: 436-440.

[16] Li X, Yi W, Cui G, et al. Radon-generalized ambiguity function and its application for maneuvering target detection[C]//2016 IEEE Radar Conference (RadarConf). NJ: IEEE, 2016: 1-6.

[17] Li X, Sun Z, Yi W, et al. Computationally efficient coherent detection and parameter estimation algorithm for maneuvering target[J]. Signal Processing, 2019, 155: 130-142.

[18] Sun Z, Li X, Yi W, et al. Detection of weak maneuvering target based on keystone transform and matched filtering process[J]. Signal Processing, 2017, 140: 127-138.

[19] Li X, Cui G, Yi W, et al. Manoeuvring target detection based on keystone transform and Lv's distribution[J]. IET Radar, Sonar & Navigation, 2016, 10(7): 1234-1242.

[20] Li X, Kong L, Cui G, et al. CLEAN-based coherent integration method for high-speed multi-targets detection[J]. IET Radar, Sonar & Navigation, 2016, 10(9): 1671-1682.

[21] Sun Z, Li X, Cui G, et al. Hypersonic target detection and velocity estimation in coherent radar system based on scaled radon Fourier transform[J]. IEEE Transactions on Vehicular Technology, 2020, 69(6): 6525-6540.

[22] 于小龙. 高速运动目标检测算法研究[D]. 南京: 南京理工大学, 2014: 1-4.

[23] 吴仁彪, 马頔, 李海. 基于 Radon-MDCFT 的空间高速机动目标检测与参数估计方法[J]. 系统工程与电子技术, 2016, 38(3): 493-500.

[24] Li X, Cui G, Yi W, et al. Coherent integration for maneuvering target detection based on Radon-Lv's distribution[J]. IEEE Signal Processing Letters, 2015, 22(9): 1467-1471.

[25] Moyer L R, Spak J, Lamanna P. A multi-dimensional Hough transform-based track-before-detect technique for detecting weak targets in strong clutter backgrounds[J]. IEEE Transactions on Aerospace and Electronic Systems, 2011, 47(4): 3062-3068.

[26] Sun Y, Willett P. Hough transform for long chirp detection[J]. IEEE Transactions on Aerospace and Electronic Systems, 2002, 38(2): 553-569.

[27] Carlson B D, Evans E D, Wilson S L. Search radar detection and track with the Hough transform(I): System concept[J]. IEEE Transactions on Aerospace and Electronic Systems, 1994, 30(1): 102-108.

[28] Carlson B D, Evans E D, Wilson S L. Search radar detection and track with the Hough transform(II): Detection statistics[J]. IEEE Transactions on Aerospace and Electronic Systems, 1994, 30(1): 109-115.

[29] Carlson B D, Evans E D, Wilson S L. Search radar detection and track with the Hough transform(III): Detection performance with binary integration[J]. IEEE Transactions on Aerospace and Electronic Systems, 1994, 30(1): 116-125.

[30] Carretero-Moya J, Gismero-Menoyo J, Asensio-Lopez A, et al. Application of the radon transform to detect small-targets in sea clutter[J]. IET Radar, Sonar & Navigation, 2009, 3(2): 155-166.

[31] Rey M T, Tunaley J K, Folinsbee J T, et al. Application of Radon transform techniques to wake detection in Seasat-A SAR images[J]. IEEE Transactions on Geoscience and Remote Sensing, 1990, 28(4): 553-560.

[32] Reed I S, Gagliardi R M, Shao H M. Application of three-dimensional filtering to moving target detection[J]. IEEE Transactions on Aerospace and Electronic Systems, 1983 (6): 898-905.

[33] Reed I S, Gagliardi R M, Stotts L B. Optical moving target detection with 3-D matched filtering[J]. IEEE Transactions on Aerospace and Electronic Systems, 1988, 24(4): 327-336.

[34] Reed I S, Gagliardi R M, Stotts L B. A recursive moving-target-indication algorithm for optical image sequences[J]. IEEE Transactions on Aerospace and Electronic Systems, 1990, 26(3): 434-440.

[35] Orlando D, Venturino L, Lops M, et al. Space-time adaptive algorithms for track-before-detect in clutter environments[C]//2009 International Radar Conference "Surveillance for a Safer World" (RADAR 2009). NJ: IEEE, 2009: 1-6.

[36] Orlando D, Venturino L, Lops M, et al. Track-before-detect strategies for STAP radars[J]. IEEE Transactions on Signal Processing, 2009, 58(2): 933-938.

[37] Grossi E, Lops M. Sequential along-track integration for early detection of moving targets[J]. IEEE Transactions on Signal Processing, 2008, 56(8): 3969-3982.

[38] Yi W, Morelande M R, Kong L, et al. An efficient multi-frame track-before-detect algorithm for multi-target tracking[J]. IEEE Journal of Selected Topics in Signal Processing, 2013, 7(3): 421-434.

[39] Boers Y, Driessen J N. Particle filter based detection for tracking[C]//Proceedings of the 2001 American Control Conference.(Cat. No. 01CH37148). NJ: IEEE, 2001, 6: 4393-4397.

[40] Boers Y, Driessen H. A particle-filter-based detection scheme[J]. IEEE Signal Processing Letters, 2003, 10(10): 300-302.

[41] 杨小军, 潘泉, 张洪才. 基于粒子滤波和似然比的联合检测前跟踪算法[J]. 控制与决策, 2005, 20(7): 837-840.

[42] 龚亚信, 杨宏文, 胡卫东, 等. 基于粒子滤波的弱目标检测前跟踪算法[J]. 系统工程与电子技术, 2007, 29(12): 2143-2148.

[43] Yi W, Morelande M R, Kong L, et al. A computationally efficient particle filter for multitarget tracking using an independence approximation[J]. IEEE Transactions on Signal Processing, 2012, 61(4): 843-856.

[44] 焦智超. 雷达高速机动目标长时间积累方法研究[D]. 成都: 电子科技大学, 2016.

[45] 田静. 雷达机动目标长时间积累信号处理算法研究[D]. 北京: 北京理工大学, 2014.

[46] 徐冠杰. 雷达信号长时间积累对微弱目标检测的研究[D]. 西安: 西安电子科技大学, 2011.

[47] 蒋千. 高速目标雷达信号长时间积累技术研究[D]. 成都: 电子科技大学, 2013.

[48] Skolnik M I. Introduction to Radar Systems[M]. 3rd ed. New York: McGraw-Hill, 2002.

[49] 张国华. 临近空间目标探测分析[J]. 现代雷达, 2011, 33(6): 13-15.

[50] 赵海洋, 刘书雷, 吴集, 等. 国外高超声速临近空间飞行器技术进展[J]. 飞航导弹, 2013(9): 12-17.

[51] 吕航, 何广军, 张作帅, 等. 临近空间高超声速飞行器发展现状及其跟踪技术[J]. 飞航导弹, 2013(9): 18-21.

[52] 李亚轲, 梁晓庚, 郭正玉. 临近空间攻防对抗技术发展研究[J]. 四川兵工学报, 2013, 34(5): 24-26.

[53] 汪连栋, 曾勇虎, 高磊, 等. 临近空间高超声速目标雷达探测技术现状与趋势[J]. 信号处理, 2014, 30(1): 72-85.

[54] 金风. 三倍音速的"黑鸟"——美国 SR-71 战略侦察机[J]. 航空世界, 2001(11): 45-46.

[55] 李益翔. 美国高超声速飞行器发展历程研究[D]. 哈尔滨: 哈尔滨工业大学, 2016.

[56] 孙智. 临近空间高速目标长时间相参处理算法研究[D]. 成都: 电子科技大学, 2020.

[57] 鲁芳. 美军高超武器乘波者 X-51A 的独特方案和技术透析[J]. 国防科技, 2010, 31(3): 9-13.

[58] 姚源, 陈萱. 美国发布 SR-72 高超声速飞机概念[J]. 中国航天, 2013(12): 39-41.

[59] 甄华萍, 蒋崇文. 高超声速技术验证飞行器 HTV-2 综述[J]. 飞航导弹, 2013(6): 7-13.

[60] 严飞, 牛文, 叶蕾. 美空军积极推进高速打击武器（HSSW）项目[J]. 战术导弹技术, 2013(3): 9-12.

[61] 杨磊, 牛文. 美国临近空间快速打击武器技术发展[J]. 战术导弹技术, 2013(6): 12-19.

[62] 金欣, 梁伟泰, 王俊. 反临近空间目标作战的若干问题思考[J]. 现代防御技术, 2013, 41(6): 1-7.

[63] 潘杰. 空中杀手 美国 B-3 高超音速战略轰炸机[J]. 现代兵器, 2005(1): 18-20.

[64] 董天发. 临近空间高速高机动目标跟踪算法研究[D]. 成都: 电子科技大学, 2015.

[65] Perry R P, Dipietro R C, Fante R L. SAR imaging of moving targets[J]. IEEE Transactions on Aerospace and Electronic Systems, 1999, 35(1): 188-200.

[66] Zhang S, Zhang W, Wang Y. Multiple targets' detection in terms of Keystone transform at the low SNR level[C]//2008 International Conference on Information and Automation. NJ: IEEE, 2008: 1-4.

[67] Yuan S, Wu T, Mao M, et al. Application research of keystone transform in weak high-speed target detection in low-PRF narrowband chirp radar[C]//2008 9th International Conference on Signal Processing. NJ: IEEE, 2008: 2452-2456.

[68] Zhu D, Li Y, Zhu Z. A keystone transform without interpolation for SAR ground moving-target imaging[J]. IEEE Geoscience and Remote Sensing Letters, 2007, 4(1): 18-22.

[69] Xu J, Yu J, Peng Y N, et al. Radon-Fourier transform for radar target detection (I): Generalized Doppler filter bank[J]. IEEE Transactions on Aerospace and Electronic Systems, 2011, 47(2): 1186-1202.

[70] Xu J, Yu J, Peng Y N, et al. Radon-Fourier transform for radar target detection (Ⅱ): Blind speed sidelobe suppression[J]. IEEE Transactions on Aerospace and Electronic Systems, 2011, 47(4): 2473-2489.

[71] Yu J, Xu J, Peng Y N, et al. Radon-Fourier transform for radar target detection (Ⅲ): Optimality and fast implementations[J]. IEEE Transactions on Aerospace and Electronic Systems, 2012, 48(2): 991-1004.

[72] Rao X, Tao H, Su J, et al. Axis rotation MTD algorithm for weak target detection[J]. Digital Signal Processing, 2014, 26: 81-86.

[73] Qian L, Xu J, Sun W, et al. Sub-aperture based blind speed side lobe (BSSL) suppression in Radon Fourier transform (RFT)[C]//2012 IEEE 11th International Conference on Signal Processing. NJ: IEEE, 2012, 3: 1880-1884.

[74] Zheng J, Su T, Zhu W, et al. Radar high-speed target detection based on the scaled inverse Fourier transform[J]. IEEE Journal of Selected Topics in Applied Earth Observations and Remote Sensing, 2014, 8(3): 1108-1119.

[75] Zheng J, Su T, Liu H, et al. Radar high-speed target detection based on the frequency-domain deramp-keystone transform[J]. IEEE Journal of Selected Topics in Applied Earth Observations and Remote Sensing, 2015, 9(1): 285-294.

[76] Niu Z, Zheng J, Su T, et al. Fast implementation of scaled inverse Fourier transform for high-speed radar target detection[J]. Electronics Letters, 2017, 53(16): 1142-1144.

[77] Li X, Cui G, Yi W, et al. Sequence-reversing transform-based coherent integration for high-speed target detection[J]. IEEE Transactions on Aerospace and Electronic Systems, 2017, 53(3): 1573-1580.

[78] Li H, Ma D, Wu R. A low complexity algorithm for across range unit effect correction of the moving target via range frequency polynomial-phase transform[J]. Digital Signal Processing, 2017, 62: 176-186.

[79] Zhang Y, Xu H, Zhang X P, et al. A wideband/narrowband fusion-based motion estimation method for maneuvering target[J]. IEEE Sensors Journal, 2019, 19(18): 8095-8106.

[80] Qian L, Xu J, Xia X, et al. Wideband-scaled Radon-Fourier transform for high-speed radar target detection[J]. IET Radar, Sonar & Navigation, 2014, 8(5): 501-512.

[81] Xu X, Liao G, Yang Z, et al. Moving-in-pulse duration model-based target integration method for HSV-borne high-resolution radar[J]. Digital Signal Processing, 2017, 68: 31-43.

[82] Su J, Xing M, Wang G, et al. High-speed multi-target detection with narrowband radar[J]. IET Radar, Sonar & Navigation, 2010, 4(4): 595-603.

[83] Xing M, Su J, Wang G, et al. New parameter estimation and detection algorithm for high speed small target[J]. IEEE Transactions on Aerospace and Electronic Systems, 2011, 47(1): 214-224.

[84] Tao R, Zhang N, Wang Y. Analysing and compensating the effects of range and Doppler frequency migrations in linear frequency modulation pulse compression radar[J]. IET Radar, Sonar & Navigation, 2011, 5(1): 12-22.

[85] Li X L, Cui G L, Yi W, et al. An efficient coherent integration method for maneuvering target detection[C]// IET International Radar Conference 2015, Hangzhou: IET, 2015: 1-6.

[86] Rao X, Tao H, J. Su, et al. Detection of constant radial acceleration weak target via IAR-FRFT[J]. IEEE Transactions on Aerospace and Electronic Systems, 2015, 51(4): 3242-3253.

[87] Sun G, Xing M, Wang Y, et al. Improved ambiguity estimation using a modified fractional radon transform[J]. IET Radar, Sonar & Navigation, 2011, 5(4): 489-495.

[88] Tian J, Cui W, Shen Q, et al. High-speed maneuvering target detection approach based on joint RFT and keystone transform[J]. Science China Information Sciences, 2013, 56(6): 1-13.

[89] Chen X, Guan J, Liu N, et al. Maneuvering target detection via Radon-fractional Fourier transform-based long-time coherent integration[J]. IEEE Transactions on Signal Processing, 2014, 62(4): 939-953.

[90] Chen X, Guan J, Liu N, et al. Detection of a low observable sea-surface target with micromotion via the Radon-linear canonical transform[J]. IEEE Geoscience and Remote Sensing Letters, 2014, 11(7): 1225-1229.

[91] Huang P, Liao G, Yang Z, et al. A fast SAR imaging method for ground moving target using a second-order WVD transform[J]. IEEE Transactions on Geoscience and Remote Sensing, 2016, 54(4): 1940-1956.

[92] 章建成, 苏涛, 吕倩. 基于运动参数非搜索高速机动目标检测[J]. 电子与信息学报, 2016, 38(6): 1460-1467.

[93] Huang P, Liao G, Yang Z, et al. An approach for refocusing of ground moving target without target motion parameter estimation[J]. IEEE Transactions on Geoscience and Remote Sensing, 2017, 55(1): 336-350.

[94] Zheng J, Zhang J, Xu S, et al. Radar detection and motion parameters estimation of maneuvering target based on the extended keystone transform[J]. IEEE Access, 2018, 6: 76060-76074.

[95] Xu J, Xia X, Peng S, et al. Radar maneuvering target motion estimation based on generalized Radon-Fourier transform[J]. IEEE Transactions on Signal Processing, 2012, 60(12): 6190-6201.

[96] Qian L, Xu J, Xia X, et al. Fast implementation of generalised Radon-Fourier transform for manoeuvring radar target detection[J]. Electronics Letters, 2012, 48(22): 1427-1428.

[97] Qian L, Xu J, Sun W, et al. Efficient approach of generalized RFT based on PSO[C]// 2012 IEEE 12th International Conference on Computer and Information Technology, Chengdu, 2012: 511-516.

[98] Chen X, Huang Y, Liu N, et al. Radon-fractional ambiguity function-based detection method of low-observable maneuvering target[J]. IEEE Transactions on Aerospace and Electronic Systems, 2015, 51(2): 815-833.

[99] Chen X, Guan J, Huang Y, et al. Radon-linear canonical ambiguity function-based detection and estimation method for marine target with micromotion[J]. IEEE Transactions on Geoscience and Remote Sensing, 2015, 53(4): 2225-2240.

[100] Rao X, Tao H, Xie J, et al. Long-time coherent integration detection of weak manoeuvring target via integration algorithm, improved axis rotation discrete chirp-Fourier transform[J]. IET Radar, Sonar & Navigation, 2015, 9(7): 917-926.

[101] Huang P, Liao G, Yang Z, et al. Long-time coherent integration for weak maneuvering target detection and high-order motion parameter estimation based on keystone transform[J]. IEEE Transactions on Signal Processing, 2016, 64(15): 4013-4026.

[102] Huang P, Liao G, Yang Z, et al. An approach for refocusing of ground fast-moving target and high-order motion parameter estimation using radon-high-order time-chirp rate transform[J]. Digital Signal Processing, 2016, 48: 333-348.

[103] Li X, Cui G, Yi W, et al. Radar maneuvering target detection and motion parameter estimation based on TRT-SGRFT[J]. Signal Processing, 2017, 133: 107-116.

[104] Zheng J, Su T, Zhang L, et al. ISAR imaging of targets with complex motion based on the chirp rate-quadratic chirp rate distribution[J]. IEEE Transactions on Geoscience and Remote Sensing, 2014, 52(11): 7276-7289.

[105] Zheng J, Su T, Zhu W, et al. ISAR imaging of nonuniformly rotating target based on a fast parameter estimation algorithm of cubic phase signal[J]. IEEE Transactions on Geoscience and Remote Sensing, 2015, 53(9): 4727-4740.

[106] Li X, Cui G, Kong L, et al. Fast non-searching method for maneuvering target detection and motion parameters estimation[J]. IEEE Transactions on Signal Processing, 2016, 64(9): 2232-2244.

[107] Li X, Cui G, Yi W, et al. Fast coherent integration for maneuvering target with high-order range migration via TRT-SKT-LVD[J]. IEEE Transactions on Aerospace and Electronic Systems, 2016, 52(6): 2803-2814.

第2章　匀速运动高速目标长时间相参积累

空间高速目标在稳态巡航、匀速爬升状态时往往表现为匀速运动[1-3]。此时，在雷达长时间相参积累信号处理过程中，匀速运动高速目标的速度会导致回波信号能量分布在不同的距离单元内，产生一阶距离走动，导致传统的 MTD 积累方法失效。因此，为了实现匀速运动状态下空间高速目标回波信号的有效积累，必须校正一阶距离走动。

本章研究匀速运动高速目标的长时间相参积累方法，首先建立匀速运动高速目标的回波模型，随后分析位置旋转变换（Location Rotation Transform，LRT）方法的基本原理及其存在的问题，并在此基础上提出基于改进位置旋转变换（Modified LRT，MLRT）的相参积累方法。MLRT 方法是先通过回波信号峰值坐标位置的旋转变换校正一阶距离走动，再利用慢时间域的傅里叶变换实现校正后信号能量的相参积累。然后，本章对比分析了 MLRT 和 KT、RFT 方法的计算复杂度，并讨论了加速度对 MLRT 方法积累性能的影响。最后，通过仿真实验分析了 MLRT 方法的积累、检测与速度估计性能。

2.1　匀速运动高速目标回波模型

假设雷达发射线性频率调制（Linear Frequency Modulated，LFM，简称线性调频）信号的表达式为[4]：

$$s\left(t_m, \hat{t}\right) = \mathrm{rect}\left(\frac{\hat{t}}{T_{\mathrm{p}}}\right)\exp\left(\mathrm{j}\pi\mu\hat{t}^2\right)\exp\left[\mathrm{j}2\pi f_{\mathrm{c}}\left(\hat{t} + t_m\right)\right] \tag{2-1}$$

其中

$$\mathrm{rect}\left(\frac{\hat{t}}{T_{\mathrm{p}}}\right) = \begin{cases} 1, & |\hat{t}| \leq \dfrac{T_{\mathrm{p}}}{2} \\ 0, & |\hat{t}| > \dfrac{T_{\mathrm{p}}}{2} \end{cases}$$

$t_m = mT_{\mathrm{r}}$（$m = 0,1,\cdots,N-1$）是慢时间，N 为积累脉冲总数，T_{r} 为脉冲重复周期；$\hat{t}$ 是快时间（距离时间），T_{p}、f_{c} 和 μ 分别表示脉冲宽度、载波频率以及调频斜率。

假设高速目标远离雷达做匀速运动，目标与雷达之间的瞬时径向距离 $r(t_m)$ 为：

$$r(t_m) = r_0 + vt_m \qquad (2\text{-}2)$$

其中，r_0 是雷达与目标之间的初始径向距离，v 是目标的径向速度。

经过信号解调后的基带回波信号为：

$$s_r(t_m, \hat{t}) = A_0 \text{rect}\left(\frac{\hat{t} - 2r(t_m)}{T_p}\right) \exp\left(-\mathrm{j}\frac{4\pi r(t_m)}{\lambda}\right) \times$$

$$\exp\left[\mathrm{j}\pi\mu\left(\hat{t} - \frac{2r(t_m)}{c}\right)^2\right] \qquad (2\text{-}3)$$

其中，A_0 是目标散射强度，$\lambda = c/f_c$ 为雷达波长，c 表示光速。

对式（2-3）做快时间维傅里叶变换，随后利用匹配滤波器进行频域脉压处理，再通过快时间维傅里叶逆变换得到脉压后的时域回波信号为[5-6]：

$$s_c(t_m, \hat{t}) = A_1 \text{sinc}\left[B\left(\hat{t} - \frac{2r(t_m)}{c}\right)\right] \exp\left(-\mathrm{j}\frac{4\pi r(t_m)}{\lambda}\right) \qquad (2\text{-}4)$$

其中，A_1 表示回波的脉压复幅度，B 为雷达发射信号带宽。

将式（2-2）代入式（2-4）可得：

$$s_c(t_m, \hat{t}) = A_1 \text{sinc}\left\{B\left[\hat{t} - \frac{2(r_0 + vt_m)}{c}\right]\right\} \exp\left[-\mathrm{j}\frac{4\pi(r_0 + vt_m)}{\lambda}\right] \qquad (2\text{-}5)$$

令 $\hat{t} = 2r/c$，其中，r 为与快时间 $\hat{t}$ 对应的距离。那么，式（2-5）可以写成：

$$s_c(t_m, r) = A_1 \text{sinc}\left\{\frac{2B}{c}\left[r - (r_0 + vt_m)\right]\right\} \exp\left[-\mathrm{j}\frac{4\pi(r_0 + vt_m)}{\lambda}\right] \qquad (2\text{-}6)$$

对接收到的回波进行信号采样后，距离可以用距离单元来表示。当采样频率 $f_s = kB$ 时，有 $r = \rho n$ 和 $r_0 = \rho n_{r_0}$，其中 k 是采样频率与带宽的比值，n 和 n_{r_0} 分别表示与 r 和 r_0 对应的距离单元数，$\rho = c/(2f_s)$ 是距离单元。根据奈奎斯特采样定理，本章选取 $k = 2$，则在 $n-m$ 域中式（2-6）可以重新写成：

$$s_c(m, n) = A_1 \text{sinc}\left[\frac{1}{k}\left(n - n_{r_0} - \frac{vmT_r}{\rho}\right)\right] \exp\left(-\mathrm{j}\frac{4\pi n_{r_0}\rho}{\lambda}\right) \exp\left(-\mathrm{j}\frac{4\pi vmT_r}{\lambda}\right) \qquad (2\text{-}7)$$

由式（2-7）可知，由于 v 与 m 之间的耦合关系，$s_c(m, n)$ 的包络位置随着 m 而改变。当变化量超过距离单元时，目标回波信号能量在积累时间内分散在不同的距离单元中，此时一阶距离走动发生。这将导致难以直接通过 MTD 获得目标回波信号能量的有效相参积累。因此，必须在长时间相参积累前校正目标的一阶距离走动。

2.2　MLRT 相参积累方法

本节首先介绍 LRT 方法的基本原理并分析其存在的问题；然后，为解决 LRT 的问题，提出并详细介绍 MLRT 相参积累方法；接下来，对比分析 MLRT 方法与 KT、RFT 方法的计算复杂度；最后，分析讨论目标加速度对 MLRT 方法积累性能的影响。

2.2.1　LRT 方法简介

LRT 方法基于 v 与 m 的耦合关系，通过回波坐标位置的旋转变换实现一阶距离走动校正。LRT 的定义如下[7]：

$$\begin{bmatrix} m \\ n \end{bmatrix} = \begin{bmatrix} \cos\theta_1' & -\sin\theta_1' \\ \sin\theta_1' & \cos\theta_1' \end{bmatrix} \times \begin{bmatrix} m_1' \\ n_1' \end{bmatrix} \tag{2-8}$$

其中，(m_1', n_1') 是 LRT 后回波信号的坐标位置，$\theta_1'\left[\theta_1' \in (-\pi/2, \pi/2)\right]$ 为 LRT 的旋转角度搜索值。

将式（2-8）代入式（2-7）可得：

$$s_c\left(m_1', n_1'; \theta_1'\right) = A_1 \mathrm{sinc}\left\{\frac{1}{k}\left[n_1'\left(\cos\theta_1' + \frac{vT_r\sin\theta_1'}{\rho}\right) - n_{r_0} + Q\right]\right\} \times$$
$$\exp\left[-\mathrm{j}\frac{4\pi\left(n_{r_0}\rho - vn_1'T_r\sin\theta_1'\right)}{\lambda}\right]\exp\left(-\mathrm{j}\frac{4\pi vm_1'T_r\cos\theta_1'}{\lambda}\right) \tag{2-9}$$

其中

$$Q = m_1'\left(\sin\theta_1' - \frac{vT_r\cos\theta_1'}{\rho}\right) \tag{2-10}$$

当 $Q = 0$ 时，目标旋转角度的搜索值与真实值相等（$\theta_1' = \theta$）：

$$s_c\left(m_1', n_1'\right) = A_1 \mathrm{sinc}\left[\frac{1}{k}\left(n_1' - n_{r_0}\cos\theta\right)\left(\tan\theta\sin\theta + \cos\theta\right)\right] \times$$
$$\exp\left[-\mathrm{j}\frac{4\pi\left(n_{r_0}\rho - vn_1'T_r\sin\theta\right)}{\lambda}\right]\exp\left(-\mathrm{j}\frac{4\pi vm_1'T_r\cos\theta}{\lambda}\right) \tag{2-11}$$

此时，目标回波信号分布在同一个距离单元 $n_{r_0}\cos\theta$ 中。对坐标位置旋转后的回波信号进行慢时间维傅里叶变换处理后可得：

$$s_{\text{LRTint}}\left(f_{m_1'},n_1'\right)=A_2'\text{sinc}\left[\frac{1}{k}\left(n_1'-n_{r_0}\cos\theta\right)\right]\text{sinc}\left[\text{CPI}\left(f_{m_1'}+\frac{2v\cos\theta}{\lambda}\right)\right] \qquad (2\text{-}12)$$

其中，A_2' 是慢时间维傅里叶变换后的回波信号幅度，$\text{CPI}=NT_r$ 为相参处理间隔，$f_{m_1'}$ 表示与 m_1' 对应的多普勒频率。

根据式（2-12）的峰值位置可以得到旋转角的估计值。随后，我们利用旋转角估计值进行回波坐标位置旋转变换，能够校正一阶距离走动。最后通过慢时间维傅里叶变换即可获得目标能量的相参积累。

由式（2-12）可知，LRT 积累处理后的峰值位置，在距离上对应的是第 $n_{r_0}\cos\theta$ 个距离单元，多普勒频率则对应 $(2v\cos\theta)/\lambda$（原多普勒频率为 $2v/\lambda$）。因此，LRT 积累处理后，回波信号峰值所在的初始距离单元与多普勒频率都发生了偏移。

图 2-1 所示为 LRT 原理示意图。脉压后回波信号能量分散在不同的距离单元中，如图 2-1（a）所示。LRT 处理之前回波坐标的初始位置为 (m,n)，变换后位置为 (m_1',n_1')。那么，旋转任意角度 θ_1'（$\theta_1'\neq\theta$）后回波信号的能量分布如图 2-1（b）所示，此时一阶距离走动仍然存在。当 $\theta_1'=\theta$ 时，旋转角搜索值与真实值相等，目标能量位于同一个距离单元中，相参积累峰值最大。但此时初始距离单元发生偏移，如图 2-1（c）所示。

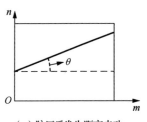

（a）脉压后发生距离走动

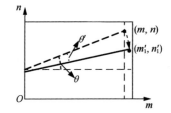

（b）LRT 结果（$\theta_1'\neq\theta$）：距离走动仍然存在

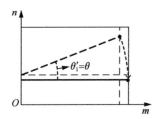

（c）LRT 结果（$\theta_1'=\theta$）：距离走动被校正，但初始距离单元偏移

图 2-1　LRT 原理示意图

2.2.2　MLRT 方法的原理

本小节详细介绍 MLRT 方法的原理。首先讨论单目标 MLRT，随后分析多目标 MLRT。

1. 单目标 MLRT

由于一阶距离走动的影响，目标回波信号能量分布在多个距离单元内，如图 2-2（a）所示。与 LRT 相似，MLRT 也是通过回波位置的旋转变换校正一阶距离走动。假设 MLRT 处理前回波数据的原始位置为 (m,n)，旋转后的回波数据位置为 (m',n')，如图 2-2（b）所示，则 MLRT 处理后，(m,n) 与 (m',n') 之间的变换关系可以表示为：

$$\begin{bmatrix} m \\ n \end{bmatrix} = \begin{bmatrix} 1 & 0 \\ \tan\theta' & 1 \end{bmatrix} \times \begin{bmatrix} m' \\ n' \end{bmatrix} \tag{2-13}$$

其中，$\theta'\big[\theta' \in (-\pi/2, \pi/2)\big]$ 为 MLRT 的旋转角度搜索值。

将式（2-13）代入式（2-7）可得：

$$
\begin{aligned}
s_{\mathrm{c}}\left(m',n';\theta'\right) = {} & A_1 \mathrm{sinc}\left[\frac{1}{k}\left(n'-n_{r_0}+P\right)\right] \times \\
& \exp\left(-\mathrm{j}\frac{4\pi n_{r_0}\rho}{\lambda}\right)\exp\left(-\mathrm{j}\frac{4\pi v m' T_{\mathrm{r}}}{\lambda}\right)
\end{aligned}
\tag{2-14}
$$

其中

$$P = m'\left(\tan\theta' - \frac{vT_{\mathrm{r}}}{\rho}\right) \tag{2-15}$$

当 $P=0$，即目标旋转角度的搜索值与真实值相等（$\theta' = \theta$）时，可得：

$$s_{\mathrm{c}}\left(m',n'\right) = A_1 \mathrm{sinc}\left[\frac{1}{k}\left(n'-n_{r_0}\right)\right]\exp\left(-\mathrm{j}\frac{4\pi n_{r_0}\rho}{\lambda}\right)\exp\left(-\mathrm{j}\frac{4\pi v m' T_{\mathrm{r}}}{\lambda}\right) \tag{2-16}$$

式（2-16）表明：与 LRT 不同，经过 MLRT 校正处理后，目标回波信号分布在同一个距离单元 n_{r_0} 内。对式（2-16）进行慢时间维傅里叶变换处理，有：

$$s_{\mathrm{int}}\left(f_{m'},n'\right) = A_2 \mathrm{sinc}\left[\frac{1}{k}\left(n'-n_{r_0}\right)\right]\mathrm{sinc}\left[\mathrm{CPI}\left(f_{m'}+\frac{2vT_{\mathrm{r}}}{\lambda}\right)\right] \tag{2-17}$$

其中，$A_2 = A_1 G_{\mathrm{s}}\exp\left(-\mathrm{j}4\pi n_{r_0}\rho/\lambda\right)$ 是相参积累幅度，G_{s} 是慢时间傅里叶变换的增益。

根据式（2-17）的所有峰值位置的最大值，可以得到旋转角的估计值，进而计算出速度的估计值：

$$\hat{\theta} = \arg\max_{\theta'} \left| \mathop{FT}_{m'} \left[s_c \left(m', n'; \theta' \right) \right] \right| \tag{2-18}$$

$$\hat{v} = \frac{\rho}{T_r} \tan \hat{\theta} \tag{2-19}$$

随后，利用旋转角估计值进行回波坐标位置旋转变换，从而校正目标的一阶距离走动，如图 2-2（c）所示。最后，利用慢时间维傅里叶变换获得目标能量的相参积累。

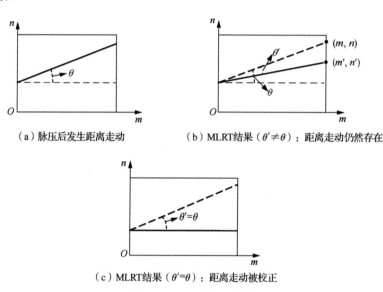

（a）脉压后发生距离走动　　　（b）MLRT结果（$\theta' \neq \theta$）：距离走动仍然存在

（c）MLRT结果（$\theta' = \theta$）：距离走动被校正

图 2-2　MLRT 原理示意图

2. 多目标 MLRT

MLRT 也可以用于多个匀速运动高速目标的回波信号相参积累。假设雷达探测区域中有 I 个匀速飞行目标，第 $i(i=1,2,\cdots,I)$ 个目标的瞬时距离满足：

$$r_i \left(t_m \right) = r_{0i} + v_i i_m \tag{2-20}$$

其中，r_{0i} 表示第 i 个目标的初始径向距离，v_i 是第 i 个目标的径向速度。

脉压后 I 个目标的回波信号为：

$$s_{mc} \left(t_m, \hat{t} \right) = \sum_{i=1}^{I} A_{1i} \mathrm{sinc} \left[B \left(\hat{t} - \frac{2r_i \left(t_m \right)}{c} \right) \right] \exp \left(-j \frac{4\pi r_i \left(t_m \right)}{\lambda} \right) \tag{2-21}$$

其中，$A_{1i} = A_{0i} \sqrt{D}$ 是第 i 个目标压缩信号回波的复幅度；A_{0i} 表示第 i 个目标的散射强度。

与单目标情形类似，令 $\hat{t} = 2r/c$。当 $f_s = kB$ 时，可以得到 $r_{0i} = \rho n_{r_0}$，n_{r_0} 表示与 r_{0i} 对应的距离单元数。此时式（2-21）在 $m-n$ 域可以被重新写为：

$$s_{\mathrm{mc}}(m,n) = \sum_{i=1}^{I} A_{1i} \mathrm{sinc}\left[B\left(n - n_{r_{0i}} - \frac{v_i m T_{\mathrm{r}}}{c} \right) \right] \exp\left(-\mathrm{j} \frac{4\pi n_{r_{0i}} \rho}{\lambda} \right) \times$$
$$\exp\left(-\mathrm{j} \frac{4\pi v_i m T_{\mathrm{r}}}{\lambda} \right) \qquad (2\text{-}22)$$

假设第 i 个目标的运动轨迹与慢时间轴之间的夹角为 θ，其搜索旋转角度为 θ'。MLRT 处理时，回波信号坐标位置 (m,n) 与 (m',n') 的变换关系如式（2-13）所示。

将式（2-13）代入式（2-22）可得：

$$s_{\mathrm{mc}}(m',n';\theta') = \sum_{i=1}^{I} A_{1i} \mathrm{sinc}\left[\frac{1}{k}\left(n' - n_{r_{0i}} + P_i \right) \right] \exp\left(-\mathrm{j} \frac{4\pi n_{r_{0i}} \rho}{\lambda} \right) \times$$
$$\exp\left(-\mathrm{j} \frac{4\pi v_i m' T_{\mathrm{r}}}{\lambda} \right) \qquad (2\text{-}23)$$

其中

$$P_i = m'\left(\tan\theta' - \frac{v_i T_{\mathrm{r}}}{\rho} \right) \qquad (2\text{-}24)$$

当 $P_i = 0$ 时，仅第 i 个目标的旋转角搜索值与真实值相等（$\theta' = \theta$），此时有：

$$s_{\mathrm{mc}}(m',n') = A_{1i} \mathrm{sinc}\left[\frac{1}{k}\left(n' - n_{r_{0i}} \right) \right] \exp\left(-\mathrm{j} \frac{4\pi n_{r_{0i}} \rho}{\lambda} \right) \times$$
$$\exp\left(-\mathrm{j} \frac{4\pi v_i m' T_{\mathrm{r}}}{\lambda} \right) + s_{\mathrm{other}}(m',n';\theta') \qquad (2\text{-}25)$$

其中

$$s_{\mathrm{other}}(m',n';\theta') = \sum_{l=1,l\neq i}^{I} A_{1l} \mathrm{sinc}\left\{ \frac{1}{k}\left[n' - n_{r_{0l}} + m'\left(\tan\theta' - \frac{v_l T_{\mathrm{r}}}{\rho} \right) \right] \right\} \times$$
$$\exp\left(-\mathrm{j} \frac{4\pi n_{r_{0l}} \rho}{\lambda} \right) \exp\left(-\mathrm{j} \frac{4\pi v_l m' T_{\mathrm{r}}}{\lambda} \right) \qquad (2\text{-}26)$$

其中，l 表示旋转角搜索值与真实值不相等的目标数（$l \neq i$）。

根据式（2-25）和式（2-26）可知：第 i 个目标的距离走动得到校正。此时，对式（2-25）进行慢时间维傅里叶变换可得：

$$s_{\mathrm{mint}}(f_{m'},n') = A_{1i} G_{si} \exp\left(-\mathrm{j} \frac{4\pi n_{r_{0i}} \rho}{\lambda} \right) \mathrm{sinc}\left[\frac{1}{k}\left(n' - n_{r_{0i}} \right) \right] \times$$
$$\mathrm{sinc}\left[\mathrm{CPI}\left(f_{m'} + \frac{2v_i T_{\mathrm{r}}}{\lambda} \right) \right] + s_{\mathrm{other}}(f_{m'},n';\theta') \qquad (2\text{-}27)$$

其中

$$s_{\text{other}}\left(f_{m'},n';\theta'\right) = \underset{m'}{\text{FT}}\left(s_{\text{other}}\left(m',n';\theta'\right)\right) \tag{2-28}$$

G_{si} 表示慢时间维傅里叶变换的增益。

如式（2-27）所示，第 i 个目标的回波信号能量得到有效积累并形成峰值，随后根据峰值位置可以得到第 i 个目标的旋转角估计值。

需要指出的是，MLRT 方法是通过角度搜索和慢时间维傅里叶变换获得目标旋转角的估计值。搜索过程中，当搜索的角度与第 i 个目标的真实角度匹配时，慢时间维傅里叶变换处理后形成峰值，随后基于峰值位置，可以得到第 i 个目标的旋转角度。因此，多目标时，若各目标的回波幅度相近，则在 MLRT 角度搜索和慢时间维傅里叶变换过程中，会出现多个峰值，对应于多个目标的旋转角度，进而可以获得各目标的距离走动校正与信号积累结果。然而，当各个目标回波幅度存在明显差异时，在 MLRT 角度搜索和慢时间维傅里叶变换过程中，强目标对应的峰值可能会对弱目标的峰值形成"遮挡"，导致难以同时获得强目标以及弱目标的旋转角度。此时，可以采用 CLEAN 处理[8]，以消除强目标回波信号的影响，进而依次获得强、弱目标的旋转角度与相参积累结果。当目标数量较多且幅度差异明显时，可以通过迭代 CLEAN 处理依次得到强、弱目标的峰值能量，但计算复杂度较回波幅度相近时有所增加。

2.2.3　MLRT 方法的流程

MLRT 方法的主要步骤总结如下。

步骤 1　雷达发射 LFM 信号为 $s\left(t_m,\hat{t}\right)$，接收回波信号为 $s_r\left(t_m,\hat{t}\right)$。

步骤 2　对目标回波信号 $s_r\left(t_m,\hat{t}\right)$ 进行时域脉压，得到脉压后信号 $s_c\left(t_m,\hat{t}\right)$。

步骤 3　如式（2-5）～式（2-7）所示，先将 $s_c\left(t_m,\hat{t}\right)$ 转换为 $s_c\left(m,n\right)$，随后设置旋转角度的搜索范围并初始化搜索角度。

步骤 4　遍历所有的搜索旋转角并利用每个旋转角对回波信号进行 MLRT 处理，再沿 m' 方向进行傅里叶变换，获得相应的积累输出；积累峰值对应的旋转角搜索值就是目标运动轨迹与慢时间轴夹角的估计值。

步骤 5　利用估计得到的旋转角校正一阶距离走动，沿 m' 方向进行傅里叶变换处理，获得目标回波信号能量的相参积累结果。

MLRT 方法的详细处理流程如表 2-1 所示，图 2-3 所示为与之对应的处理流程。

表 2-1　MLRT 方法的详细处理流程

1. **输入**：解调后的回波数据 $s_r(t_m, \hat{t})$，设置旋转角搜索范围为 $[\theta'_{min}, \theta'_{max}]$。

2. **脉压**：对 $s_r(t_m, \hat{t})$ 做快时间维傅里叶变换，随后利用匹配滤波器进行频域脉压处理，再通过快时间傅里叶逆变换得到脉压后的时域回波信号 $s_c(t_m, \hat{t})$，如式（2-5）所示。

3. **坐标转换操作**：将 $s_c(t_m, \hat{t})$ 进行坐标转换，得到 $m-n$ 域的回波 $s_c(m, n)$。

4. **MLRT 操作**：在 $[\theta'_{min}, \theta'_{max}]$ 中遍历每个旋转角搜索值，具体如下：

  for $\theta' = \theta'_{min}, \cdots, \theta'_{max}$ **do**

　　将 $s_c(m, n)$ 的坐标按照式（2-13）做变量代换，得到 $s_c(m', n'; \theta')$，如式（2-14）所示；

　　对 $s_c(m', n'; \theta')$ 沿着 m' 方向做慢时间维傅里叶变换，实现相参积累，记录积累峰值；

  end

  记录积累峰值中最大值所对应的旋转角，作为估计值，记为 $\hat{\theta}$。

5. **输出**：$\hat{\theta}$。

6. **相参积累**：先利用估计值 $\hat{\theta}$ 校正一阶距离走动，再沿 m' 方向进行傅里叶变换，可以得到回波信号能量的相参积累。

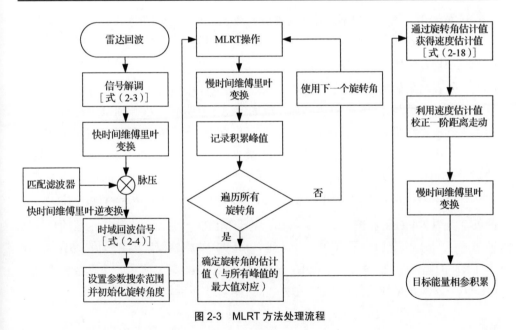

图 2-3　MLRT 方法处理流程

2.2.4　MLRT 方法与 LRT 方法的对比

本小节将从 3 个方面对比分析 MLRT 方法与 LRT 方法，包括积累峰值偏移、多普勒频率变化及计算复杂度。

1. 积累峰值偏移

如式（2-12）所示，经过 LRT 及相参积累后目标回波信号能量集中在第 $n_{r_0} \cos\hat{\theta}$

个距离单元内（初始距离单元为 n_{r_0} ）。因此，目标积累后的能量峰值位置发生了偏移。由式（2-17）可以看出，MLRT 和相参积累后，目标能量仍然集中在第 n_{r_0} 个距离单元内，与初始距离单元相同。因此，与 LRT 方法相比，MLRT 方法可以避免积累后能量峰值偏移。

2. 多普勒频率变化

式（2-12）表明：经过 LRT 处理后目标能量的峰值位置对应的多普勒频率为 $f_{m'} = 2v\cos\hat{\theta}/\lambda$ ，即 $f_{m'} = f_m\cos\hat{\theta}$（ $f_m = 2v/\lambda$ 表示初始多普勒频率）。因此，基于 LRT 处理后的峰值位置估计得到的多普勒频率，与目标的真实多普勒频率相比，存在一定的伸缩偏移。而式（2-17）表明：经过 MLRT 处理后目标能量峰值位置对应的多普勒频率为 $f_{m'} = -2\hat{v}/\lambda$ ，与目标的真实多普勒频率相符。

下面通过一组仿真实验，对比分析 MLRT 和 LRT 的一阶距离走动校正结果与相参积累结果。

仿真示例 2-1　考虑某高速目标在雷达探测区域内径向匀速飞行，其运动参数为初始距离单元 $n_{r_0} = 200$（对应初始径向距离为 300km），速度 v=2500m/s（对应目标能量轨迹与慢时间轴夹角 $\theta = 18.43°$）。雷达系统参数如表 2-2 所示。忽略噪声的影响，仿真结果如图 2-4 所示。图 2-4（a）所示为脉压结果，由于目标速度的影响，信号能量分布跨越了 85 个距离单元，距离走动非常明显。基于 MLRT 处理的一阶距离走动校正结果如图 2-4（b）所示，校正后目标回波信号的能量分布在第 200 个距离单元内。图 2-4（c）所示为基于 LRT 处理的一阶距离走动校正结果，此时目标的能量分布在第 190 个距离单元内。图 2-4（b）和图 2-4（c）的仿真结果满足 $200\cos 18.43° = 190$ ，即符合积累能量峰值偏移关系 $n_{r_0}\cos\hat{\theta}$（ $\hat{\theta} = \arctan(\hat{v}T_r/\rho)$ ）。

此外，由图 2-4（b）和图 2-4（c）可知，基于 MLRT 一阶距离走动校正后的目标回波信号能量分布较 LRT 更平滑。相应地，MLRT 的相参积累幅度峰值（510.8）高于 LRT 的幅度峰值（431.8），如图 2-4（d）和图 2-4（e）所示。仿真结果表明：MLRT 方法的积累性能优于 LRT 方法，且不存在积累后峰值偏移问题。

表 2-2　雷达系统参数

参数	取值
雷达载波频率	1.5GHz
带宽	5MHz
采样频率	10MHz
脉冲重复频率	500Hz
脉冲持续时间	20μs
积累脉冲数	256

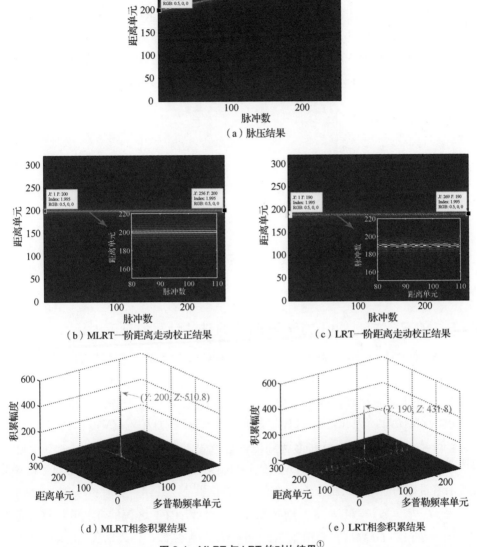

（a）脉压结果

（b）MLRT 一阶距离走动校正结果　　　　　（c）LRT 一阶距离走动校正结果

（d）MLRT 相参积累结果　　　　　　　（e）LRT 相参积累结果

图 2-4　MLRT 与 LRT 的对比结果①

3. 计算复杂度对比

令 M 表示距离单元数。由式（2-13）可知，LRT 方法的坐标轴旋转操作需要 $4MN$ 次乘法运算和 $2MN$ 次加法运算；随后的 MTD 处理需要 $MN\log_2(M/2)$ 次乘法运算和 $MN\log_2 M$ 次加法运算。MLRT 方法中的回波信号坐标位置旋转则需要

---

① 为方便读者对照及参考，本书中仿真结果图的坐标标注均与仿真软件显示保持一致。

MN 次乘法运算和 MN 次加法运算；目标能量的相参积累（慢时间维傅里叶变换）需要 $MN\log_2(M/2)$ 次乘法运算和 $MN\log_2 M$ 次加法运算。

采用表 2-2 所示的雷达系统参数，LRT 方法与 MLRT 方法的计算复杂度比值随距离单元数的变化关系如图 2-5 所示。LRT 方法的计算复杂度要高于 MLRT 方法：当距离单元数为 500 时，LRT 方法的计算复杂度是 MLRT 方法的 1.55 倍。

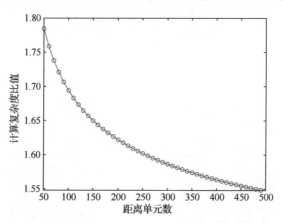

图 2-5 LRT 方法与 MLRT 方法的计算复杂度对比

2.2.5 MLRT 方法、KT 方法与 RFT 方法的计算复杂度对比

令 N_F、N_θ 和 N_v 分别表示搜索多普勒模糊数、搜索旋转角和搜索速度的数目。

MLRT 方法首先通过旋转回波信号坐标位置校正一阶距离走动，然后利用慢时间维傅里叶变换获得目标回波信号能量的相参积累。每次旋转变换需要的计算复杂度为 $O(MN)$，因此，MLRT 方法的计算复杂度为 $O(N_\theta MN)$。

KT 方法的主要步骤包括多普勒模糊数搜索、辛格插值和慢时间维傅里叶变换[9-10]，相应的计算复杂度为 $O(N_F MN)$。RFT 方法是在距离-速度域通过二维参数搜索沿着目标的运动轨迹抽取能量并实现相参积累[11]，其计算复杂度为 $O(N_v MN)$。

令 $M = N = N_F = N_\theta = N_v$，则 MLRT、KT 以及 RFT 这 3 种方法的计算复杂度均在同一数量级 $O(M^3)$。利用第 2.2.4 小节的仿真参数，仿真对比 MLRT、KT 以及 RFT 这 3 种方法的处理时间，结果如表 2-3 所示。这 3 种方法的处理时间比较接近，其中 MLRT 方法所需的处理时间略低于 KT 方法和 RFT 方法。

表 2-3 KT 方法、RFT 方法与 MLRT 方法的处理时间

方法名称	消耗时间（s）
KT	12.4629
RFT	11.8242
MLRT	11.0383

2.2.6　加速度对 MLRT 方法的影响

MLRT 方法的目的是校正目标速度引起的一阶距离走动并实现匀速目标回波信号能量的相参积累，并没有考虑加速度导致的二阶距离走动与一阶多普勒走动。

当目标存在加速度时，目标与雷达间的瞬时距离由式（2-2）变为：

$$r_{\text{T}}\left(t_m\right) = r_0 + vt_m + \frac{1}{2}at_m^2 \qquad (2\text{-}29)$$

其中，a 为目标的径向加速度。

倘若目标加速度引起的二阶距离走动和一阶多普勒走动可以忽略，MLRT 方法的相参积累性能不会有太大损失。因此，为了保证 MLRT 方法的相参积累性能，积累时间内目标的最大加速度（$a_{\max}$）引起的二阶距离走动需满足：

$$\frac{1}{2}a_{\max}t_m^2\bigg|_{t_m} = \frac{a_{\max}\text{CPI}^2}{8} < \rho \qquad (2\text{-}30)$$

即

$$a_{\max} < \frac{8\rho}{\text{CPI}^2} \qquad (2\text{-}31)$$

同时，加速度引起的一阶多普勒走动需满足：

$$\Delta f_{\text{d}}\left(t_m\right)\big|_{t_m} = \frac{2a_{\max}\text{CPI}}{\lambda} < \rho_{\text{d}} \qquad (2\text{-}32)$$

其中，Δf_{d} 表示积累时间内加速度引起的多普勒频率变化量，ρ_{d} 表示多普勒分辨单元。相应地，目标加速度还应满足以下条件：

$$a_{\max} < \frac{\lambda}{2\text{CPI}^2} \qquad (2\text{-}33)$$

因此，目标的最大加速度需同时满足式（2-31）和式（2-33）。基于第 2.2.4 小节的仿真参数，雷达的距离分辨率 $\rho \gg \lambda$。由式（2-33）可知，目标的最大加速度需满足 $a_{\max} < \lambda/\left(2\text{CPI}^2\right) \approx 0.38\,\text{m/s}^2$，才能同时避免二阶距离走动与一阶多普勒走动。

因此，当目标加速度满足式（2-31）和式（2-33）时，MLRT 方法的相参积累性能损失可以忽略。当目标加速度不断增大时，MLRT 方法的相参积累性能损失也会逐渐增大。下面通过仿真实验分析 MLRT 方法的积累幅度损失与加速度之间的关系，仿真结果如图 2-6 所示。当目标加速度小于 $0.38\,\text{m/s}^2$ 时，MLRT 方法的积累幅度损失低于 1dB，几乎可以忽略。因此，当加速度大于 $0.38\,\text{m/s}^2$ 时，需要校正加速度导致的二阶距离走动，并补偿其造成的一阶多普勒走动。

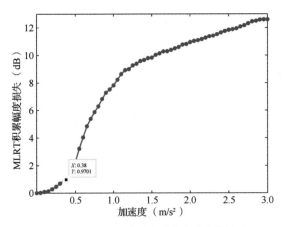

图 2-6　MLRT 积累幅度损失与加速度的关系

2.3　仿真验证

本节通过多组仿真实验验证 MLRT 方法的有效性，包括单目标相参积累处理性能、多目标相参积累处理性能、目标检测性能以及速度估计性能。雷达系统参数如表 2-2 所示。

2.3.1　单目标相参积累处理性能

首先，我们仿真分析 MLRT 方法的单目标相参积累处理性能，目标运动参数设置与仿真示例 2-1 中的参数相同，脉压后回波 SNR 为 6dB。

仿真结果如图 2-7 所示，其中图 2-7（a）所示为脉压结果。可以看到：由于目标速度的影响，回波信号能量分布在不同距离单元内，出现了严重的一阶距离走动。图 2-7（b）所示为 MLRT 旋转角搜索结果，根据积累能量峰值的位置可知旋转角估计值为 18.43°。此外，由式（2-19）计算可得，速度的估计值为 2499.3m/s，与真实值 2500m/s 非常接近。MLRT 一阶距离走动校正结果如图 2-7（c）所示，可以看到目标速度引起的一阶距离走动得到校正，回波信号能量集中在同一个距离单元内。图 2-7（d）所示为慢时间维傅里叶变换后的 MLRT 相参积累结果，其中回波信号的积累幅度峰值为 521。

图 2-8 给出了 MTD、LRT、KT 以及 RFT 的相参积累结果。其中，图 2-8（a）所示为 MTD 相参积累结果。由于目标高速运动引起的一阶距离走动，导致 MTD 方法积累失效，因此 MTD 处理后目标能量仍被噪声淹没。LRT 相参积累结果如图 2-8（b）所示，其积累幅度峰值为 442.2，低于 MLRT 的积累峰值。图 2-8（c）所示为 KT 相参积累结果。由于辛格插值损失的影响，KT 积累处理后的峰值（449.2）也低于 MLRT 的积累峰值。RFT 相参积累结果如图 2-8（d）所示。虽然

RFT 能够实现目标回波信号能量的相参积累，但是 RFT 积累输出会产生大量峰值较高的 BSSL，可能导致严重的虚警。图 2-7 和图 2-8 表明：MLRT 的相参积累性能优于 MTD、LRT 以及 KT，同时不存在 BSSL 问题。

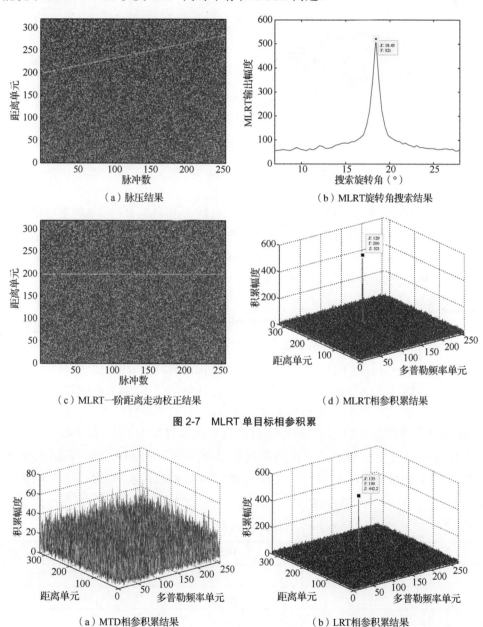

（a）脉压结果　　　　　　　　　　（b）MLRT 旋转角搜索结果

（c）MLRT 一阶距离走动校正结果　　　　（d）MLRT 相参积累结果

图 2-7　MLRT 单目标相参积累

（a）MTD 相参积累结果　　　　　　　　（b）LRT 相参积累结果

图 2-8　MTD、LRT、KT 以及 RFT 单目标相参积累

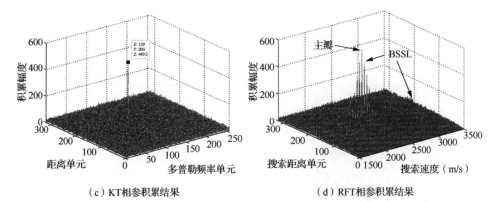

（c）KT相参积累结果　　　　　　　　（d）RFT相参积累结果

图 2-8　MTD、LRT、KT 以及 RFT 单目标相参积累（续）

2.3.2　多目标相参积累处理性能

本小节仿真分析 MLRT 方法的多目标（目标 A 和目标 B）相参积累性能。目标 A 和目标 B 的运动参数如表 2-4 所示。图 2-9（a）所示为两个目标脉压后的回波信号，受目标速度的影响，脉压后两目标均出现严重的距离走动。图 2-9（b）所示为旋转角搜索结果，根据峰值位置可以获得目标 A 和目标 B 的旋转角估计值分别为 21.8°和 13.5°，从而能够计算出对应速度的估计值分别为 3000m/s 和 1800m/s，与真实值相同。图 2-9（c）和图 2-9（d）分别表示目标 A 的一阶距离走动校正结果和 MLRT 相参积累结果。由于使用的是目标 A 的旋转角估计值 21.8°进行旋转变换，目标 B 的距离走动未被校正，因此慢时间维傅里叶变换处理后，仅有目标 A 的回波信号能量得到有效积累并形成峰值。图 2-9（e）和图 2-9（f）分别为目标 B 的一阶距离走动校正结果和 MLRT 相参积累结果。同样，利用目标 B 的旋转角度估计值 13.5°进行旋转变换后仅有目标 B 的距离走动被校正，慢时间维傅里叶变换处理后可以获得目标 B 的积累峰值。两个目标的 RFT 相参积累结果如图 2-9（g）所示，目标 A 和目标 B 都出现了 BSSL，会影响多目标检测。

表 2-4　目标 A 和目标 B 的运动参数

参数名称	目标 A	目标 B
初始距离单元	190	210
径向速度（m/s）	3000	1800
脉压后 SNR（dB）	6	5

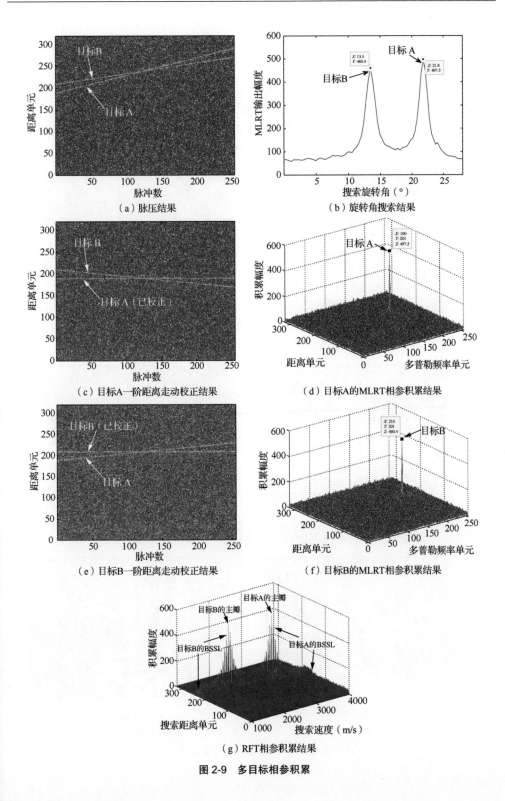

（a）脉压结果

（b）旋转角搜索结果

（c）目标A一阶距离走动校正结果

（d）目标A的MLRT相参积累结果

（e）目标B一阶距离走动校正结果

（f）目标B的MLRT相参积累结果

（g）RFT相参积累结果

图 2-9　多目标相参积累

为了进一步说明多目标场景下 MLRT 的旋转角估计性能，图 2-10 给出了不同目标运动参数下 MLRT 的多目标处理结果。这里考虑了 3 种不同情形：各目标初始距离接近，但径向速度存在较大差异；各目标径向速度接近，但初始距离差异较大；各目标初始距离和径向速度都比较接近。4 个目标（目标 C、D、E 和 F）的运动参数如表 2-5 所示，脉压后的 SNR 均设置为 6dB。仿真结果如图 2-10 所示。

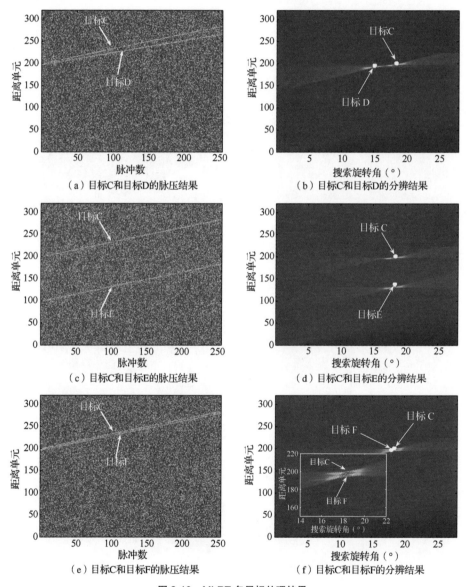

图 2-10　MLRT 多目标处理结果

表 2-5　目标 C、D、E 和 F 的运动参数

目标名称	初始距离单元	径向速度（m/s）
目标 C	200	2500
目标 D	198	2020
目标 E	100	2490
目标 F	197	2486

情形一：仅考虑目标 C 和目标 D（初始距离接近，径向速度存在较大差异）。图 2-10（a）和图 2-10（b）分别展示了目标 C 和目标 D 的脉压结果以及基于 MLRT 处理的旋转角分辨结果。可以看到：经过 MLRT 处理后，目标 C 和目标 D 的回波信号在两个不同的旋转角处形成了两个明显峰值。通过峰值位置可以获得目标 C 和目标 D 的旋转角，进而可获得相应的距离走动校正与相参积累结果区分。

情形二：仅考虑目标 C 和目标 E（径向速度接近，初始距离差异较大）。图 2-10（c）和图 2-10（d）分别展示了目标 C 和目标 E 的脉压结果和基于 MLRT 处理的旋转角分辨结果。此时，由于目标 C 和目标 E 的径向速度差异较小，因此两个峰值对应的旋转角也比较接近，但仍然可以通过峰值位置获得两个目标的旋转角估计值。

情形三：仅考虑目标 C 和目标 F（初始距离和速度都接近）。图 2-10（e）所示为目标 C 和目标 F 的脉压结果。由于目标 C 和目标 F 的初始距离和径向速度的差异较小，因此两目标的能量分布轨迹非常接近。基于 MLRT 处理的旋转角分辨结果如图 2-10（f）所示，两目标的对应峰值位置较接近，但仍可分辨。

2.3.3　目标检测性能

本小节通过蒙特卡洛仿真实验对比分析 MLRT 与其他 6 种积累方法（HT[12-14]、SCIFT[15]、FDDKT[16]、LRT、KT 以及 RFT）的目标检测性能。我们在利用积累方法完成回波信号能量积累后，进行恒虚警率（Constant False Alarm Rate，CFAR）检测，各积累方法的目标检测性能如图 2-11 所示。由仿真实验结果可知：由于 MLRT 同时利用了回波信号的幅度与相位信息，能够实现回波信号的相参积累，因此其检测性能优于非相参积累的 HT；与 KT 相比，MLRT 能够避免辛格插值损失，其检测性能也略优于 KT；与基于非参数搜索的 SCIFT 或者 FDDKT 相比，基于参数搜索的 MLRT 的目标检测性能更优，原因在于 SCIFT 和 FDDKT 都是基于回波信号的相关变换处理，导致低 SNR 下的积累检测性能下降；MLRT 的目标检测性能与 RFT 接近，但是要优于 LRT。当检测概率为 0.8 时，MLRT 所需的 SNR 分别比 HT、SCIFT、FDDKT、LRT 和 KT 低约 8.2dB、4.9dB、4.2dB、1.6dB 和 1dB。

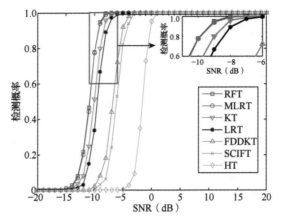

图 2-11 目标检测性能（虚警概率为 10^{-4}）

2.3.4 速度估计性能

本小节通过蒙特卡洛仿真实验分析 MLRT 方法的速度估计性能。目标的初始距离和速度分别为 300km 和 2500m/s，输入 SNR 的变化范围是 $[-20:1:0]$ dB。

图 2-12 展示了 MLRT 与其他 5 种方法（SCIFT、FDDKT、LRT、KT 以及 RFT）速度估计的均方根误差（Root Mean Square Error，RMSE）随 SNR 的变化曲线。图 2-12 所示的仿真实验结果表明：整体来看，MLRT 的速度估计性能优于 LRT 和 KT，与 RFT 接近；当 SNR 大于-7dB 时，通过 MLRT 能够获得准确的速度估计值。

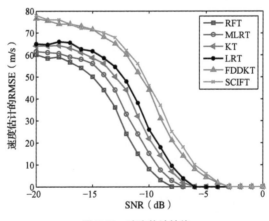

图 2-12 速度估计性能

2.4 本章小结

本章针对匀速运动状态下的空间高速目标一阶距离走动校正与回波信号能量相参积累问题，研究了基于 MLRT 的长时间相参积累方法。MLRT 先通过旋转回波数据坐标校正一阶距离走动，再进行慢时间维傅里叶变换，可实现目标能量的有效积累。与 LRT、KT 相比，MLRT 可以获得更好的相参积累与目标检测性能；与 RFT 相比，MLRT 可以避免 BSSL 并获得相近的目标检测和速度估计性能，且不增加计算复杂度；与 SCIFT 和 FDDKT 相比，MLRT 积累处理后的 SNR 增益更高，在低 SNR 下的目标检测性能更好。仿真实验结果验证了 MLRT 的有效性。

参考文献

[1] 董天发. 临近空间高速高机动目标跟踪方法研究[J]. 成都: 电子科技大学, 2015.

[2] 张国华. 临近空间目标探测分析[J]. 现代雷达, 2011, 33(6): 13-15.

[3] 李小龙. 高速机动目标长时间相参积累方法研究[D]. 成都: 电子科技大学, 2017.

[4] Li X, Cui G, Yi W, et al. Coherent integration for maneuvering target detection based on Radon-Lv's distribution[J]. IEEE Signal Processing Letters, 2015, 22(9): 1467-1471.

[5] Li X, Cui G, Yi W, et al. Sequence-reversing transform-based coherent integration for high-speed target detection[J]. IEEE Transactions on Aerospace and Electronic Systems, 2017, 53(3): 1573-1580.

[6] Li X, Sun Z, Yi W, et al. Radar detection and parameter estimation of high-speed target based on MART-LVT[J]. IEEE Sensors Journal, 2018, 19(4): 1478-1486.

[7] Rao X, Tao H, Su J, et al. Axis rotation MTD algorithm for weak target detection[J]. Digital Signal Processing, 2014, 26: 81-86.

[8] Li X, Kong L, Cui G, et al. CLEAN-based coherent integration method for high-speed multi-targets detection[J]. IET Radar, Sonar & Navigation, 2016, 10(9): 1671-1682.

[9] Perry R P, Dipietro R C, Fante R L. SAR imaging of moving targets[J]. IEEE Transactions on Aerospace and Electronic Systems, 1999, 35(1): 188-200.

[10] Yuan S, Wu T, Mao M, et al. Application research of keystone transform in weak high-speed target detection in low-PRF narrowband chirp radar[C]//2008 9th International Conference on Signal Processing. NJ: IEEE, 2008: 2452-2456.

[11] Xu J, Yu J, Peng Y N, et al. Radon-Fourier transform for radar target detection（Ⅰ）: Generalized Doppler filter bank[J]. IEEE Transactions on Aerospace and Electronic Systems, 2011, 47(2): 1186-1202.

[12] Carlson B D, Evans E D, Wilson S L. Search radar detection and track with the Hough transform (I): System concept[J]. IEEE Transactions on Aerospace and Electronic Systems, 1994, 30(1): 102-108.

[13] Carlson B D, Evans E D, Wilson S L. Search radar detection and track with the Hough transform (II): Detection statistics[J]. IEEE Transactions on Aerospace and Electronic Systems, 1994, 30(1): 109-115.

[14] Carlson B D, Evans E D, Wilson S L. Search radar detection and track with the Hough transform (III): Detection performance with binary integration[J]. IEEE Transactions on Aerospace and Electronic Systems, 1994, 30(1): 116-125.

[15] Zheng J, Su T, Zhu W, et al. Radar high-speed target detection based on the scaled inverse Fourier transform[J]. IEEE Journal of Selected Topics in Applied Earth Observations and Remote Sensing, 2014, 8(3): 1108-1119.

[16] Zheng J, Su T, Liu H, et al. Radar high-speed target detection based on the frequency-domain deramp-keystone transform[J]. IEEE Journal of Selected Topics in Applied Earth Observations and Remote Sensing, 2015, 9(1): 285-294.

第3章 匀加速运动高速目标长时间相参积累

高速目标处于俯冲攻击或者加速爬升阶段时，往往表现为匀加速运动状态。此时，在相参积累过程中，匀加速运动高速目标的速度会引起距离走动（线性距离走动）；而目标的加速度不仅会造成多普勒走动，还可能会引起二阶距离走动（距离弯曲）。为了实现匀加速运动高速目标回波信号能量的相参积累，必须校正补偿距离走动和多普勒走动。

本章研究匀加速运动高速目标长时间相参积累方法，首先建立匀加速运动高速目标的雷达回波模型，介绍基于 Radon 吕分布（Radon-Lv's Distribution，RLVD）的相参积累方法。RLVD 方法能够通过距离-速度-加速度域上的三维搜索同时校正补偿目标的线性距离走动、距离弯曲以及多普勒走动。然后，针对只存在线性距离走动和多普勒走动的匀加速运动高速目标，介绍基于梯形变换和吕分布（Keystone Transform and Lv's Distribution，KTLVD）的相参积累方法。随后，在 KTLVD 方法的基础上，介绍并分析 KT-MFP 方法；最后，研究基于对称相关函数-尺度傅里叶变换（Symmetric Autocorrelation Function-SFT，SAF-SFT）的非参数搜索相参积累方法。

3.1 匀加速运动高速目标回波模型

假设雷达探测区域内有一运动目标，其初始时刻与雷达之间的径向距离为 r_{T}。忽略其他高阶成分，目标与雷达之间的径向距离满足：

$$r(t_m) = r_{\mathrm{T}} + v_{\mathrm{T}} t_m + a_{\mathrm{T}} t_m^2 \tag{3-1}$$

其中，v_{T} 和 a_{T} 分别为目标的径向速度与加速度。

将雷达接收到的回波信号进行解调，得到的基带回波信号可以表示成[1]：

$$
\begin{aligned}
s_{\mathrm{r}}(t_m, \hat{t}) = {} & A_0 \mathrm{rect}\left(\frac{\hat{t} - \dfrac{2r(t_m)}{c}}{T_{\mathrm{p}}} \right) \exp\left(-\mathrm{j}\frac{4\pi f_c r(t_m)}{c} \right) \times \\
& \exp\left[\mathrm{j}\pi\mu\left(\hat{t} - \frac{2r(t_m)}{c} \right)^2 \right]
\end{aligned}
\tag{3-2}
$$

其中，A_0 为目标的散射强度，c 表示光速。

脉压后的回波信号为：

$$s_c\left(t_m,\hat{t}\right) = A_1\mathrm{sinc}\left[B\left(\hat{t} - \frac{2r\left(t_m\right)}{c}\right)\right]\exp\left(-\mathrm{j}\frac{4\pi r\left(t_m\right)}{\lambda}\right) \tag{3-3}$$

其中，A_1 为脉压后的信号幅度。

由式（3-3）可以看出，脉压后回波信号的包络位置随着慢时间而变化。当变化量超过距离分辨率时，会产生距离走动，即积累时间内目标信号能量会分布在不同的距离单元内。此外，脉压后回波信号的相位是关于慢时间的二阶函数，会导致多普勒走动。距离走动和多普勒走动都不利于目标能量的相参积累。

3.2　RLVD 相参积累方法

在标准 RFT 方法以及 LVD 方法的基础上，本节提出基于 RLVD 的匀加速运动高速目标相参积累方法。接下来，先简要介绍 RFT 方法和 LVD 方法，随后重点分析 RLVD 方法。

3.2.1　RFT 方法简介

根据匀速运动目标的速度与距离走动以及多普勒频率之间的耦合关系，文献[2]提出了 RFT 方法，用以实现目标能量的相参积累。RFT 的定义如下：

$$R\left(r,v\right) = \int_0^T f\left(t, r + vt\right)\exp\left(-\mathrm{j}\frac{4\pi vt}{\lambda}\right)\mathrm{d}t \tag{3-4}$$

其中，$f\left(t, r_s\right)$ 表示平面 $\left(t, r_s\right)$ 上的二维复函数，T 为积累时间，$r_s = r + vt$。

RFT 首先根据不同的搜索参数在距离-慢时间域上抽取回波信号，然后利用傅里叶变换积累抽取出来的回波信号。当搜索的运动参数与目标的真实运动参数匹配时，RFT 的输出达到最大值，实现目标回波信号能量的相参积累。然而，RFT 方法只适用于匀速运动高速目标。对于做匀加速运动的高速目标，加速度引起的多普勒走动或者距离走动都会使 RFT 方法的积累性能下降。

3.2.2　LVD 方法简介

考虑如下线性调频信号：

$$x\left(t_m\right) = A_2\exp\left(\mathrm{j}2\pi f_0 t_m + \mathrm{j}\pi\gamma_0 t_m^2\right) \tag{3-5}$$

其中，A_2、f_0 和 γ_0 分别表示信号的幅度、中心频率以及调频斜率。

式（3-5）的参数对称瞬时自相关函数（Parametric Symmetric Instantaneous Autocorrelation Function，PSIAF）定义如下：

$$R_C\left(t_m,\tau'\right) = x\left(t_m + \frac{\tau'+b}{2}\right)x^*\left(t_m - \frac{\tau'+b}{2}\right)$$
$$= A_2^2 \exp\left[\mathrm{j}2\pi f_0\left(\tau'+b\right) + \mathrm{j}2\pi\gamma_0\left(\tau'+b\right)t_m\right] \tag{3-6}$$

其中，b 为一个常数，τ' 表示延时变量。

由式（3-6）可以看到，指数项当中的时间变量 t_m 与延时变量 τ' 是相互耦合的。为了去除该耦合，做如下变换：

$$t_m = \frac{t_n'}{h\left(\tau'+b\right)} \tag{3-7}$$

其中，h 表示尺度因子，为一个常数[3-5]；t_n' 表示变换后的慢时间。

将式（3-7）代入式（3-6），可得：

$$R_C\left(t_n',\tau'\right) = A_2^2 \exp\left[\mathrm{j}2\pi f_0\left(\tau'+b\right) + \mathrm{j}2\pi\frac{\gamma_0}{h}t_n'\right] \tag{3-8}$$

通常，b 和 h 的取值都为 1[3]。

对式（3-8）做二维傅里叶变换，可获得式（3-5）所示线性调频信号的 LVD：

$$L\left(f_{\mathrm{ce}},\gamma\right) = A_3 \exp\left(\mathrm{j}2\pi f_{\mathrm{ce}}\right)\mathrm{sinc}\left(f_{\mathrm{ce}}-f_0\right)\mathrm{sinc}\left(\gamma-\gamma_0\right) \tag{3-9}$$

其中，f_{ce} 表示中心频率。

至此，就在中心频率–调频斜率域上实现了线性调频信号的能量积累。

3.2.3　RLVD 方法的定义

在 RFT 方法与 LVD 方法的基础上，本小节提出 RLVD 方法，其定义如下：假设 $f\left(t_m,r\right)$ 表示定义在平面 (t_m,r) 上的二维复函数，曲线方程 $r = r_0 + vt_m + at_m^2$ 表示二维平面上的搜索轨迹，r_0、v 和 a 分别表示待搜索的目标初始径向距离、径向速度与加速度，那么式（3-3）所示的回波信号的 RLVD 定义为：

$$\mathrm{RLVD}\left(f_{\mathrm{ce}},\gamma\right) = \mathrm{LVD}\left[s_c\left(t_m,\frac{2r}{c}\right)\right]$$
$$= \mathrm{LVD}\left[s_c\left(t_m,\frac{2\left(r_0+vt_m+at_m^2\right)}{c}\right)\right] \tag{3-10}$$

其中，LVD[·] 表示 LVD 操作。

通过式（3-10）可以获得不同搜索参数 (r_0,v,a) 下的 RLVD 积累结果。当搜索的运动参数与目标的真实运动参数匹配（$r_0 = r_{\mathrm{T}}$、$v = v_{\mathrm{T}}$、$a = a_{\mathrm{T}}$）时，$\left|\mathrm{RLVD}\left(f,\gamma\right)\right|$ 达到最大值。

为了比较，这里给出 RFRFT 的定义[6]：

$$G_{\mathrm{r}}\left(\alpha,u\right) = F_\alpha\left[s_c\left(t_m,\frac{2\left(r_0+vt_m+at_m^2\right)}{c}\right)\right]\left(u\right) \tag{3-11}$$

其中，F_α 表示旋转角度为 α 时的分数阶傅里叶变换。

RLVD 与 RFRFT 既有相似之处，又存在不同。相似的地方在于两者都是通过三维搜索沿目标运动轨迹抽取出回波信号；不同的地方在于积累方式，前者采用的是 LVD，而后者利用的是 FRFT。因此，本小节提出的相参积累方法称为 RLVD。与 MTD、RFT 以及 RFRFT 这 3 种方法相比，RLVD 方法的优势如下。

（1）与 MTD 方法和 RFT 方法相比，RLVD 方法不仅可以去除目标速度引起的距离走动，而且可以校正补偿目标加速度引起的距离弯曲和多普勒走动。所以，RLVD 方法可以实现匀加速运动高速目标回波信号能量的相参积累。

（2）与 RFRFT 方法相比，RLVD 方法在抽取出目标回波信号后，利用 LVD 实现信号能量的相参积累。而与 FRFT 相比，LVD 在同等运算代价的条件下可以获得更高的信号积累增益。因此，与 RFRFT 方法相比，RLVD 方法可以获得更高的积累增益和更好的检测性能。

（3）LVD 具有良好的交叉项抑制能力[3]，因此 RLVD 方法也可以用于实现多个目标回波信号的相参积累。通过距离−速度−加速度域上的三维参数搜索确定目标运动轨迹并抽取出回波信号后，也可按照搜索参数构造补偿函数以补偿多普勒走动；此外，利用 LVD 可以获得更高的信号积累增益，从而提高弱目标的检测性能。

3.2.4　RLVD 方法的性质

RLVD 方法具有如下性质。

（1）渐进线性：假设 $z(t_m) = c_1 x(t_m) + c_2 y(t_m)$，其中 c_1 和 c_2 都是常数，$x(t_m)$ 和 $y(t_m)$ 都是线性调频信号，那么可得：

$$\mathrm{RLVD}_{z(t_m)}\left(f_{\mathrm{ce}}, \gamma\right) = c_1{}^2 \mathrm{RLVD}_{x(t_m)}\left(f_{\mathrm{ce}}, \gamma\right) + c_2{}^2 \mathrm{RLVD}_{y(t_m)}\left(f_{\mathrm{ce}}, \gamma\right) + R_{\mathrm{cross}}\left(f_{\mathrm{ce}}, \gamma\right) \quad （3\text{-}12）$$

其中，$R_{\mathrm{cross}}\left(f_{\mathrm{ce}}, \gamma\right)$ 表示交叉项。

由式（3-12）可以看到，$z(t_m)$ 的 RLVD 结果中既包含自聚焦项，又有交叉项。由于 LVD 良好的交叉项抑制性能，与自聚焦项相比，交叉项很小，可以忽略，因此式（3-12）可以近似表示成：

$$\mathrm{RLVD}_{z(t_m)}\left(f_{\mathrm{ce}}, \gamma\right) \approx c_1{}^2 \mathrm{RLVD}_{x(t_m)}\left(f_{\mathrm{ce}}, \gamma\right) + c_2{}^2 \mathrm{RLVD}_{y(t_m)}\left(f_{\mathrm{ce}}, \gamma\right) \quad （3\text{-}13）$$

因此，RLVD 具有渐进线性，有利于实现多个目标回波信号的相参积累。

（2）伸缩性：对于一个非零实数 c_3，令 $g(t_m) = x(c_3 t_m)$，那么结合 LVD 的伸缩特性[3]，可以得到：

$$\text{RLVD}_{g(t_m)}\left(f_{ce},\gamma\right)=\frac{1}{c_3^2}\text{RLVD}_{x(t_m)}\left(f_{ce},\gamma\right) \tag{3-14}$$

（3）频率和调频斜率偏移特性：对于任何实数 t_1、f_1 以及 γ_1，如果有：

$$g\left(t_m\right)=x\left(t_m-t_1\right)\exp\left(\mathrm{j}2\pi f_1 t_m\right)\exp\left(\mathrm{j}2\pi\gamma_1 t_m^2\right) \tag{3-15}$$

那么有

$$\begin{aligned}\text{RLVD}_{g(t_m)}\left(f_{ce},\gamma\right)=\text{RLVD}_{x(t_m)}\left(f_{ce}+\gamma t_1-f_1,\gamma-\gamma_1\right)\times\\\exp\left(-\mathrm{j}2\pi\gamma t_1\right)\exp\left(\mathrm{j}2\pi f_1\right)\end{aligned} \tag{3-16}$$

这说明，对信号 $x\left(t_m\right)$ 的二阶调制会导致其 RLVD 的调频斜率偏移，而对信号 $x\left(t_m\right)$ 的一阶调制会导致其 RLVD 的频率偏移。

3.2.5 RLVD 方法的流程

RLVD 方法的主要步骤如下。

步骤 1 输入为雷达接收到的回波信号 $s_r\left(t_m,\hat{t}\right)$，根据待探测目标的相关先验信息，确定距离搜索范围 $[r_1,r_2]$、速度搜索范围 $[-v_{\max},v_{\max}]$ 以及加速度搜索范围 $[-a_{\max},a_{\max}]$。

步骤 2 对接收到的雷达回波进行脉压处理，得到脉压后的信号 $s_c\left(t_m,\hat{t}\right)$。

步骤 3 确定距离、速度以及加速度的搜索步长，即 $\Delta r=c/(2B)$、$\Delta v=\lambda/(2T)$ 以及 $\Delta a=\lambda/(2T^2)$ [1]，则距离的搜索数目为 $N_r=\text{round}((r_2-r_1)/\Delta r)$，速度的搜索数目为 $N_v=\text{round}(2v_{\max}/\Delta r)$，加速度的搜索数目为 $N_a=\text{round}(2a_{\max}/\Delta a)$。其中，$\text{round}(\cdot)$ 表示取整运算。

步骤 4 根据搜索参数组合 $\left(r_i,v_p,a_q\right)$ 确定待搜索的目标运动轨迹：

$$r\left(t_m\right)=r_i+v_p t_m+a_q t_m^2 \tag{3-17}$$

其中，$r_i\in[r_1,r_2]$，$i=1,\cdots,N_r$；$v_p\in[-v_{\max},v_{\max}]$，$p=1,\cdots,N_v$；$a_q\in[-a_{\max},a_{\max}]$，$q=1,\cdots,N_a$。

步骤 5 首先按照搜索轨迹抽取回波信号，然后对抽取出的回波信号进行 LVD，得到相应的 RLVD 输出。

步骤 6 遍历所有的搜索参数组合，获得所有 RLVD 积累输出。

3.2.6 仿真验证

为了验证 RLVD 方法的有效性，本小节对该方法进行仿真分析，雷达系统参数设置 1 如表 3-1 所示。

表 3-1　雷达系统参数设置 1

参数名称	取值
雷达载波频率	0.15GHz
带宽	20MHz
采样频率	100MHz
脉冲重复频率	500Hz
脉冲持续时间	50μs
积累脉冲数	512

首先，仿真分析单目标情形下 RLVD 方法的相参积累性能。目标的运动参数为 $r_T = 100.15\text{km}$、$v_T = 100\text{m/s}$、$a_T = 20\text{m/s}^2$，脉压后的 SNR 为 –13dB。为了比较，我们也对 MTD、RFT 以及 RFRFT 这 3 种方法进行了仿真，结果如图 3-1 所示。其中，图 3-1（a）表示脉压结果，目标回波信号非常微弱，被淹没在噪声之中。为了清楚地显示出目标的运动轨迹，图 3-1（b）给出了无噪声下的脉压结果，从图中可以看到目标发生了距离走动。图 3-1（c）和图 3-1（d）分别展示了 MTD 和 RFT 的积累结果，由于目标加速度引起的距离走动和多普勒走动，MTD 和 RFT 都未能实现目标回波信号能量的相参积累。图 3-1（e）和图 3-1（f）分别展示了 RFRFT 和 RLVD 的积累结果，RLVD 有效地实现了目标能量的相参积累；并且与图 3-1（e）中的 RFRFT 积累结果相比，RLVD 积累后的峰值更大。

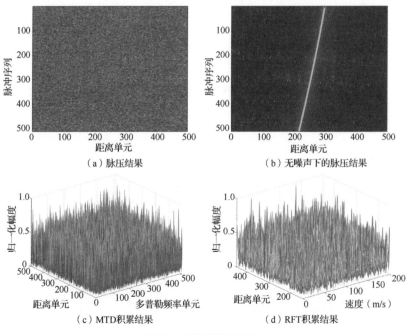

（a）脉压结果

（b）无噪声下的脉压结果

（c）MTD积累结果

（d）RFT积累结果

图 3-1　单目标相参积累

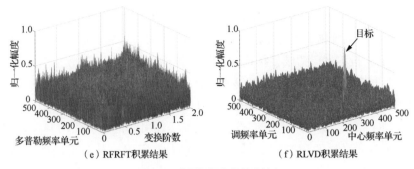

（e）RFRFT积累结果　　　　　　（f）RLVD积累结果

图 3-1　单目标相参积累（续）

接下来，我们仿真分析 RLVD 的多目标相参积累性能。目标 A 和目标 B 的运动参数如表 3-2 所示，仿真结果如图 3-2 所示。其中，图 3-2（a）为脉压结果；图 3-2（b）和图 3-2（c）分别表示目标 A 和目标 B 的积累结果，可以看到目标 A 和目标 B 的能量都得到了有效积累，形成了明显的峰值，有利于目标的检测。

表 3-2　多目标相参积累实验中目标 A 和目标 B 的运动参数

运动参数	目标 A	目标 B
初始径向距离	100.15km	100km
径向速度	100m/s	80m/s
径向加速度	20m/s^2	10m/s^2
脉压后 SNR	4dB	4dB

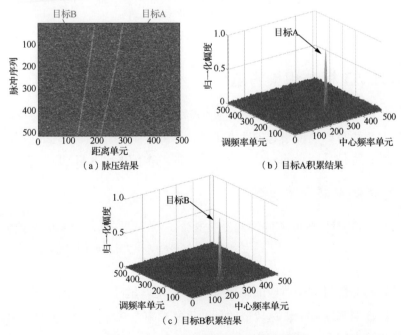

（a）脉压结果　　　　　　　　　（b）目标A积累结果

（c）目标B积累结果

图 3-2　RLVD 的多目标相参积累仿真结果

最后，我们利用蒙特卡洛实验对比分析 RLVD、MTD、RFT 以及 RFRFT 这 4
种积累方法的检测性能。在用这 4 种方法完成目标信号能量的积累后，采用恒虚
警率（CFAR）检测器[6]完成目标检测，检测性能曲线如图 3-3 所示。RLVD 的检
测性能要优于其他 3 种方法：检测概率（P_d）为 0.8 时，RLVD 需要的 SNR 分别
比 RFRFT、RFT 以及 MTD 低 5dB、16dB 以及 26dB。其原因在于：与 MTD 和
RFT 相比，RLVD 可以有效地校正补偿目标加速度引起的距离走动与多普勒走动，
实现匀加速运动目标能量的相参积累，提升回波 SNR，从而提高检测性能；与
RFRFT 采用 FRFT 积累信号能量不同，RLVD 采用 LVD 实现回波信号的能量积累，
可以获得更高的积累增益，进而实现更低 SNR 下的目标检测。

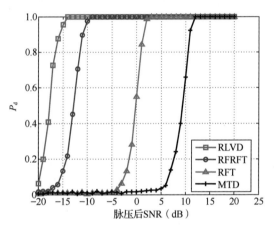

图 3-3　4 种方法的检测性能曲线（虚警概率 $P_f = 10^{-3}$）

3.3　KTLVD 相参积累方法

当目标的加速度较小时，积累时间内目标加速度引起的距离弯曲可以忽略。
此时只需要校正目标速度引起的距离走动，并补偿目标加速度引起的多普勒走动，
就可以实现目标信号能量的相参积累。基于此，本节提出 KTLVD 相参积累方法。

3.3.1　距离频率域回波模型

对式（3-3）沿快时间方向做傅里叶变换，可得到距离频率域的回波信号：

$$S_r(t_m, f) = B_2 \mathrm{rect}\left(\frac{f}{B}\right) \exp\left[-\mathrm{j}\frac{4\pi(f + f_c)r(t_m)}{c}\right] \tag{3-18}$$

其中，f 表示与快时间相对应的距离频率，B_2 是傅里叶变换后的信号幅度。

由于目标的高速以及雷达较低的脉冲重复频率，常常会发生多普勒欠采样[5]。
此时目标的径向速度可以表示为：

$$v_\mathrm{T} = n_\mathrm{T} v_a + v_0 \tag{3-19}$$

其中，n_T 为折叠因子（也称为模糊倍数），$v_a = \lambda f_\mathrm{p}/2$ 表示盲速，$v_0 = \mathrm{mod}(v_\mathrm{T}, v_a)$ 并且满足 $|v_0| < v_a/2$，f_p 为脉冲重复频率。

将式（3-19）代入式（3-18），可得：

$$S_\mathrm{r}(t_m, f) = B_3 \exp\left[-\mathrm{j}\frac{4\pi r_\mathrm{T}}{\lambda}\left(1 + \frac{f}{f_c}\right)\right]\exp\left[-\mathrm{j}\frac{4\pi v_0 t_m}{\lambda}\left(1 + \frac{f}{f_c}\right)\right] \times$$
$$\exp\left(\frac{-\mathrm{j}4\pi n_\mathrm{T} v_a t_m f}{f_c \lambda}\right)\exp\left[-\mathrm{j}\frac{4\pi a_\mathrm{T} t_m^2}{c}\left(1 + \frac{f}{f_c}\right)\right] \tag{3-20}$$

其中，$B_3 = B_2\mathrm{rect}(f/B)$。

式（3-20）中有 3 项关于慢时间的指数项是与距离频率 f 耦合的，其中第 1 项和第 2 项会引起距离走动，第 3 项会导致多普勒走动问题。

3.3.2 梯形变换

我们利用梯形变换（KT）校正 v_0 引起的距离走动，即在慢时间-距离频率域做如下变换：

$$t_m = \frac{f_c}{(f + f_c)t_n} \tag{3-21}$$

其中，t_n 表示 KT 后的慢时间。

将式（3-21）代入式（3-20）可得：

$$S_\mathrm{KT}(t_n, f) = B_3 \exp\left[-\mathrm{j}\frac{4\pi r_\mathrm{T}}{\lambda}\left(1 + \frac{f}{f_c}\right)\right]\exp\left(-\mathrm{j}\frac{4\pi v_0 t_n}{\lambda}\right) \times$$
$$\exp\left(-\mathrm{j}\frac{4\pi a_\mathrm{T} t_n^2}{\lambda}\frac{f_c}{f + f_c}\right)\exp\left(-\mathrm{j}\frac{4\pi n_\mathrm{T} v_a t_n}{\lambda}\frac{f}{f + f_c}\right) \tag{3-22}$$

窄带条件下 $f \ll f_c$，有 $f_c/(f + f_c) \approx 1$，$f/(f + f_c) \approx f/f_c$。因此，式（3-22）可近似表示为：

$$S_\mathrm{KT}(t_n, f) \approx B_3 \exp\left[-\mathrm{j}\frac{4\pi r_\mathrm{T}}{\lambda}\left(1 + \frac{f}{f_c}\right)\right]\exp\left(-\mathrm{j}\frac{4\pi v_0 t_n}{\lambda}\right) \times$$
$$\exp\left(-\mathrm{j}\frac{4\pi a_\mathrm{T} t_n^2}{\lambda}\right)\exp\left(-\mathrm{j}\frac{4\pi n_\mathrm{T} v_a t_n}{\lambda}\frac{f}{f_c}\right) \tag{3-23}$$

如式（3-23）所示，KT 后 v_0 与 f 之间的耦合已经被去除。然而，折叠因子项引起的距离走动仍然存在。为此，定义如下折叠因子补偿函数：

$$H(t_n, f; n') = \exp\left(\mathrm{j}\frac{4\pi n' v_a t_n}{\lambda}\frac{f}{f_c}\right) \tag{3-24}$$

将式（3-23）与式（3-24）相乘，可得：

$$S_{\mathrm{KT}}\left(t_n, f; n'\right) = B_3 \exp\left[-\mathrm{j}\frac{4\pi r_{\mathrm{T}}}{\lambda}\left(1 + \frac{f}{f_{\mathrm{c}}}\right)\right]\exp\left(-\mathrm{j}\frac{4\pi v_0 t_n}{\lambda}\right)\times$$
$$\exp\left(-\mathrm{j}\frac{4\pi a_{\mathrm{T}} t_n^2}{\lambda}\right)\exp\left[-\mathrm{j}\frac{4\pi\left(n_{\mathrm{T}} - n'\right)v_a t_n}{\lambda}\frac{f}{f_{\mathrm{c}}}\right] \tag{3-25}$$

对式（3-25）沿距离频率方向做傅里叶逆变换，有：

$$s_{\mathrm{KT}}\left(t_n, \hat{t}; n'\right) = B_4 \operatorname{sinc}\left\{B\left[\hat{t} - \frac{2r_{\mathrm{T}}}{c} - \frac{2\left(n_{\mathrm{T}} - n'\right)v_a t_n}{c}\right]\right\}\exp\left(-\mathrm{j}\frac{4\pi r_{\mathrm{T}}}{\lambda}\right)\times$$
$$\exp\left(-\mathrm{j}\frac{4\pi v_0 t_n}{\lambda}\right)\exp\left(-\mathrm{j}\frac{4\pi a_{\mathrm{T}} t_n^2}{\lambda}\right) \tag{3-26}$$

其中，B_4 表示傅里叶逆变换后的信号幅度。

当搜索的折叠因子等于目标折叠因子，即 $n' = n_{\mathrm{T}}$ 时，有：

$$s_{\mathrm{KT}}\left(t_n, \hat{t}\right) = B_4 \operatorname{sinc}\left[B\left(\hat{t} - \frac{2r_{\mathrm{T}}}{c}\right)\right]\exp\left(-\mathrm{j}\frac{4\pi r_{\mathrm{T}}}{\lambda}\right)\times$$
$$\exp\left(-\mathrm{j}\frac{4\pi v_0 t_n}{\lambda}\right)\exp\left(-\mathrm{j}\frac{4\pi a_{\mathrm{T}} t_n^2}{\lambda}\right) \tag{3-27}$$

如式（3-27）所示，目标的距离走动已经得到校正，此时目标的能量落在了同一个距离单元内（对应目标的初始径向距离 r_{T}）。此时，对于一个给定的搜索距离 r，相应的抽取信号为：

$$s_r\left(t_n\right) = s_{\mathrm{KT}}\left(t_n, \frac{2r}{c}\right)$$
$$= B_4 \operatorname{sinc}\left[B\left(\frac{2r}{c} - \frac{2r_{\mathrm{T}}}{c}\right)\right]\exp\left(-\mathrm{j}\frac{4\pi r_{\mathrm{T}}}{\lambda}\right)\times \tag{3-28}$$
$$\exp\left(-\mathrm{j}\frac{4\pi v_0 t_n}{\lambda}\right)\exp\left(-\mathrm{j}\frac{4\pi a_{\mathrm{T}} t_n^2}{\lambda}\right)$$

当且仅当搜索的距离等于目标初始距离时，抽取到的信号恰好为距离走动校正后的目标回波信号：

$$s_r\left(t_n\right) = B_4 \exp\left(-\mathrm{j}\frac{4\pi r_{\mathrm{T}}}{\lambda}\right)\exp\left(-\mathrm{j}\frac{4\pi v_0 t_n}{\lambda}\right)\exp\left(-\mathrm{j}\frac{4\pi a_{\mathrm{T}} t_n^2}{\lambda}\right) \tag{3-29}$$

此时，$s_r\left(t_n\right)$ 的幅度达到最大值。

3.3.3　用 LVD 方法实现信号能量积累

如式（3-29）所示，经过 KT 以及折叠因子项补偿后，距离走动得到校正，抽取出的信号在慢时间方向上是线性调频信号，其中心频率为 $-2v_0/\lambda$，调频斜率为 $-4a_{\mathrm{T}}/\lambda$。因此，LVD 可用来实现式（3-27）所示信号的能量积累[3-5]。

式（3-29）的 PSIAF 定义为：

$$R_c\left(t_n,\tau'\right)=s_{\mathrm{r}}\left(t_n+\frac{\tau'+b}{2}\right)s_{\mathrm{r}}^*\left(t_n-\frac{\tau'+b}{2}\right)$$
$$=B_4^2\exp\left[-\mathrm{j}\frac{4\pi v_0}{\lambda}\left(\tau'+b\right)-\mathrm{j}\frac{8\pi a_{\mathrm{T}}}{\lambda}\left(\tau'+b\right)t_n\right] \qquad (3\text{-}30)$$

其中，b 为一常数，τ' 表示时间延迟变量[3]。

由式（3-30）可以看到，时间变量 t_n 与延迟变量 τ' 之间存在耦合。为去除该耦合，做如下变量代换：

$$t_n=\frac{t_b}{h\left(\tau'+b\right)} \qquad (3\text{-}31)$$

其中，h 为一常数。

将式（3-31）代入式（3-30）可得：

$$R_c\left(t_b,\tau'\right)=B_4^2\exp\left[-\mathrm{j}\frac{4\pi v_0}{\lambda}\left(\tau'+b\right)-\mathrm{j}\frac{8\pi a_{\mathrm{T}}}{h\lambda}t_b\right] \qquad (3\text{-}32)$$

通常情况下，b 和 h 的取值都为 1[3-5]。对式（3-32）做二维傅里叶变换，可获得式（3-29）的 LVD 为：

$$L\left(f_{\mathrm{ce}},\gamma\right)=B_5\exp\left(\mathrm{j}2\pi f_{\mathrm{ce}}\right)\mathrm{sinc}\left(f_{\mathrm{ce}}+\frac{2v_0}{\lambda}\right)\mathrm{sinc}\left(\gamma+\frac{4a_{\mathrm{T}}}{\lambda}\right) \qquad (3\text{-}33)$$

其中，B_5 表示二维傅里叶变换后的信号幅度。

如此就实现了回波信号能量的相参积累。基于 KTLVD 的相参积累方法需要在折叠因子-距离域上进行二维搜索，当搜索的折叠因子与距离分别匹配目标的折叠因子与初始距离时，LVD 积累输出达到最大值。

3.3.4　KTLVD 方法的流程与计算复杂度

（1）KTLVD 方法的主要步骤如下。

步骤 1　输入为接收到的回波信号 $s_{\mathrm{r}}\left(t_m,\hat{t}\right)$，确定径向距离搜索区间 $[r_1,r_2]$ 以及折叠因子搜索区间 $[F_{\min},F_{\max}]$。

步骤 2　对回波信号进行脉压处理，得到脉压后信号 $s_{\mathrm{c}}\left(t_m,\hat{t}\right)$，随后沿快时间维（也称快时间）做傅里叶变换，获得信号 $S_{\mathrm{c}}\left(t_m,f\right)$。

步骤 3　对 $S_{\mathrm{c}}\left(t_m,f\right)$ 进行 KT，获得变换后的信号 $S_{\mathrm{KT}}\left(t_n,f\right)$。

步骤 4　确定径向距离以及折叠因子的搜索步长，即 $\Delta r=c/(2B)$、$\Delta F=f_{\mathrm{c}}/(Nf_s)$（其中，$f_s$ 表示距离采样频率），则径向距离的搜索数目为 $N_r=\mathrm{round}\left(\left(r_2-r_1\right)/\Delta r\right)$，

折叠因子搜索数目为 $N_F = \text{round}\left(\left(F_{\max} - F_{\min}\right)/\Delta F\right)$。

步骤5 根据搜索折叠因子 n_i 构建折叠因子相位补偿函数：

$$H\left(t_n, f; n_i\right) = \exp\left(\text{j}\frac{4\pi n_i v_a t_n}{\lambda}\frac{f}{f_c}\right) \tag{3-34}$$

其中，$n_i \in [F_{\min}, F_{\max}]$，$i = 1, \cdots, N_F$。随后进行折叠因子项补偿，得到信号 $S_{\text{KT}}\left(t_n, f; n_i\right)$。

步骤6 对补偿后的信号沿距离频率方向做傅里叶逆变换，得到时域信号 $s_{\text{KT}}\left(t_n, \hat{t}; n_i\right)$。

步骤7 根据搜索的径向距离从 $s_{\text{KT}}\left(t_n, \hat{t}; n_i\right)$ 中抽取出回波信号。

步骤8 对抽取出的回波信号进行 LVD 操作，得到相应的积累结果。

步骤9 首先遍历所有的折叠因子与径向距离，获得所有的 KTLVD 积累结果，然后根据 KTLVD 结果，完成目标检测。

图 3-4 展示了 KTLVD 方法的流程。

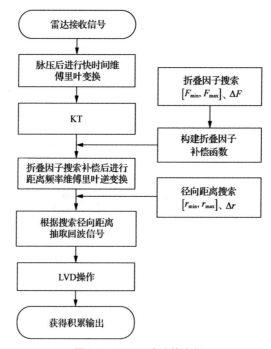

图 3-4 KTLVD 方法的流程

（2）计算复杂度分析：令 N_r、N_F、M_P、M_v 以及 M_a 分别表示距离单元搜索数目、折叠因子搜索数目、FRFT 旋转角搜索数目、速度搜索数目以及加速度搜索数目。KT 过程需要的复乘次数为 $0.5NN_r\log_2 N_r + N^2 N_r$，折叠因子补偿与 LVD 积累过程中需要的复乘次数为 $N_r N_F\left(N^2 + N^2\log_2 N + 2N\right)$。

此外，RFRFT 方法需要的复乘次数为 $4N_r M_v M_a M_P \left(2N + 0.5N \log_2 N \right)$。假设 $N_r = N_F = M_P = M_v = M_a$，那么 KTLVD 与 RFRFT 的计算复杂度分别为 $O\left(N^4\right) \log_2 N$ 和 $O\left(N^5\right) \log_2 N$。因此，KTLVD 的计算复杂度比 RFRFT 要低一个数量级。

3.3.5　仿真验证

为了验证 KTLVD 方法的有效性，本小节对该方法进行仿真分析，雷达系统参数设置 2 如表 3-3 所示。

表 3-3　雷达系统参数设置 2

参数名称	取值
雷达载波频率	0.15GHz
带宽	2MHz
采样频率	10MHz
脉冲重复频率	500Hz
脉冲持续时间	5μs
积累脉冲数	512

首先，我们仿真分析 KTLVD 方法的距离走动校正性能，目标的运动参数为 $r_{\mathrm{T}} = 100\mathrm{km}$、$v_{\mathrm{T}} = 1600\mathrm{m/s}$、$a_{\mathrm{T}} = 20\mathrm{m/s^2}$，脉压后的 SNR 为 6dB，仿真结果如图 3-5 所示。其中，图 3-5（a）所示为脉压结果，可以看到目标发生了距离走动，回波信号能量分布在不同的距离单元内。图 3-5（b）所示为经过 KT 和折叠因子项匹配补偿后的结果。此时目标的距离走动得到了校正，信号能量落在了同一距离单元。LVD 积累结果如图 3-5（c）所示，目标多脉冲回波信号能量得到了有效积累，形成峰值。

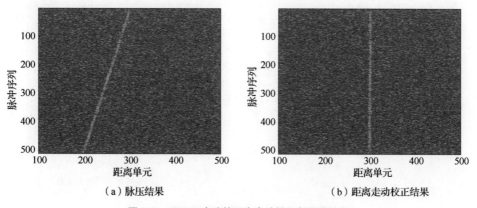

（a）脉压结果　　　　　　　　　　　　（b）距离走动校正结果

图 3-5　KTLVD 方法的距离走动校正与积累结果

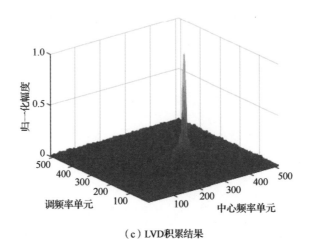

（c）LVD积累结果

图 3-5 KTLVD 方法的距离走动校正与积累结果（续）

其次，我们仿真分析 KTLVD 方法对弱目标的相参积累性能。目标的运动参数设置与图 3-5 一致，脉压后的 SNR 为 –13dB。为了比较，我们还对 MTD、RFT 以及 RFRFT 这 3 种方法进行了仿真，结果如图 3-6 所示。其中，图 3-6（a）所示为脉压后的结果，目标的回波信号非常微弱，被淹没在噪声之中。为了清楚地显示出目标的运动轨迹，图 3-6（b）展示了无噪声下的脉压结果，从图中可以看到目标发生了距离走动。图 3-6（c）和图 3-6（d）分别展示了 MTD 和 RFT 的积累结果。由于目标加速度引起的距离走动和多普勒走动，MTD 和 RFT 都未能实现目标能量的有效积累。图 3-6（e）和图 3-6（f）分别展示了 RFRFT 以及 KTLVD 的积累结果，从图中可以看到 KTLVD 有效地实现了目标能量的相参积累；并且与图 3-6（e）中的 RFRFT 积累结果相比，KTLVD 积累后的峰值更大。

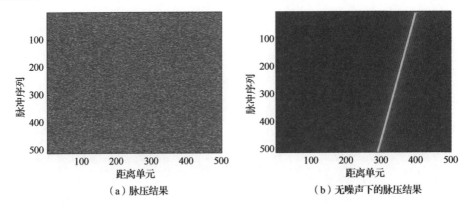

（a）脉压结果　　　　　　　　　　（b）无噪声下的脉压结果

图 3-6　4 种方法的弱目标相参积累结果

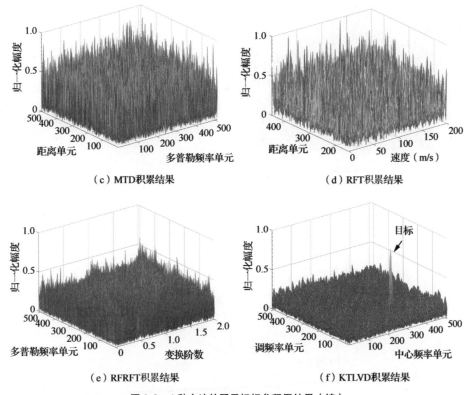

（c）MTD积累结果　　　　　　　　　　（d）RFT积累结果

（e）RFRFT积累结果　　　　　　　　　（f）KTLVD积累结果

图 3-6　4 种方法的弱目标相参积累结果（续）

再次，我们仿真分析 KTLVD 方法的多目标相参积累性能。目标 A、目标 B以及目标 C 的运动参数如表 3-4 所示，仿真结果如图 3-7 所示。其中，图 3-7（a）所示为脉压结果，由于目标 B 和目标 C 具有相同的初始距离和径向速度，它们的运动轨迹重合在一起。图 3-7（b）所示为目标 A 的 KTLVD 相参积累结果。图 3-7（c）所示为目标 B 和目标 C 的 KTLVD 相参积累结果。这 3 个目标的能量在相参积累后形成了 3 个明显的峰值。

表 3-4　3 个高速目标的运动参数

运动参数	目标 A	目标 B	目标 C
初始径向距离	100km	100.75km	100.75km
径向速度	1500m/s	3500m/s	3500m/s
径向加速度	20m/s^2	20m/s^2	−10m/s^2
脉压后 SNR	6dB	6dB	6dB

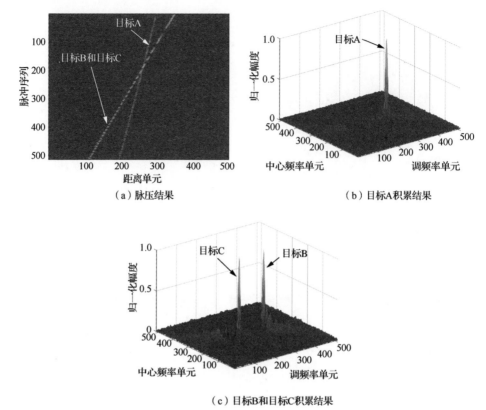

（a）脉压结果 　　　　　　　　（b）目标A积累结果

（c）目标B和目标C积累结果

图 3-7　KTLVD 方法的多目标相参积累仿真结果

最后，我们采用蒙特卡洛实验对比分析 KTLVD、RFRFT、SKT-RFT、RFT 以及 MTD 这 5 种积累方法的检测性能，检测性能曲线如图 3-8 所示。KTLVD 的检测性能要优于 RFRFT、SKT-RFT[7]、RFT 和 MTD。当检测概率为 0.8 时，KTLVD 需要的 SNR 分别比 RFRFT、SKT-RFT、RFT 以及 MTD 低 5dB、16dB、19dB 以及 26dB，其原因如下。

（1）与 MTD 和 RFT 相比，KTLVD 可以校正目标速度引起的距离走动并补偿目标加速度引起的多普勒走动，因而可以实现匀加速运动高速目标能量的相参积累，进而提升回波 SNR，提高目标检测性能。

（2）SKT-RFT 对于距离走动和多普勒走动的校正补偿是分步进行的，即先补偿目标加速度引起的多普勒走动，然后校正速度引起的距离走动，会导致低 SNR 下 SKT-RFT 的相参积累性能下降；而 KTLVD 可同时校正补偿目标速度引起的距离走动和加速度产生的多普勒走动。

（3）与 RFRFT 采用 FRFT 积累信号能量不同，KTLVD 利用 LVD 实现回波信号的能量积累，可以获得更高的积累增益，进而实现更低 SNR 下的目标检测。

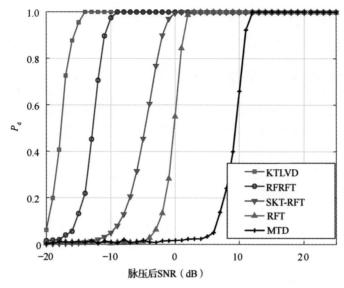

图 3-8　KTLVD、RFRFT、SKT-RFT、RFT 和 MTD 的检测性能曲线（$P_f = 10^{-3}$）

3.4　KT-MFP 相参积累方法

与 RLVD 方法相比，KTLVD 方法的计算复杂度有所下降。然而 KTLVD 方法只能校正目标径向速度引起的线性距离走动，无法校正目标径向加速度引起的二阶距离走动（又称为距离弯曲）。鉴于此，本节介绍 KT-MFP 相参积累方法，用以校正目标加速度引起的二阶距离走动。与 KTLVD 方法不同，KT-MFP 方法在利用 KT 进行线性距离走动校正后，通过构造二维匹配滤波器，校正补偿目标加速度引起的距离弯曲和多普勒走动，进而实现二阶距离走动目标的相参积累。

首先，脉压处理后进行距离维傅里叶变换，可得到目标的频域雷达回波信号：

$$S_r\left(f, t_m\right) = B_3 \exp\left[-\mathrm{j}\frac{4\pi\left(f + f_c\right)r_\mathrm{T}}{c}\right]\exp\left[-\mathrm{j}\frac{4\pi\left(f + f_c\right)v_0 t_m}{c}\right] \times$$
$$\exp\left[-\mathrm{j}\frac{4\pi\left(f + f_c\right)a_\mathrm{T}t_m^2}{c}\right]\exp\left[-\mathrm{j}\frac{4\pi\left(f + f_c\right)n_\mathrm{T}v_a t_m}{c}\right] \tag{3-35}$$

式（3-35）中，等号右边的第 2 个指数项和第 4 个指数项由目标径向速度产生，会引起线性距离走动；第 3 个指数项则由目标加速度引起，会导致距离弯曲与多普勒走动。

下面，首先介绍 KT-MFP 方法的基本原理；然后介绍 KT-MFP 方法的处理流程，并给出 KT-MFP 方法的流程图与实现步骤伪代码；接着分析对比 KT-MFP 方法的计算复杂度；随后讨论 KT 过程中可能出现的能量截断效应以及相应的补偿方法；最后进行仿真实验与性能分析。

3.4.1 KT-MFP 方法的原理

KT-MFP 方法主要包括 KT 与匹配滤波处理两个环节。本小节从单目标和多目标两个方面对 KT-MFP 方法的原理进行介绍。

1. 单目标 KT-MFP 方法

（1）KT

和 KTLVD 方法一样，KT-MFP 方法采用 KT 校正目标非模糊速度引起的线性距离走动，变换形式为 $t_m = t_n f_c / (f + f_c)$。KT 处理后的回波信号可以表示为：

$$
\begin{aligned}
S_{\mathrm{KT}}(t_n, f) = B_3 & \exp\left[-\mathrm{j}\frac{4\pi(f + f_c)r_{\mathrm{T}}}{c}\right] \exp\left(-\mathrm{j}\frac{4\pi v_0 t_n}{\lambda}\right) \times \\
& \exp\left[-\mathrm{j}\frac{4\pi n_{\mathrm{T}} v_a t_n ff_c}{c(f + f_c)}\right] \exp\left[-\mathrm{j}\frac{4\pi a_{\mathrm{T}} t_n^2 f_c^2}{c(f + f_c)}\right]
\end{aligned}
\tag{3-36}
$$

窄带条件下 $f \ll f_c$，因此有 $f_c / (f + f_c) \approx 1 - (f/f_c)$ 成立。此时，式（3-36）可以近似表示为：

$$
\begin{aligned}
S_{\mathrm{KT}}(t_n, f) \approx B_3 & \exp\left[-\mathrm{j}\frac{4\pi(f + f_c)r_{\mathrm{T}}}{c}\right] \exp\left(-\mathrm{j}\frac{4\pi v_0 t_n}{\lambda}\right) \times \\
& \exp\left[-\mathrm{j}\frac{4\pi n_{\mathrm{T}} v_a t_n f(f_c - f)}{cf_c}\right] \exp\left[-\mathrm{j}\frac{4\pi a_{\mathrm{T}} t_n^2(f_c - f)}{c}\right]
\end{aligned}
\tag{3-37}
$$

如式（3-37）所示，非模糊速度引起的线性距离走动已经得到校正。然而，折叠因子项引起的线性距离走动、目标加速度引起的二阶距离走动与多普勒走动仍然存在。

（2）匹配滤波处理

为了校正剩余的距离走动，并补偿一阶多普勒走动，我们构建如下二维匹配滤波相位补偿函数：

$$
\begin{aligned}
H_m(t_n, f; n', a_2) = & \exp\left[\mathrm{j}\frac{4\pi n' v_a t_n f(f_c - f)}{cf_c}\right] \times \\
& \exp\left[\mathrm{j}\frac{4\pi a_2 t_n^2(f_c - f)}{c}\right]
\end{aligned}
\tag{3-38}
$$

其中，n' 是折叠因子搜索值，a_2 为加速度搜索值。式（3-37）乘式（3-38）可得：

$$S_{\text{KT}}\left(t_n,f;n',a_2\right)=B_3\exp\left[-\mathrm{j}\frac{4\pi\left(f+f_\text{c}\right)r_\text{T}}{c}\right]\exp\left(-\mathrm{j}\frac{4\pi v_0 t_n}{\lambda}\right)\times$$
$$\exp\left[-\mathrm{j}\frac{4\pi\left(n'-n_\text{T}\right)v_a t_n f\left(f_\text{c}-f\right)}{cf_\text{c}}\right]\times \qquad (3\text{-}39)$$
$$\exp\left[-\mathrm{j}\frac{4\pi\left(a_2-a_\text{T}\right)t_n^2\left(f_\text{c}-f\right)}{c}\right]$$

当折叠因子搜索值与加速度搜索值分别等于目标的折叠因子与加速度，即 $n'=n_\text{T}$、$a_2=a_\text{T}$ 时，有：

$$S_{\text{match}}\left(t_n,f\right)=B_3\exp\left[-\mathrm{j}\frac{4\pi\left(f+f_\text{c}\right)r_\text{T}}{c}\right]\exp\left(-\mathrm{j}\frac{4\pi v_0 t_n}{\lambda}\right) \qquad (3\text{-}40)$$

对式（3-40）沿距离频率 f 做傅里叶逆变换，可得：

$$s_{\text{match}}\left(t_n,\hat{t}\right)=B_4\operatorname{sinc}\left[B\left(\hat{t}-\frac{2r_\text{T}}{c}\right)\right]\exp\left(-\mathrm{j}\frac{4\pi r_\text{T}}{\lambda}\right)\exp\left(-\mathrm{j}\frac{4\pi v_0 t_n}{\lambda}\right) \qquad (3\text{-}41)$$

其中，$B_4=B_3 G_\text{r}$ 为距离维傅里叶逆变换后的回波信号的复幅度，G_r 为距离维傅里叶逆变换的压缩增益。

如式（3-41）所示，折叠因子相位项与加速度引起的相位项得到补偿，残余的距离走动和多普勒走动得到校正和补偿，此时目标的能量落在了同一个距离单元内。因此，沿慢时间方向对校正补偿后的回波信号做傅里叶变换，就能获得信号能量的相参积累，积累输出为：

$$s_{\text{int}}\left(f_t,\hat{t}\right)=B_5\exp\left(-\mathrm{j}\frac{4\pi r_\text{T}}{\lambda}\right)\operatorname{sinc}\left[B\left(\hat{t}-\frac{2r_\text{T}}{c}\right)\right]\operatorname{sinc}\left[MT\left(f_t+\frac{2v_0}{\lambda}\right)\right] \qquad (3\text{-}42)$$

其中，$B_5=B_4 G_\text{s}$ 为慢时间维傅里叶变换后的信号幅度，G_s 表示慢时间维傅里叶变换后的压缩增益，f_t 是与 t_n 对应的多普勒频率。

KT-MFP 方法的匹配滤波处理过程本质上是一个二维联合搜索过程：折叠因子的搜索和径向加速度的搜索。当折叠因子的搜索值、加速度搜索值分别与目标折叠因子、径向加速度相等时，距离走动与多普勒走动得到校正与补偿，进而通过慢时间维快速傅里叶变换即可实现回波信号的相参积累，积累输出最大。因此，目标的折叠因子与径向加速度可以估计为：

$$\left(\hat{n}_\text{T},\hat{a}_\text{T}\right)=\underset{\left(n',a_2\right)}{\arg\max}\left|\underset{t_n}{\text{FT}}\left\{\underset{f}{\text{IFT}}\left[S_{\text{KT}}\left(t_n,f\right)H_m\left(t_n,f;n',a_2\right)\right]\right\}\right| \qquad (3\text{-}43)$$

此外，根据式（3-42）的峰值位置还可以得到无模糊速度的估计值为 $\hat{v}_0$。由此可得目标速度的估计值为：

$$\hat{v}_\text{T}=\hat{v}_0+\hat{n}_\text{T}v_a \qquad (3\text{-}44)$$

2. 多目标 KT-MFP 方法

假设雷达探测区域内共有 K 个目标，目标 k（$1 \leq k \leq K$）的瞬时径向距离 $r_k(t_m)$ 为：

$$r_k(t_m) = r_{T,k} + v_{T,k}t_m + a_{T,k}t_m^2 \qquad (3\text{-}45)$$

其中，$r_{T,k}$ 是目标 k 的初始径向距离，$v_{T,k}$ 和 $a_{T,k}$ 分别表示目标 k 的径向速度和径向加速度。

多普勒欠采样时，目标 k 的径向速度可以表示为：

$$v_{T,k} = n_{T,k}v_a + v_{0,k} \qquad (3\text{-}46)$$

其中，$n_{T,k}$ 和 $v_{0,k}$ 分别为目标 k 的折叠因子和非模糊速度。

脉压处理后，K 个目标的频域雷达信号可以表示成[8]：

$$S_r(f,t_m) = \sum_{k=1}^{K} B_{3k} \exp\left[-j\frac{4\pi(f+f_c)r_{T,k}}{c}\right] \exp\left[-j\frac{4\pi(f+f_c)v_{0,k}t_m}{c}\right] \times$$
$$\exp\left[-j\frac{4\pi(f+f_c)a_{T,k}t_m^2}{c}\right] \exp\left[-j\frac{4\pi(f+f_c)n_{T,k}v_at_m}{c}\right] \qquad (3\text{-}47)$$

首先，对多个目标的频域回波进行 KT 处理，并利用窄带近似可得：

$$S_{KT}(t_n,f) \approx \sum_{k=1}^{K} B_{3k} \exp\left[-j\frac{4\pi(f+f_c)r_{T,k}}{c}\right] \exp\left(-j\frac{4\pi v_{0,k}t_n}{\lambda}\right) \times$$
$$\exp\left[-j\frac{4\pi n_{T,k}v_at_nf(f_c-f)}{cf_c}\right] \exp\left[-j\frac{4\pi a_{T,k}t_n^2(f_c-f)}{c}\right] \qquad (3\text{-}48)$$

随后，利用折叠因子搜索值和加速度搜索值，构建如下匹配滤波器相位补偿函数：

$$H_m(t_n,f;n',a_2) = \exp\left[j\frac{4\pi n'v_at_nf(f_c-f)}{cf_c}\right] \times$$
$$\exp\left[j\frac{4\pi a_2t_n^2(f_c-f)}{c}\right] \qquad (3\text{-}49)$$

将式（3-48）与式（3-49）相乘可得：

$$S_{KT}(t_n,f;n',a_2) \approx \sum_{k=1}^{K} B_{3k} \exp\left[-j\frac{4\pi(f+f_c)r_{T,k}}{c}\right] \exp\left(-j\frac{4\pi v_{0,k}t_n}{\lambda}\right) \times$$
$$\exp\left[-j\frac{4\pi(n'-n_{T,k})v_at_nf(f_c-f)}{cf_c}\right] \times$$
$$\exp\left[-j\frac{4\pi(a_2-a_{T,k})t_n^2(f_c-f)}{c}\right] \qquad (3\text{-}50)$$

当折叠因子搜索值与加速度搜索值分别等于目标 k 的折叠因子与径向加速度，即 $n' = n_{\mathrm{T},k}$、$a_2 = a_{\mathrm{T},k}$ 时，有：

$$S_{\mathrm{mul}}\left(t_n, f\right) = B_{3,k} \exp\left[-\mathrm{j}\frac{4\pi\left(f + f_c\right)r_{\mathrm{T},k}}{c}\right]\exp\left(-\mathrm{j}\frac{4\pi v_{0,k}t_n}{\lambda}\right) + S_{\mathrm{other}}\left(t_n, f\right) \quad (3\text{-}51)$$

其中

$$
\begin{aligned}
S_{\mathrm{other}}\left(f, t_n\right) = \sum_{g=1, g \neq k}^{K} B_{3,g} & \exp\left[-\mathrm{j}\frac{4\pi\left(f + f_c\right)r_{\mathrm{T},g}}{c}\right]\exp\left(-\mathrm{j}\frac{4\pi v_{0,g}t_n}{\lambda}\right) \times \\
& \exp\left[-\mathrm{j}\frac{4\pi\left(n_{\mathrm{T},k} - n_{\mathrm{T},g}\right)v_a t_n f\left(f_c - f\right)}{c f_c}\right] \times \\
& \exp\left[-\mathrm{j}\frac{4\pi\left(a_{\mathrm{T},k} - a_{\mathrm{T},g}\right)t_n^2\left(f_c - f\right)}{c}\right]
\end{aligned}
\quad (3\text{-}52)
$$

如式（3-51）所示，对于目标 k，其折叠因子相位项与加速度引起的相位项得到补偿，因此目标 k 的距离走动和多普勒走动得到校正补偿。依次沿距离频率方向和慢时间方向分别做傅里叶逆变换和傅里叶变换，就能获得目标 k 的信号能量的相参积累，积累输出为：

$$
\begin{aligned}
s_{\mathrm{mint}}\left(f_{t_n}, \hat{t}\right) = B_{5,k}\,& \mathrm{sinc}\left[B\left(\hat{t} - \frac{2r_{\mathrm{T},k}}{c}\right)\right]\mathrm{sinc}\left[\mathrm{CPI}\left(f_{t_n} + \frac{2v_{0,k}}{\lambda}\right)\right] \times \\
& \exp\left(-\mathrm{j}\frac{4\pi r_{\mathrm{T}}}{\lambda}\right) + S_{\mathrm{other}}\left(f_{t_n}, \hat{t}\right)
\end{aligned}
\quad (3\text{-}53)
$$

其中

$$S_{\mathrm{other}}\left(\tau, f_t\right) = \underset{t_n}{\mathrm{FT}}\left[\underset{f}{\mathrm{IFT}}\left(S_{\mathrm{other}}\left(f, t_n\right)\right)\right] \quad (3\text{-}54)$$

$B_{5,k}$ 为距离频率维傅里叶逆变换、慢时间维傅里叶变换后目标 k 的信号积累幅度。

KT 处理后，KT-MFP 方法通过多普勒模糊数-加速度域上的二维匹配搜索估计目标相应的运动参数。每个多普勒模糊数-加速度搜索值组合均对应一个积累处理结果。当目标多普勒模糊数和加速度的搜索值分别与真实值相匹配时，积累处理的输出达到峰值。因此，可以通过积累处理后的峰值位置，得到目标多普勒模糊数以及加速度的估计值。

需要指出的是，对于多目标场景，在 KT-MFP 方法的二维搜索过程中，当各个目标的回波强度相近时，可以根据积累峰值位置同时获得所有目标的多普勒模糊数和加速度的估计值，进而实现多个目标回波信号能量的相参积累。若多目标的回波强度差异较大，那么强目标积累峰值可能会"遮挡"弱目标的积累峰值。此时，可以结合采用 CLEAN 处理[9]，依次获得强目标与弱目标的相参积累结果。

当目标数量较多且幅度差异明显时，可以通过迭代 CLEAN 处理依次得到强、弱目标的峰值能量，此时多目标积累的计算复杂度较回波幅度相近时有所增加。

3.4.2 KT-MFP 方法的流程

KT-MFP 方法的主要步骤如下。

步骤 1 对雷达接收到的回波信号进行脉压处理，得到脉压后的频域回波信号；确定径向加速度搜索区间 $[a_{\min}, a_{\max}]$ 以及折叠因子搜索区间 $\left[N_{\mathrm{T,min}}, N_{\mathrm{T,max}}\right]$。

步骤 2 对频域回波信号进行 KT 处理，以校正目标非模糊速度引起的距离走动。

步骤 3 确定加速度及折叠因子的搜索步长，即 $\Delta a = \lambda/(2T^2)$、$\Delta n_{\mathrm{T}} = f_{\mathrm{c}}/(Nf_{\mathrm{s}})$（$f_{\mathrm{s}}$ 表示距离采样频率），则径向加速度的搜索数目为 $N_a = \mathrm{round}\left((a_{\max} - a_{\min})/\Delta a\right)$，折叠因子搜索数目为 $N_{\mathrm{T}} = \mathrm{round}\left((N_{\mathrm{T,max}} - N_{\mathrm{T,min}})/\Delta n_{\mathrm{T}}\right)$。

步骤 4 根据折叠因子搜索值和加速度搜索值，构建匹配滤波函数，随后对 KT 后的回波信号进行匹配滤波处理。

步骤 5 对匹配滤波处理后的回波信号沿距离频率方向做傅里叶逆变换，随后沿慢时间方向做傅里叶变换，得到相应的相参积累结果。

图 3-9 给出了 KT-MFP 方法的流程。此外，表 3-5 给出了 KT-MFP 方法实现过程的伪代码。

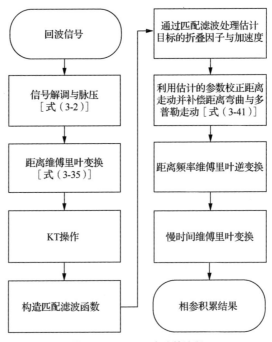

图 3-9 KT-MFP 方法的流程

表 3-5　KT-MFP 方法实现过程的伪代码

1. **输入**：雷达原始回波，折叠因子与加速度搜索范围 $[N_{\mathrm{T,min}}, N_{\mathrm{T,max}}]$、$[a_{\min}, a_{\max}]$。

2. **脉压**：首先对回波信号 $s_r(\tau, t_m)$ 进行脉压处理，随后对回波信号进行距离维傅里叶变换，得到脉压后的频域信号 $S_r(f, t_m)$，如式（3-35）所示。

3. **KT 操作**：对 $S_r(f, t_m)$ 做 KT 操作，得到 $S_{\mathrm{KT}}(t_n, f)$，如式（3-37）所示。

4. **匹配滤波**：在 $[N_{\mathrm{T,min}}, N_{\mathrm{T,max}}]$ 和 $[a_{\min}, a_{\max}]$ 中分别以搜索步长 Δn_{T} 和 Δa 遍历每个搜索值。

   for $n' = N_{\mathrm{T,min}}, \cdots, N_{\mathrm{T,max}}$ **do**

   for $a_2 = a_{\min}, \cdots, a_{\max}$ **do**

   　　将匹配滤波函数 $H_m(t_n, f; n', a_2)$ 与 $S_{\mathrm{KT}}(t_n, f)$ 相乘，得到 $S_{\mathrm{KT}}(t_n, f; n', a_2)$；

   　　对 $S_{\mathrm{KT}}(t_n, f; n', a_2)$ 做距离维傅里叶逆变换后再做慢时间维傅里叶变换，进行相参积累；

   　　记录积累的峰值；

   end

   end

   　　找到所记录积累峰值中的最大值，与其对应的多普勒模糊数与加速度搜索值即估计值，记为 $\hat{n}_{\mathrm{T}}$ 和 $\hat{a}_{\mathrm{T}}$。

5. **输出**：$(\hat{n}_{\mathrm{T}}, \hat{a}_{\mathrm{T}})$。

6. **相参积累**：利用估计值 $(\hat{n}_{\mathrm{T}}, \hat{a}_{\mathrm{T}})$ 补偿 $S_{\mathrm{KT}}(t_n, f)$，补偿后的回波信号为 $S_{\mathrm{match}}(t_n, f)$，如式（3-40）所示。对 $S_{\mathrm{match}}(t_n, f)$ 依次做距离频率维傅里叶逆变换和慢时间维傅里叶变换，可以得到相参积累结果 $s_{\mathrm{int}}(f, \hat{t})$，如式（3-42）所示。

3.4.3　计算复杂度分析

令 N、N_F、N_v 和 N_a 分别表示搜索距离单元、搜索多普勒模糊、搜索速度、搜索加速度的数目。KT-MFP 主要包含 KT 处理、二维匹配滤波处理、慢时间维傅里叶变换，其中 KT 处理需要 $MN\log_2(N/2) + (M^2 + 2M)N$ 次复乘运算和 $MN\log_2 N + (M + 2N)(M-1)$ 次复加运算；而二维匹配滤波处理、慢时间维傅里叶变换则需要 $N_F N_a MN\log_2(M/2)$ 次复乘运算和 $N_F N_a MN\log_2 M$ 次复加运算。此外，GRFT 是通过四维参数搜索抽取目标的回波信号[10]，进而实现能量的相参积累，因此需要进行 $MNN_v N_a$ 次复乘运算和 $(M-1)NN_v N_a$ 次复加运算。GRFT 与 KT-MFP 的总计算复杂度对比结果如表 3-6 所示。

表 3-6　GRFT 与 KT-MFP 的总计算复杂度对比结果

方法名称	复乘次数	复加次数
GRFT	$MNN_v N_a$	$(M-1)NN_v N_a$
KT-MFP	$MN\log_2(N/2) + (M^2 + 2M)N +$ $N_F N_a MN\log_2(M/2)$	$MN\log_2 N + (M + 2N)(M-1) +$ $N_F N_a MN\log_2 M$

我们通过仿真实验对比了 KT-MFP 与 GRFT 的计算复杂度，仿真参数如表 3-7

所示。两种方法的计算复杂度比值随积累脉冲数的变化曲线如图 3-10 所示。当积累脉冲数为 1000 时，GRFT 的计算复杂度是 KT-MFP 的 400 倍以上。因此，KT-MFP 的计算复杂度要低于 GRFT。

表 3-7　雷达系统参数设置 3

参数名称	取值
雷达载波频率	10GHz
带宽	1MHz
采样频率	5MHz
脉冲重复频率	200Hz
脉冲持续时间	100μs
积累脉冲数	201

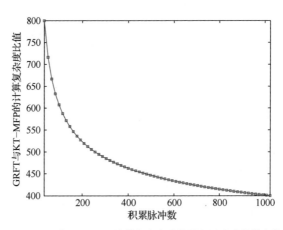

图 3-10　GRFT 与 KT-MFP 计算复杂度比值随积累脉冲数的变化曲线

3.4.4　运动轨迹分裂效应

在式（3-19）中，目标的多普勒欠采样现象可以分为两种情况：一种是多普勒频谱完全位于同一个脉冲重复频率（Pulse Repetition Frequency，PRF）频带内；另一种是多普勒频谱跨越两个相邻的 PRF 频带。

假设共有 k 个 PRF 频带。对于第一种情况，由于没有发生频带跨越，目标的能量谱会集中在第 $k-1$ 个 PRF 频带中，如图 3-11（a）所示。此时，多普勒中心频率 f_{center} 应满足以下公式：

$$\frac{f_p + B_d}{2} + (k-1)f_p < f_{center} \leqslant \frac{f_p - B_d}{2} + kf_p \tag{3-55}$$

其中，B_{d} 为目标的多普勒带宽，f_{p} 为脉冲重复频率。此时，对脉压后回波直接进行 KT 操作，目标回波信号能量（运动轨迹）将沿着一条连续曲线分布。

对于第二种情况，多普勒频谱将被分成两部分：第一部分位于第 $k-1$ 个 PRF 频带中，第二部分位于第 k 个 PRF 频带中，如图 3-11（b）所示。多普勒中心频率 f_{center} 应满足：

$$\frac{f_{\mathrm{p}}-B_{\mathrm{d}}}{2}+\left(k-1\right)f_{\mathrm{p}}<f_{\mathrm{center}}\leqslant\frac{f_{\mathrm{p}}+B_{\mathrm{d}}}{2}+\left(k-1\right)f_{\mathrm{p}} \tag{3-56}$$

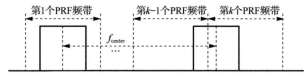

（a）第一种情况：多普勒频谱位于一个PRF频带中

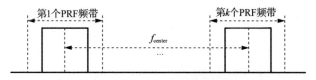

（b）第二种情况：多普勒频谱分布在两个相邻的PRF频带中

图 3-11　慢时间方向的多普勒频谱分布

此时，若直接进行 KT 操作，目标运动轨迹会被分成两段不连续的曲线，即发生运动轨迹分裂效应，从而影响后续的一阶距离走动校正与相参积累结果。

为解决上述问题，我们需要在 KT 操作前利用补偿函数对回波信号进行 $f_{\mathrm{p}}/2$ 的频谱搬移，补偿函数的表达式为：

$$H_{\mathrm{shift}}\left(f,t_{m}\right)=\exp\left[\frac{-\mathrm{j}\pi\left(f+f_{\mathrm{c}}\right)}{f_{\mathrm{c}}T}\right] \tag{3-57}$$

经过搬移操作，多普勒频谱会集中在同一个 f_{p} 频带中，拼接复合后的运动轨迹会变成连续的一段曲线。

上述两种情况成立的前提均是基于 $B_{\mathrm{d}}\leqslant f_{\mathrm{p}}/2$ 的假设；若 $B_{\mathrm{d}}>f_{\mathrm{p}}/2$，可以通过慢时间去斜[11]等方法来解决运动轨迹分裂问题。

3.4.5　仿真验证

为了验证 KT-MFP 方法的有效性和可行性，本小节给出多组数值仿真实验，包括单目标相参积累、多目标相参积累、运动轨迹分裂及补偿，以及目标检测性能。本小节仍然使用表 3-7 中的雷达系统参数。

1. 单目标相参积累

首先，我们仿真分析了 KT-MFP 方法的单目标相参积累性能。目标的运动参数分别为：初始距离单元 $r_0 = 500$ （对应初始距离为 135km ）、径向速度 $a_1 = 3000.8\,\text{m/s}$ 、径向加速度 $a_2 = 310\,\text{m/s}^2$ ，脉压后的回波信号 SNR 为 6dB。仿真结果如图 3-12 所示。具体来说，图 3-12（a）给出了回波信号的脉压结果。由于目标速度与加速度的影响，探测时间内目标发生了距离走动：能量分布在不同距离单元内。KT 处理后，基于二维搜索的匹配滤波处理结果如图 3-12（b）所示，峰值位置对应的是目标折叠因子与径向加速度的估计值，分别为 1000 和 310（单位为 m/s^2 ）。

利用估计得到的折叠因子与径向加速度，我们可以校正补偿目标残余的距离走动和多普勒走动，校正结果如图 3-12（c）所示。此时目标能量分布在同一个距离单元内。随后，通过慢时间维傅里叶变换，即可实现校正补偿后的目标回波信号能量的相参积累，积累结果如图 3-12（d）所示。此时，目标回波信号能量得到有效积累并形成明显的峰值，有利于后续的目标检测。

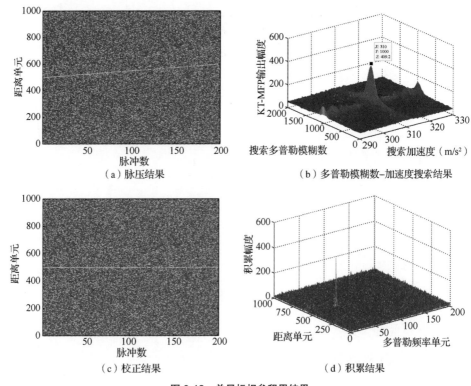

图 3-12　单目标相参积累结果

　　为了对比，图 3-13 展示了 RFT、IAR-FRFT[12]、KT-FRFT[13] 以及 GRFT 的积累处理结果。其中，图 3-13（a）所示为 RFT 的积累结果。RFT 只适用于匀速运动高速目标的线性距离走动校正与信号积累。对于匀加速运动高速目标，目标加速度会引起距离弯曲与多普勒走动，导致 RFT 无法对目标回波信号能量进行有效积累。图 3-13（b）和图 3-13（c）分别为 IAR-FRFT 和 KT-FRFT 的积累结果。IAR-FRFT 和 KT-FRFT 两种方法都无法校正距离弯曲，致使相参积累性能有所下降，进而影响目标检测性能（如图 3-13 所示）。图 3-13（d）所示为 GRFT 的积累结果。虽然 GRFT 能够较好地积累目标能量并压低噪声电平，但其计算复杂度高于 KT-MFP。总的来说，KT-MFP 的计算效率优于 GRFT，积累性能优于 RFT、IAR-FRFT 以及 KT-FRFT。

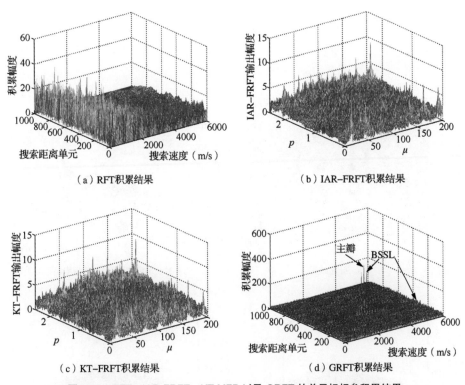

（a）RFT积累结果　　　　　　　　　（b）IAR-FRFT积累结果

（c）KT-FRFT积累结果　　　　　　　　（d）GRFT积累结果

图 3-13　RFT、IAR-FRFT、KT-MFP 以及 GRFT 的单目标相参积累结果

2．多目标相参积累

　　其次，我们仿真分析了 KT-MFP 方法的多目标相参积累性能。考虑两个目标：目标 A 和目标 B，其运动参数如表 3-8 所示。脉压后的回波信号 SNR 均设置为 6dB。

表 3-8 目标 A 和目标 B 的运动参数

运动参数	目标 A	目标 B
初始径向距离单元	200	230
径向速度	3300.72m/s	1800.65m/s
径向加速度	305m/s²	295m/s²

仿真结果如图 3-14 所示。其中，图 3-14（a）所示为目标 A 和目标 B 的脉压结果。由于目标速度和加速度的影响，两个目标的回波信号能量分散在不同距离单元中，产生了距离走动。图 3-14（b）所示为 MFP 与慢时间维傅里叶变换后的多普勒模糊数-加速度搜索结果。我们根据两个能量峰值位置可以得到目标 A 和目标 B 的多普勒模糊数和加速度估计值。随后，利用参数估计值可以分别校正补偿两个目标的距离走动与多普勒走动。最后，我们通过慢时间维傅里叶变换即可获得目标 A 和目标 B 的积累结果，分别如图 3-14（c）和图 3-14（d）所示。

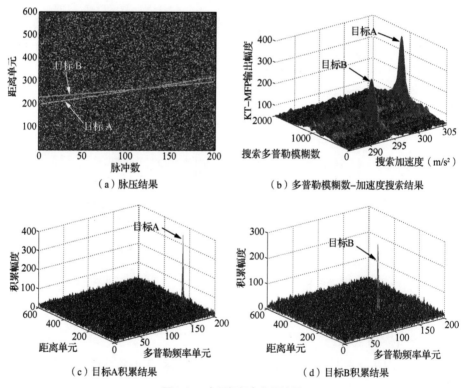

（a）脉压结果　　　　　　　　（b）多普勒模糊数–加速度搜索结果

（c）目标A积累结果　　　　　　　（d）目标B积累结果

图 3-14　多目标相参积累结果

3. 运动轨迹分裂及补偿

此外，我们还通过仿真实验分析了运动轨迹分裂的影响并验证了第 3.4.4 小节所给出的补偿方法的有效性。雷达系统参数设置为：载频 $f_c = 2.4\,\text{GHz}$，雷达带宽 $B = 40\,\text{MHz}$，采样频率 $f_s = 60\,\text{MHz}$，脉冲重复频率 $f_p = 1500\,\text{Hz}$，脉冲宽度 $T_p = 1\mu\text{s}$，总脉冲数 $M = 1500$。目标的运动参数为：初始距离单元 $r_0 = 150$，目标速度 $a_1 = 130\,\text{m/s}$，目标加速度 $a_2 = 21\,\text{m/s}^2$，脉压后 SNR 为 6dB，仿真结果如图 3-15 和图 3-16 所示。

其中，对脉压回波信号直接进行 KT 处理的结果如图 3-15（a）所示。可以看到，经过 KT 处理后目标的运动轨迹分裂成两部分，目标能量分布在两个相邻的 PRF 频带内。对图 3-15（a）中的回波信号进行 MFP 和慢时间维傅里叶变换处理，距离走动校正结果如图 3-15（b）所示，只有部分目标回波信号的距离走动得到校正，运动轨迹分裂仍然存在。图 3-15（c）给出了慢时间维傅里叶变换后的相参积累结果，由于运动轨迹分裂，积累处理形成两个能量峰值，最高峰值为 1150。

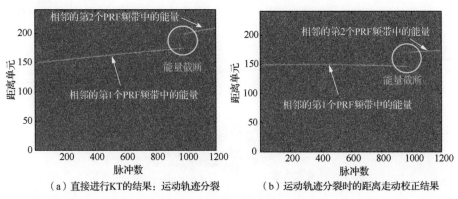

（a）直接进行 KT 的结果：运动轨迹分裂　　　（b）运动轨迹分裂时的距离走动校正结果

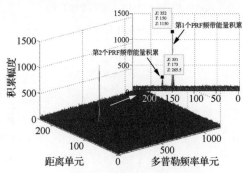

（c）运动轨迹分裂时的相参积累结果

图 3-15　运动轨迹分裂的影响

图 3-16（a）所示为运动轨迹分裂补偿后的 KT 处理结果。此时，分裂效应被补偿，回波信号能量分布在同一个 PRF 频带中。图 3-16（b）所示为目标的距离走动校正结果，目标的所有回波信号能量都分布在同一个距离单元内。对图 3-16（b）中距离走动校正后的回波信号沿慢时间维进行傅里叶变换处理，相参积累结果如图 3-16（c）所示。由于运动轨迹分裂得到补偿，此时积累能量峰值（2001）远高于图 3-15（c）所示的结果。

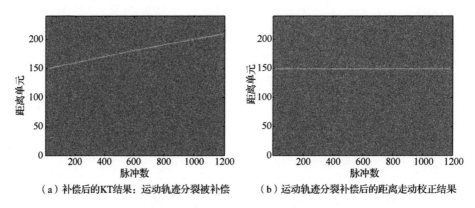

（a）补偿后的KT结果：运动轨迹分裂被补偿　　　（b）运动轨迹分裂补偿后的距离走动校正结果

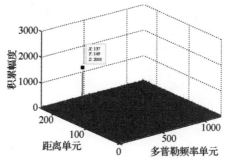

（c）运动轨迹分裂补偿后的相参积累结果

图 3-16　运动轨迹分裂补偿

4．目标检测性能

最后，我们通过蒙特卡洛实验对比了 RFT、IAR-FRFT、KT-FRFT、GRFT 以及 KT-MFP 方法的目标检测性能，仿真实验结果如图 3-17 所示。KT-MFP 的检测性能优于 KT-FRFT、IAR-FRFT 以及 RFT：当检测概率为 0.8 时，KT-MFP 所需的 SNR 分别比 RFT、IAR-FRFT 和 KT-FRFT 低约 18.2dB 和 8.1dB 和 8.9dB。与 GRFT 相比，KT-MFP 的检测性能损失约 1dB，原因在于：KT 处理采用辛格插值实现，存在一定的插值损失。

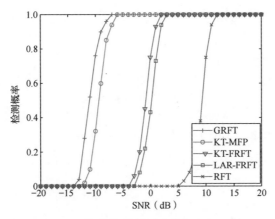

图 3-17　目标的检测性能（虚警概率为 10^{-4}）

3.5　SAF-SFT 相参积累方法

RLVD、KTLVD 和 KT-MFP 这 3 种方法在相参积累过程中，都需要进行多维参数（如距离、速度、加速度、折叠因子等）搜索，计算复杂度较大。为了进一步降低计算代价，本节介绍无须参数搜索的 SAF-SFT 方法。

3.5.1　SAF-SFT 方法的原理

SAF-SFT 方法主要通过两次 SAF 和 SFT 处理，实现回波信号积累与目标初始距离、径向速度以及加速度的估计。为了便于分析，下面以目标 i 为例，进行 SAF-SFT 方法的介绍。

1. 距离与速度估计

首先，为了校正目标加速度引起的距离弯曲，对目标 i 的回波[形式如式（3-47）所示]进行广义梯形变换（Generalized Keystone Transform，GKT），即在慢时间-距离频率域做如下变换：

$$t_m = [f_c / (f + f_c)]^{1/2} u_m \tag{3-58}$$

结合式（3-58）和式（3-47）可得：

$$
\begin{aligned}
S(f, u_m) = {}& B_{2i} \mathrm{rect}\left(\frac{f}{B}\right) \exp\left[-\mathrm{j}4\pi(f_c + f)\frac{r_\mathrm{T}}{c}\right] \times \\
& \exp\left[-\mathrm{j}4\pi f \frac{n_\mathrm{T} v_a u_m}{c}\left(\frac{f_c}{f_c + f}\right)^{1/2}\right] \times \\
& \exp\left[-\mathrm{j}4\pi\left(1 + \frac{f}{f_c}\right)^{1/2} f_c \frac{v_0 u_m}{c}\right] \exp\left(-\mathrm{j}4\pi\frac{a_\mathrm{T} u_m^2}{\lambda}\right)
\end{aligned}
\tag{3-59}
$$

对 $f[f_c/(f_c+f)]^{1/2}$ 和 $(1+f/f_c)^{1/2}$ 分别进行一阶泰勒展开，有：

$$f\left[\frac{f_c}{f_c+f}\right]^{1/2} \approx f \tag{3-60}$$

$$\left(1+\frac{f}{f_c}\right)^{1/2} \approx 1+\frac{f}{2f_c} \tag{3-61}$$

将式（3-60）和式（3-61）代入式（3-59）中得：

$$S(f,u_m) \approx B_{2i}\mathrm{rect}\left(\frac{f}{B}\right)\exp\left(-\mathrm{j}4\pi f\frac{r_T+V_Tu_m}{c}\right)\times$$
$$\exp\left(-\mathrm{j}4\pi\frac{r_T+v_0u_m+a_Tu_m^2}{\lambda}\right) \tag{3-62}$$

其中

$$V_T = n_Tv_a + 0.5v_0 \tag{3-63}$$

从式（3-62）可以看到：目标加速度与距离频率之间的耦合已经得到去除；由加速度引起的距离弯曲得到校正。然而，目标速度引起的线性距离走动仍然存在。

为了校正速度引起的距离走动，我们构建如下的 SAF[14]：

$$R(f,f_n,u_m) = S(f+f_n,u_m)S^*(f-f_n,u_m) \tag{3-64}$$

其中，$*$ 表示共轭操作，f_n 是与 f 相对应的频率偏移量。

将式（3-62）代入式（3-64）中得：

$$R(f,f_n,u_m) = B_{2i}^2\exp\left(-\mathrm{j}8\pi f_n\frac{r_T}{c}\right)\times$$
$$\exp\left(-\mathrm{j}8\pi f_n\frac{V_Tu_m}{c}\right)\exp(-\mathrm{j}2\pi0f) \tag{3-65}$$

式（3-65）表明：我们可以通过沿 f 方向的加法运算实现该方向上信号能量的积累。加法运算完成后，有：

$$R(f_n,u_m) = \mathrm{add}_f[R(f,f_n,u_m)]$$
$$= \mathrm{add}_f\left[B_{2i}^2\exp\left(-\mathrm{j}8\pi f_n\frac{r_T}{c}\right)\exp\left(-\mathrm{j}8\pi f_n\frac{V_Tu_m}{c}\right)\right] \tag{3-66}$$
$$= QB_{2i}^2\exp\left(-\mathrm{j}8\pi f_n\frac{r_T}{c}\right)\exp\left(-\mathrm{j}8\pi f_n\frac{V_Tu_m}{c}\right)$$

其中，$\mathrm{add}_f[\cdot]$ 表示沿 f 方向的加法运算，Q 为积累增益。

式（3-66）中 f_n 与 u_m 相互耦合。为了消除该耦合，对式（3-66）沿 u_m 方向做 SFT[14]：

$$P(f_n,f_{ds}) = \mathrm{SFT}_{u_m}[R(f_n,u_m)]$$
$$= \int_{u_m}R(f_n,u_m)\exp(-\mathrm{j}2\pi f_{ds}\xi_1f_nu_m)\mathrm{d}u_m \tag{3-67}$$

其中，f_{ds} 是与 u_m 相对应的尺度化多普勒频率，$\text{SFT}_{u_m}[\cdot]$ 表示变尺度傅里叶变换，ξ_1 是一个常系数。

将式（3-66）代入式（3-67），有：

$$P(f_n,f_{ds}) = QB_{2i}^2 \exp\left(-\text{j}8\pi f_n \frac{r_{\text{T}}}{c}\right) \times$$

$$\int_{u_m} \exp\left[-\text{j}2\pi\left(\frac{4V_{\text{T}}u_m}{c}f_n + f_{ds}\xi_1 f_n u_m\right)\right]\text{d}u_m \qquad (3\text{-}68)$$

$$= QB_{2i}^2 \exp\left(-\text{j}8\pi f_n \frac{r_{\text{T}}}{c}\right)\delta\left(f_{ds} + \frac{4V_{\text{T}}}{c\xi_1}\right)$$

对式（3-68）沿 f_n 方向做傅里叶逆变换，有：

$$P(t_r,f_{ds}) = B_{3i}\delta\left(t_r - \frac{4r_{\text{T}}}{c}\right)\delta\left(f_{ds} + \frac{4V_{\text{T}}}{\xi_1 c}\right) \qquad (3\text{-}69)$$

其中，t_r 是与频率偏移量相对应的快时间，$B_{3i} = 2\pi QB_{2i}^2$ 为傅里叶逆变换后的信号幅度。根据式（3-69）中的峰值位置，可以得到目标初始径向距离的估计值 $\hat{r}_{\text{T}}$ 以及径向速度的估计值 $\hat{V}_{\text{T}}$。

2．加速度估计

利用估计得到的径向速度 $\hat{V}_{\text{T}}$，构建相位补偿函数：

$$H(f,u_m;\hat{V}_{\text{T}}) = \exp\left(\frac{\text{j}4\pi f\hat{V}_{\text{T}}u_m}{c}\right) \qquad (3\text{-}70)$$

将式（3-62）乘式（3-70）得：

$$S_c(f,u_m) = B_{2i}\text{rect}\left(\frac{f}{B}\right)\exp\left(-\text{j}4\pi f\frac{r_{\text{T}}}{c}\right) \times$$

$$\exp\left(-\text{j}4\pi\frac{r_{\text{T}} + v_0 u_m + a_{\text{T}}u_m^2}{\lambda}\right) \qquad (3\text{-}71)$$

对式（3-71）沿 f 方向做傅里叶逆变换，有：

$$s_c(\hat{t},u_m) = B_{4i}\text{sinc}\left[B\left(\hat{t} - \frac{2r_{\text{T}}}{c}\right)\right]\exp\left(-\text{j}4\pi\frac{r_{\text{T}} + v_0 u_m + a_{\text{T}}u_m^2}{\lambda}\right) \qquad (3\text{-}72)$$

其中，$B_{4i} = 2\pi B_{2i}$。

由式（3-72）可以看出，剩余的距离走动都得到了校正，目标信号能量分布在与 r_{T} 对应的距离单元内。因此，我们可以根据初始径向距离的估计值 $\hat{r}_{\text{T}}$，抽取出目标回波：

$$s(u_m) = B_{4i}\exp\left(-\text{j}4\pi\frac{r_{\text{T}} + v_0 u_m + a_{\text{T}}u_m^2}{\lambda}\right) \qquad (3\text{-}73)$$

式（3-73）的 SAF 为：

$$X(u_m, \tau_n) = s(u_m + \tau_n)s^*(u_m - \tau_n)$$
$$= B_{4i}^2 \exp\left[-j2\pi\left(\frac{4v_0\tau_n}{\lambda} + \frac{8a_T u_m \tau_n}{\lambda}\right)\right] \quad (3-74)$$

其中，τ_n 为时间间隔变量。

对式（3-74）沿 u_m 维进行尺度傅里叶变换，有：

$$P_2(f_t, \tau_n) = \mathrm{SFT}_{u_m}[X(u_m, \tau_n)]$$
$$= \int_{u_m} X(u_m, \tau_n)\exp(-j2\pi\xi_2 f_t \tau_n u_m)\mathrm{d}u_m$$
$$= B_{4i}^2 \exp\left(-j2\pi\tau_n\frac{4v_0}{\lambda}\right) \times \quad (3-75)$$
$$\int_{u_m} \exp\left[-j2\pi\left(\frac{8a_T u_m}{\lambda}\tau_n + \xi_2 f_t \tau_n u_m\right)\right]\mathrm{d}u_m$$
$$= B_{4i}^2 \exp\left(-j2\pi\tau_n\frac{4v_0}{\lambda}\right)\delta\left(f_t + \frac{8a_T}{\xi_2\lambda}\right)$$

其中，ξ_2 为一个常系数。

式（3-75）沿 τ_n 方向做傅里叶变换，得：

$$X_f(f_t, f_\tau) = B_{5i}\delta\left(f_\tau + \frac{4v_0}{\lambda}\right)\delta\left(f_t + \frac{8a_T}{\xi_2\lambda}\right) \quad (3-76)$$

其中，$B_{5i} = 2\pi B_{4i}^2$。

由式（3-76）可以看出，傅里叶变换后目标信号能量在 $f_t - f_\tau$ 域积累并形成峰值；通过峰值位置可以得到目标非模糊速度的估计值 $\hat{v}_0$ 以及加速度的估计值 $\hat{a}_T$，进而得到目标真实速度的估计值：

$$\hat{v}_T = \hat{V}_T + 0.5\hat{v}_0 \quad (3-77)$$

SAF-SFT 方法的处理流程如图 3-18 所示，主要步骤如下。

步骤 1 对脉压后的雷达回波做快时间维傅里叶变换，得到慢时间-距离频率域的回波信号。

步骤 2 对慢时间-距离频率回波进行 GKT，以校正目标加速度引起的距离走动。

步骤 3 对 GKT 后的回波信号进行 SAF 处理，随后沿距离频率 f 方向进行加法操作。

步骤 4 进行 SFT 处理，随后沿 f_n 方向做傅里叶逆变换，进而估计目标初始距离和径向速度。

步骤 5 利用估计得到的目标径向速度，构建相位补偿函数，完成剩余距离走动的校正。

步骤 6　根据估计得到的目标初始距离，提取相应的回波信号。

步骤 7　对提取出的回波信号依次进行 SAF 和 SFT 处理，随后沿 τ_n 方向进行傅里叶变换，进而估计出目标加速度。

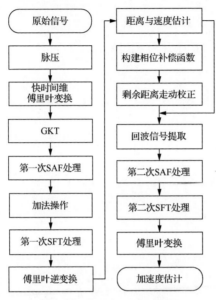

图 3-18　SAF-SFT 方法的流程

3. 尺度系数的设置

如式（3-69）和式（3-76）所示，目标速度和加速度可以分别通过 $P(t_r, f_{ds})$ 和 $X_f(f_i, f_\tau)$ 的峰值估计得到。为了保证速度和加速度的估计不产生模糊问题，令 $4V_T/(\xi_1 c)$ 和 $8a_T/(\xi_2\lambda)$ 的最大值分别不超过多普勒频率范围与调频率范围：

$$\frac{4V_{T,max}}{\xi_1 c} \leqslant \frac{f_p}{2} \tag{3-78}$$

$$\frac{8a_{T,max}}{\xi_2 \lambda} \leqslant \frac{f_p}{2} \tag{3-79}$$

则

$$\xi_1 \geqslant \frac{8V_{T,max}}{cf_p} \tag{3-80}$$

$$\xi_2 \geqslant \frac{16a_{T,max}}{\lambda f_p} \tag{3-81}$$

在分别满足式（3-80）和式（3-81）的基础上，尺度系数 ξ_1 和 ξ_2 可以选择尽量小的值，以提高估计精度。

3.5.2 交叉项分析

第 3.5.1 小节中关于 SAF-SFT 方法的分析是基于单目标场景。多目标时，由于式（3-64）和式（3-74）的两次 SAF 处理，将出现交叉项。下面，我们依次分析两次 SAF 处理过程的交叉项。

1. 第一次 SAF 处理中的交叉项

与式（3-20）类似，K 个目标的雷达回波经过脉压处理后，其频域形式可表示为：

$$
\begin{aligned}
S(f,t_m) = \sum_{i=1}^{K} B_{2i}\,\mathrm{rect}\!\left(\frac{f}{B}\right) \exp\!\left(-\mathrm{j}4\pi f\,\frac{n_{\mathrm{T},i}v_a t_m}{c}\right) \times \\
\exp\!\left[-\mathrm{j}4\pi(f_c+f)\,\frac{r_{\mathrm{T},i}+v_{0,i}t_m+a_{\mathrm{T},i}t_m^2}{c}\right]
\end{aligned}
\tag{3-82}
$$

其中，$n_{\mathrm{T},i}$ 为目标的折叠因子，$r_{\mathrm{T},i}$、$v_{0,i}$ 与 $a_{\mathrm{T},i}$ 分别为目标的初始径向距离、非模糊速度以及径向加速度。

GKT 处理后的回波信号为：

$$
\begin{aligned}
S(f,u_m) \approx \sum_{i=1}^{K} B_{2i}\,\mathrm{rect}\!\left(\frac{f}{B}\right) \exp\!\left(-\mathrm{j}4\pi f\,\frac{r_{\mathrm{T},i}+V_{\mathrm{T},i}u_m}{c}\right) \times \\
\exp\!\left(-\mathrm{j}4\pi\,\frac{r_{\mathrm{T},i}+v_{0,i}u_m+a_{\mathrm{T},i}u_m^2}{\lambda}\right)
\end{aligned}
\tag{3-83}
$$

其中，$V_{\mathrm{T},i}=n_{\mathrm{T},i}v_a+0.5v_{0,i}$。

式（3-83）的 SAF 为：

$$
\begin{aligned}
R(f,f_n,u_m) = \sum_{i=1}^{K} B_{2i}^2 \exp\!\left(-\mathrm{j}8\pi f_n\,\frac{r_{\mathrm{T},i}}{c}\right) \exp\!\left(-\mathrm{j}8\pi f_n\,\frac{V_{\mathrm{T},i}u_m}{c}\right) + \\
R_{\mathrm{cross},1}(f,f_n,u_m)+R_{\mathrm{cross},2}(f,f_n,u_m)
\end{aligned}
\tag{3-84}
$$

其中

$$
\begin{aligned}
R_{\mathrm{cross},1}(f,f_n,u_m) = \sum_{p=1}^{K}\sum_{q=1,q\neq p}^{K} B_{2p}B_{2q} \times \\
\exp\!\left[-\mathrm{j}4\pi f_n\,\frac{(r_{\mathrm{T},p}+r_{\mathrm{T},q})+(V_{\mathrm{T},p}+V_{\mathrm{T},q})u_m}{c}\right] \times \\
\exp\!\left[-\mathrm{j}4\pi f\,\frac{(r_{\mathrm{T},p}-r_{\mathrm{T},q})+(V_{\mathrm{T},p}-V_{\mathrm{T},q})u_m}{c}\right] \times \\
\exp\!\left[-\mathrm{j}4\pi\,\frac{(r_{\mathrm{T},p}-r_{\mathrm{T},q})+(v_{0,p}-v_{0,q})u_m+2(a_{\mathrm{T},p}-a_{\mathrm{T},q})u_m^2}{\lambda}\right]
\end{aligned}
\tag{3-85}
$$

$$R_{\text{cross},2}(f_r, f_n, u_m) = \sum_{p=1}^{K} \sum_{q=1, q\neq p}^{K} B_{2p} B_{2q} \times$$

$$\exp\left[-j4\pi f_n \frac{(r_{\text{T},p} + r_{\text{T},q}) + (V_{\text{T},p} + V_{\text{T},q})u_m}{c} \right] \times$$

$$\exp\left[j4\pi f \frac{(r_{\text{T},p} - r_{\text{T},q}) + (V_{\text{T},p} - V_{\text{T},q})u_m}{c} \right] \times \qquad (3\text{-}86)$$

$$\exp\left[j4\pi \frac{(r_{\text{T},p} - r_{\text{T},q}) + (v_{0,p} - v_{0,q})u_m + 2(a_{\text{T},p} - a_{\text{T},q})u_m^2}{\lambda} \right]$$

根据欧拉公式：

$$\exp(j\varphi) + \exp(-j\varphi) = 2\cos\varphi \qquad (3\text{-}87)$$

可得：

$$R_{\text{cross},1}(f, f_n, u_m) + R_{\text{cross},2}(f, f_n, u_m)$$

$$= 2\sum_{p=1}^{K} \sum_{q=1, q\neq p}^{K} B_{2p} B_{2q} \exp\left[-j4\pi f_n \frac{(r_{\text{T},p} + r_{\text{T},q}) + (V_{\text{T},p} + V_{\text{T},q})u_m}{c} \right] \times$$

$$\cos\left[4\pi \left(f \frac{(r_{\text{T},p} - r_{\text{T},q}) + (V_{\text{T},p} - V_{\text{T},q})u_m}{c} + \right.\right. \qquad (3\text{-}88)$$

$$\left.\left. \frac{(r_{\text{T},p} - r_{\text{T},q}) + (v_{0,p} - v_{0,q})u_m + 2(a_{\text{T},p} - a_{\text{T},q})u_m^2}{\lambda} \right) \right]$$

由式（3-88）可以看出，余弦函数的存在会抑制加法和 SFT 处理中交叉项的积累。同时，通过沿 f 方向的加法运算和 SFT 可以很好地积累自聚焦项。只有当 $r_{\text{T},p} = r_{\text{T},q}$、$V_{\text{T},p} = V_{\text{T},q}$、$v_{0,p} = v_{0,q}$、$a_{\text{T},p} = a_{\text{T},q}$ 时，余弦函数才能被消除。这就意味着此时目标 p 和目标 q 为同一目标。因此，交叉项不能像自聚焦项般积累。下面通过仿真示例 3-1 进行说明。

仿真示例 3-1 考虑两个高速机动目标（目标 1 和目标 2），目标 1 的运动参数为：初始径向距离单元 $n_{r1} = 200$，径向速度 $v_{\text{T},1} = 1500\text{m/s}$，径向加速度 $a_{\text{T},1} = 15\text{m/s}^2$。目标 2 的运动参数为：初始径向距离单元 $n_{r2} = 320$，径向速度 $v_{\text{T},2} = -1650\text{m/s}$，径向加速度 $a_{\text{T},2} = -15\text{m/s}^2$。雷达参数为：载频 $f_c = 1\text{GHz}$，带宽 $B = 5\text{MHz}$，采样频率 $f_s = 5\text{MHz}$，脉冲重复频率 $f_p = 1000\text{Hz}$，脉冲持续时间 $T_p = 20\mu\text{s}$，积累脉冲数 $N = 2001$，尺度系数 $\xi_1 = 2.5 \times 10^{-7}$、$\xi_2 = 1$。

仿真结果如图 3-19 所示，其中图 3-19（a）所示为脉压后的回波信号。可以看到，积累时间内目标信号能量分布于多个距离单元。经过式（3-64）的 SAF 和式（3-68）的 SFT 处理后，结果如图 3-19（b）所示。随后进行傅里叶逆变换，得到目标在距离-速度域的能量谱，如图 3-19（c）所示。图 3-19（c）中出现了两个峰值，分别对应目标 1 和目标 2，这表明目标自聚焦项能量获得有效积累，而交叉项得到有效抑制。

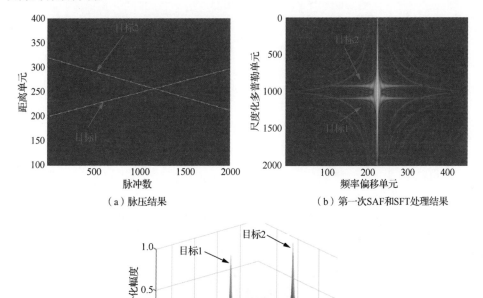

（a）脉压结果　　　　　　　　　（b）第一次 SAF 和 SFT 处理结果

（c）距离–速度域积累结果

图 3-19　多目标场景下的第一次 SAF 和 SFT 处理仿真结果

2．第二次 SAF 处理中的交叉项

由式（3-71）～式（3-73）可以看出，当各个目标具有相同的初始径向距离和径向速度时，距离走动校正后提取出的回波信号为多个 LFM 信号之和：

$$s(u_m) = \sum_{i=1}^{K} B_{4i} \exp\left(-j4\pi \frac{r_{T,i} + v_{0,i} u_m + a_{T,i} u_m^2}{\lambda} \right) \tag{3-89}$$

式（3-89）的 SAF 为：

$$X(u_m, \tau_n) = s(u_m + \tau_n) s^*(u_m - \tau_n)$$
$$= \sum_{i=1}^{K} B_{4i}^2 \exp\left[-j2\pi \left(\frac{4 v_{0,i} \tau_n}{\lambda} + \frac{8 a_{T,i} u_m \tau_n}{\lambda} \right) \right] + X_{\text{cross}}(u_m, \tau_n) \tag{3-90}$$

其中

$$X_{\text{cross}}(u_m, \tau_n) = \sum_{p=1}^{K} \sum_{q=1, q \neq p}^{K} B_{4p} B_{4q} \exp\left[-j\frac{4\pi}{\lambda}(r_{\text{T},p} - r_{\text{T},q})\right] \times$$

$$\exp\left[-j\frac{4\pi}{\lambda}(v_{0,p} - v_{0,q})u_m\right] \times$$

$$\exp\left[-j\frac{4\pi}{\lambda}(v_{0,p} + v_{0,q})\tau_n\right] \times$$

$$\exp\left[-j\frac{4\pi}{\lambda}(a_{\text{T},p} - a_{\text{T},q})u_m^2\right] \times \qquad (3\text{-}91)$$

$$\exp\left[-j\frac{4\pi}{\lambda}(a_{\text{T},p} - a_{\text{T},q})\tau_n^2\right] \times$$

$$\exp\left[-j\frac{4\pi}{\lambda}2(a_{\text{T},p} + a_{\text{T},q})u_m\tau_n\right]$$

对式（3-90）沿 u_m 维和 τ_n 维分别进行 SFT 和傅里叶变换，可得：

$$X_{\text{f}}(f_\tau, f_t) = \sum_{i=1}^{K} B_{5i}\delta\left(f_\tau + \frac{4v_{0,i}}{\lambda}\right)\delta\left(f_t + \frac{8a_{\text{T},i}}{\xi_2\lambda}\right) + \qquad (3\text{-}92)$$

$$\text{FT}_{\tau_n}\left[\int_{u_m} X_{\text{cross}}(u_m, \tau_n)\exp(-j2\pi\xi_2 f_t \tau_n u_m)\mathrm{d}u_m\right]$$

从式（3-90）和式（3-91）可以看出，自聚焦项都是关于 u_m 和 τ_n 的一阶相位函数，而交叉项则都是关于 u_m 和 τ_n 的二阶相位函数。因此，自聚焦项可以通过 SFT 和傅里叶变换处理实现能量积累，而交叉项却不能通过 SFT 和傅里叶变换实现能量的积累，这十分有利于交叉项的抑制。下面通过仿真示例 3-2 进行说明。

仿真示例 3-2　考虑两个高速机动目标（目标 3 和目标 4），目标 3 的运动参数为：初始径向距离单元 $n_{r,3} = 200$，径向速度 $v_{\text{T},3} = 1500\text{m}/\text{s}$，径向加速度 $a_{\text{T},3} = -15\text{m}/\text{s}^2$。目标 4 的运动参数为：初始径向距离单元 $n_{r,4} = 200$，径向速度 $v_{\text{T},4} = 1500\text{m}/\text{s}$，径向加速度 $a_{\text{T},4} = 15\text{m}/\text{s}^2$。其他参数和仿真示例 3-1 相同。

仿真结果如图 3-20 所示。其中，图 3-20（a）展示了脉压后的回波信号；由于目标 3 和目标 4 具有相同的初始距离单元和径向速度，只是加速度不同，因此目标 3 和目标 4 的运动轨迹非常接近。图 3-20（b）展示了第一次 SAF 处理后的结果。图 3-20（c）展示了傅里叶逆变换后的距离-速度域的能量谱结果：由于初始距离和速度相同，目标 3 和目标 4 的能量谱对应同一位置。距离走动校正后的结果如图 3-20（d）所示。此时，目标 3 和目标 4 的信号能量分布在同一个距离单元内。经过第二次 SAF 和 SFT 处理后，加速度域的目标能量谱如图 3-20（e）所示。我们可以看到，目标 3 和目标 4 的信号能量实现了有效积累，并形成了两个明显的峰值。

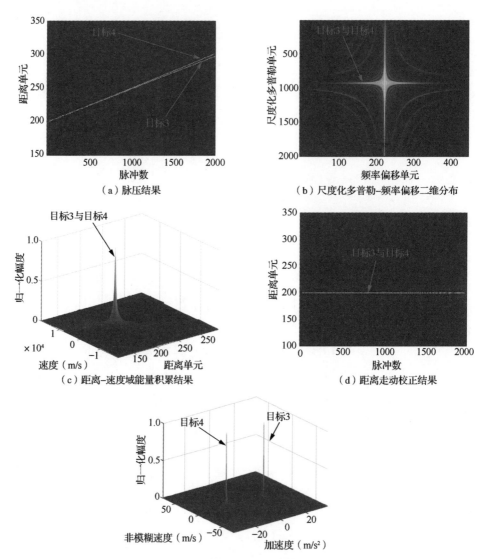

（a）脉压结果

（b）尺度化多普勒–频率偏移二维分布

（c）距离–速度域能量积累结果

（d）距离走动校正结果

（e）加速度–非模糊速度域的能量积累仿真结果

图 3-20　多目标场景下的第二次 SAF 处理结果

3.5.3　仿真验证

为了验证 SAF-SFT 方法的有效性，本小节对该方法进行仿真分析，雷达系统参数与仿真示例 3-1 相同。

1. 单目标相参积累

首先，我们仿真分析了 SAF-SFT 方法的单目标相参积累性能。目标运动参数为：初始距离单元为 200，径向速度为 1500m/s，加速度为 15m/s²。脉压后的雷达回波如图 3-21（a）所示。第一次 SAF 与 SFT 处理后，距离-速度域的目标能量谱如图 3-21（b）所示，其峰值位置对应目标的初始径向距离与速度。利用估计得到的目标速度，我们可以校正目标残余的距离走动，校正结果如图 3-21（c）所示。第二次 SAF 与 SFT 处理后，非模糊速度-加速度域的目标能量谱如图 3-21（d）所示。基于图 3-21（d）中的峰值位置，可以获得目标加速度的估计值。

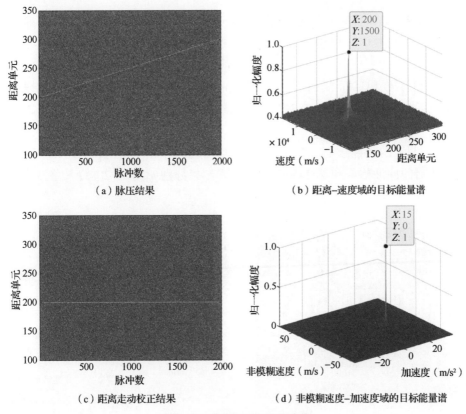

(a) 脉压结果　　　　　　　　　　(b) 距离-速度域的目标能量谱

(c) 距离走动校正结果　　　　(d) 非模糊速度-加速度域的目标能量谱

图 3-21　单目标 SAF-SFT 积累

2. 多目标相参积累

其次，我们仿真分析了 SAF-SFT 的多目标相参积累性能。表 3-9 中给出了 6 个目标（A、B、C、D、E、F）的运动参数。根据目标间的运动参数关系，分为以下 3 种情景。

表 3-9　6 个目标的运动参数

目标	初始距离单元	径向速度（m/s）	径向加速度（m/s²）
目标 A	320	900	15
目标 B	320	1500	15

续表

目标	初始距离单元	径向速度（m/s）	径向加速度（m/s²）
目标 C	200	1500	16
目标 D	200	1500	−16
目标 E	320	1500	14
目标 F	200	1500	14

（1）目标 A 和目标 B，两者的初始径向距离与径向加速度相同、径向速度不同。脉压后的回波信号和 SAF-SFT 相参积累结果分别如图 3-22（a）和图 3-22（b）所示。

（2）目标 C 和目标 D，两者的初始径向距离和径向速度相同、径向加速度不同。脉压后的回波信号和 SAF-SFT 相参积累结果分别如图 3-22（c）和图 3-22（d）所示。

（3）目标 E 和目标 F，两者的径向速度与径向加速度相同、初始径向距离不同。脉压后的回波信号和 SAF-SFT 相参积累结果分别如图 3-22（e）和图 3-22（f）所示。

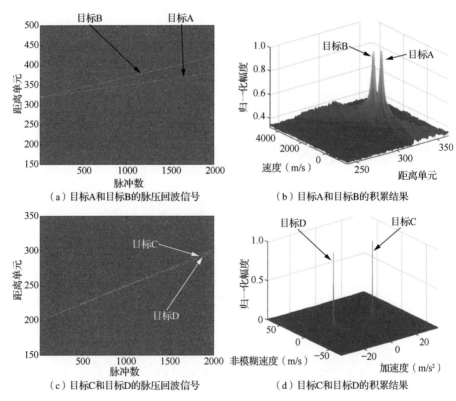

（a）目标A和目标B的脉压回波信号

（b）目标A和目标B的积累结果

（c）目标C和目标D的脉压回波信号

（d）目标C和目标D的积累结果

图 3-22　多目标 SAF-SFT 积累

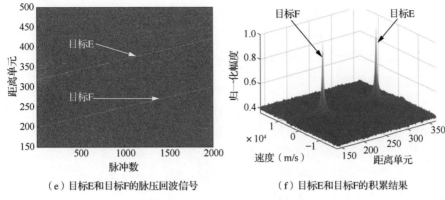

（e）目标E和目标F的脉压回波信号　　　　（f）目标E和目标F的积累结果

图 3-22　多目标 SAF-SFT 积累（续）

图 3-22 所示的仿真结果表明：SAF-SFT 方法可以有效地实现多目标回波信号能量的相参积累。

3．目标检测性能

接着，我们仿真分析了 SAF-SFT、RFRFT、KT-MFP、KTME[15]、RFT、GKT-RFT[16]以及 AR-MTD[17]的目标检测性能，如图 3-23 所示。

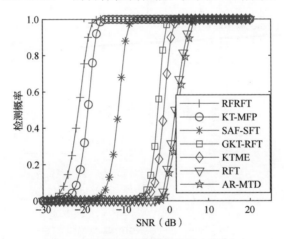

图 3-23　目标检测性能曲线（$P_f = 10^{-6}$）

（1）检测概率为 0.8 时，SAF-SFT 所需 SNR 比 RFT 以及 AR-MTD 低 15dB，原因在于：SAF-SFT 能够有效地校正补偿匀加速运动高速目标的距离弯曲和多普勒走动，进而实现目标回波信号的相参积累，获得比 RFT 和 AR-MTD 更高的积累增益。

（2）检测概率为 0.8 时，SAF-SFT 所需 SNR 比 KT-MFP 高 7.4dB，原因在于：

SAF-SFT 中的 SAF 处理本质上是一种相关运算，会引起一定的积累性能损失。

（3）得益于多普勒走动补偿带来的积累增益，SAF-SFT 在检测概率为 0.8 时所需的 SNR 比 GKT-RFT 低 11.5dB。

4. 运动参数估计

最后，我们仿真分析了 SAF-SFT、KT-MFP 等的运动参数估计性能。输入 SNR 的变化范围为-30dB～10dB，对每一个 SNR，都进行了 1000 次蒙特卡洛实验。两种方法的估计均方根误差（RMSE）如图 3-24 所示，当输入 SNR 大于-7dB 时，SAF-SFT 可以获得与 KT-MFP 相近的参数估计性能。此外，SAF-SFT 的参数估计性能总体上要优于 KTME 以及 GKT-RFT 等方法。

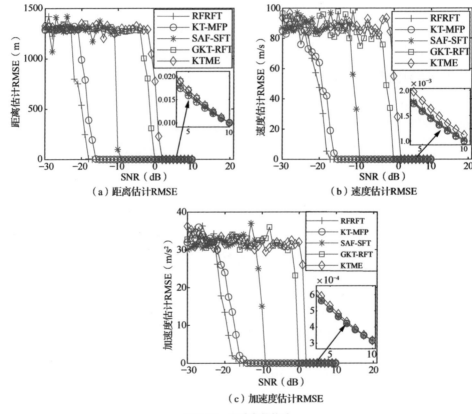

图 3-24　运动参数估计

3.6　4 种相参积累方法的计算复杂度对比

假设速度搜索数目、加速度搜索数目、折叠因子搜索数目、距离单元数目、角度搜索数目分别为 N_v、N_a、N_F、N_r 以及 N_θ。

SAF-SFT 方法主要包括 GKT、SAF 与 SFT 处理，其中 GKT 处理所需的计算复杂度为 $O(N_r N \log_2 N)$；SAF 和 SFT 处理所需的计算复杂度分别为 $O(N_r^2 N)$、$O(N_r N \log_2 N_r)$。因此，SAF-SFT 方法的计算复杂度为 $O(N_r N \log_2 N + N_r^2 N + N_r N \log_2 N_r)$。

RLVD/RFRFT 方法的积累处理主要包括三维参数空间搜索与 LVD/FRFT 积累，其计算复杂度为 $O(N_r N_v N_a N^2 \log_2 N)$。KTLVD 方法则主要包括 KT、折叠因子搜索以及 LVD 计算，其计算复杂度为 $O(N_r N_F (N^2 + N^2 \log_2 N + 2N))$。KT-MFP 方法的处理过程主要涉及 KT 与二维匹配搜索过程，其计算复杂度为 $O(N_F N_a (N N_r \log_2 N + 2 N N_r))$。

表 3-10 比较了 RLVD/RFRFT、KTLVD、KT-MFP 和 SAF-SFT 的计算复杂度。

表 3-10　各积累方法的计算复杂度对比

比较项目	RLVD/RFRFT	KTLVD	KT-MFP	SAF-SFT
计算复杂度	$O(N_r N_v N_a N^2 \log_2 N)$	$O(N_r N_F (N^2 + N^2 \log_2 N + 2N))$	$O(N_F N_a (N N_r \log_2 N + 2 N N_r))$	$O(N_r N \log_2 N + N_r^2 N + N_r N \log_2 N_r)$
距离弯曲校正	是	否	是	是
是否参数搜索	三维参数搜索	一维参数搜索	二维参数搜索	否

3.7　本章小结

在长时间相参积累处理过程中，匀加速运动高速目标会出现距离走动和多普勒走动问题。针对匀加速运动高速目标的相参积累问题，本章介绍了 RLVD、KTLVD、KT-MFP 以及 SAF-SFT 这 4 种相参积累方法。

首先，利用相参积累时间内目标的速度、加速度与距离走动以及多普勒走动之间的耦合关系，本章提出了 RLVD 方法，给出了 RLVD 的定义，分析了 RLVD 的渐近性、伸缩性以及频率偏移等特性，介绍了基于 RLVD 的匀加速运动高速目标相参积累处理流程。RLVD 首先通过距离-速度-加速度域上的三维搜索同时校正补偿线性距离走动、距离弯曲和多普勒走动，然后利用 LVD 实现了目标回波信号能量的相参积累。与现有的 RFRFT 方法相比，RLVD 方法在不增加计算复杂度的前提下，获得了更高的积累增益与更好的目标检测性能。

其次，针对具有线性距离走动和多普勒走动的匀加速运动高速目标的相参积累问题，本章提出了 KTLVD 方法。KTLVD 首先通过距离频率-慢时间域上的尺度变换和折叠因子项匹配补偿校正目标速度引起的线性距离走动，随后在距离单元上抽取回波信号并利用 LVD 去除多普勒走动，最后利用二维傅里叶变换实现目标回波信号能量的相参积累。与 RFRFT 方法相比，KTLVD 方法的计算复杂度更低、积累增益更高、低 SNR 条件下的检测性能更好。

接着，本章提出了 KT-MFP 方法。KT-MFP 利用 KT 校正目标非模糊速度引起的距离走动后，通过折叠因子-加速度域的二维匹配滤波处理校正补偿剩余的距离走动和多普勒走动，进而实现回波信号的相参积累。与 RLVD 方法相比，KT-MFP 方法的计算复杂度有所下降；与 KT-LVD 方法相比，KT-MFP 方法能够用于校正目标加速度引起的距离走动。

最后，本章提出了 SAF-SFT 方法。SAF-SFT 方法无须参数搜索，可以通过复数乘法、复数加法、快速傅里叶变换和快速傅里叶逆变换快速实现。与 RLVD、KT-LVD 以及 KT-MFP 方法相比，SAF-SFT 方法能够在损失一定积累检测性能的前提下大幅度降低计算代价。

参考文献

[1] Li X, Cui G, Yi W, et al. Coherent integration for maneuvering target detection based on Radon-Lv's distribution[J]. IEEE Signal Processing Letters, 2015, 22(9): 1467-1471.

[2] Xu J, Yu J, Peng Y N, et al. Radon-Fourier transform for radar target detection (Ⅱ): Blind speed sidelobe suppression[J]. IEEE Transactions on Aerospace and Electronic Systems, 2011, 47(4): 2473-2489.

[3] Lv X, Bi G, Wan C, et al. Lv's distribution: Principle, implementation, properties, and performance[J]. IEEE Transactions on Signal Processing, 2011, 59(8): 3576-3591.

[4] Luo S, Bi G, Lv X, et al. Performance analysis on Lv distribution and its applications[J]. Digital Signal Processing, 2013, 23(3): 797-807.

[5] Li X, Cui G, Yi W, et al. Manoeuvring target detection based on keystone transform and Lv's distribution[J]. IET Radar, Sonar & Navigation, 2016, 10(7): 1234-1242.

[6] Chen X, Guan J, Liu N, et al. Maneuvering target detection via Radon-fractional Fourier transform-based long-time coherent integration[J]. IEEE Transactions on Signal Processing, 2014, 62(4): 939-953.

[7] Tian J, Cui W, Shen Q, et al. High-speed maneuvering target detection approach based on joint RFT and keystone transform[J]. Science China Information Sciences, 2013, 56(6): 1-13.

[8] Sun Z, Li X, Yi W, et al. Detection of weak maneuvering target based on keystone transform and matched filtering process[J]. Signal Processing, 2017, 140: 127-138.

[9] Li X, Kong L, Cui G, et al. CLEAN-based coherent integration method for high-speed multi-targets detection[J]. IET Radar, Sonar & Navigation, 2016, 10(9): 1671-1682.

[10] Xu J, Xia X G, Peng S B, et al. Radar maneuvering target motion estimation based on generalized Radon-Fourier transform[J]. IEEE Transactions on Signal Processing, 2012, 60(12): 6190-6201.

[11] Huang P, Liao G, Yang Z, et al. Long-time coherent integration for weak maneuvering target detection and high-order motion parameter estimation based on keystone transform[J]. IEEE Transactions on Signal Processing, 2016, 64(15): 4013-4026.

[12] Rao X, Tao H, Su J, et al. Detection of constant radial acceleration weak target via IAR-FRFT[J]. IEEE Transactions on Aerospace and Electronic Systems, 2015, 51(4): 3242-3253.

[13] Li X, Cui G, Yi W, et al. An efficient coherent integration method for maneuvering target detection[C]// IET International Radar Conference 2015. Hangzhou:IET, 2015: 1-6.

[14] Li X, Sun Z, Yi W, et al. Computationally efficient coherent detection and parameter estimation algorithm for maneuvering target[J]. Signal Processing, 2019, 155: 130-142.

[15] Xing M, Su J, Wang G, et al. New parameter estimation and detection algorithm for high speed small target[J]. IEEE Transactions on Aerospace and Electronic Systems, 2011, 47(1): 214-224.

[16] Tian J, Cui W, Wu S. A novel method for parameter estimation of space moving targets[J]. IEEE Geoscience and Remote Sensing Letters, 2013, 11(2): 389-393.

[17] Rao X, Tao H, Su J, et al. Axis rotation MTD algorithm for weak target detection[J]. Digital Signal Processing, 2014, 26: 81-86.

第4章 变加速运动高速目标长时间相参积累

航空航天科技的发展使得越来越多的高速机动目标出现在雷达探测领域。例如，以 X-43 和 HTV-2 为代表的临近空间高速飞行器，不仅速度快，而且机动性强，甚至可做周期跳跃飞行[1-6]。此时，目标在径向上呈现变加速运动特性，匀速运动模型或者匀加速运动模型已经难以表征目标的机动性与运动特征，相应的匀速运动高速目标相参积累方法和匀加速运动高速目标相参积累方法也不适用于变加速运动高速目标。

对于做变加速运动的高速机动目标，不仅需要考虑其径向速度与加速度，还需考虑目标的加加速度。因此，为了实现变加速运动高速目标的长时间相参积累，不仅需要校正目标速度引起的线性距离走动，还需要补偿加速度和加加速度引起的多普勒弯曲，甚至可能还需要校正补偿目标加速度和加加速度引起的距离走动。

针对变加速运动高速目标的长时间相参积累问题，本章首先建立目标的时域回波模型；其次，介绍无须参数搜索的 ACCF-LVD 相参积累方法以及迭代 ACCF 相参积累方法；接着，为了进一步提高低 SNR 下的相参积累性能，研究基于频域尺度变换的 KTGDP、KTCPF 以及 GKTGDP 这 3 种相参积累方法；最后，针对多目标下不同目标间回波信号强度存在明显差异的情形，介绍基于辛格状点扩散函数（Sinc-like Point Spread Function，SPSF）和改进点扩散函数（Modified Point Spread Function，MPSF）两种 CLEAN 处理的多目标相参积累方法，实现目标相互干扰下的多目标相参积累与运动参数估计。

4.1 变加速运动高速目标时域回波模型

假设雷达探测区域内共有 K 个目标。忽略其他高阶分量，目标 i $(1 \leqslant i \leqslant K)$ 的瞬时径向距离 $r_i(t_m)$ 为：

$$r_i(t_m) = r_{0,i} + a_{1,i}t_m + a_{2,i}t_m^2 + a_{3,i}t_m^3 \tag{4-1}$$

其中，$r_{0,i}$ 表示初始时刻目标 i 与雷达之间的径向距离，$a_{1,i}$、$a_{2,i}$ 及 $a_{3,i}$ 分别为目标 i 的径向速度、加速度以及加加速度。

雷达接收到的 K 个目标的基带回波可以表示成：

$$s_r(t_m, \hat{t}) = \sum_{i=1}^{K} A_{0,i} \text{rect}\left[\frac{\hat{t} - \frac{2r_i(t_m)}{c}}{T_p}\right] \exp\left[-j\frac{4\pi f_c r_i(t_m)}{c}\right] \times$$

$$\exp\left[j\pi\mu\left(\hat{t} - \frac{2r_i(t_m)}{c}\right)^2\right] \qquad (4\text{-}2)$$

其中，$A_{0,i}$ 为目标 i 的反射系数。

脉压后的信号为：

$$s(t_m, \hat{t}) = \sum_{i=1}^{K} A_{1,i} \text{sinc}\left[B\left(\hat{t} - \frac{2r_i(t_m)}{c}\right)\right] \exp\left[-j\frac{4\pi f_c r_i(t_m)}{c}\right] \qquad (4\text{-}3)$$

其中，$A_{1,i}$ 表示脉压后目标 i 的回波信号强度。

结合式（4-3）与式（4-1）可以看出，脉压后回波信号的峰值位置和相位都与目标的运动参数有关。目标的高速与强机动性会使得回波信号能量在积累时间内分布在不同的距离单元，发生距离走动现象；同时，回波信号的相位是关于慢时间的三阶函数，会导致多普勒弯曲的产生。

4.2　ACCF-LVD 相参积累方法

本节介绍基于 ACCF-LVD 的相参积累与运动参数估计方法。首先讨论单目标情形下的 ACCF-LVD 方法，随后分析多目标情形下的 ACCF-LVD 方法。

4.2.1　单目标情形下的 ACCF-LVD 方法

1. 多普勒弯曲消除

仅考虑目标 i 脉压后的回波信号：

$$s_i(t_m, \hat{t}) = A_{1,i} \text{sinc}\left[B\left(\hat{t} - \frac{2r_i(t_m)}{c}\right)\right] \exp\left[-j\frac{4\pi f_c r_i(t_m)}{c}\right] \qquad (4\text{-}4)$$

信号 $s_i(t_m, \hat{t})$ 的相邻互相关函数（ACCF）定义为[7-10]：

$$R_{1,i}(\tau_1, t_m) = \int_0^T s_i(t_m, \hat{t}) s_i^*(t_{m+1}, \hat{t} - \tau_1) d\hat{t} \qquad (4\text{-}5)$$

其中，$*$ 表示共轭操作，T 表示积累时间。

两个信号的时域相关求和可以等效为它们相应的频域响应乘积的傅里叶逆变换：

$$R_{1,i}(\tau_1, t_m) = \underset{f_r}{\text{IFFT}}\left[S_i(t_m, f_r) S_i^*(t_{m+1}, f_r) \right] \tag{4-6}$$

其中

$$\begin{aligned}
S_i(t_m, f_r) &= \underset{\hat{t}}{\text{FT}}\left[s_i(t_m, \hat{t}) \right] \\
&= A_{2,i}\text{rect}\left(\frac{f_r}{B}\right)\exp\left[-\text{j}\frac{4\pi(f_r + f_c)r_i(t_m)}{c} \right]
\end{aligned} \tag{4-7}$$

$$\begin{aligned}
S_i(t_{m+1}, f_r) &= \underset{\hat{t}}{\text{FT}}\left[s_i(t_{m+1}, \hat{t}) \right] \\
&= A_{2,i}\text{rect}\left(\frac{f_r}{B}\right)\exp\left[-\text{j}\frac{4\pi(f_r + f_c)r_i(t_{m+1})}{c} \right]
\end{aligned} \tag{4-8}$$

$\underset{\hat{t}}{\text{FT}}$ 和 $\underset{f_r}{\text{IFFT}}$ 分别表示沿 $\hat{t}$ 方向的傅里叶变换操作和沿距离频率 f_r 方向的傅里叶逆变换操作，$A_{2,i}$ 表示傅里叶变换后的信号幅度。

将式（4-7）和式（4-8）代入式（4-6），可得：

$$\begin{aligned}
R_{1,i}(\tau_1, t_m) = {}& A_{2,i}\text{sinc}\left[B\left(\tau_1 + \frac{2N_{0,i}}{c}\right) \right]\exp\left(\text{j}\frac{4\pi f_c N_{1,i}}{c} \right) \times \\
& \exp\left(\text{j}\frac{4\pi f_c N_{2,i}t_m}{c} \right)\exp\left(\text{j}\frac{4\pi f_c N_{3,i}t_m^2}{c} \right)
\end{aligned} \tag{4-9}$$

其中，$A_{2,i}$ 表示 $R_{1,i}(\tau_1, t_m)$ 的幅度，

$$N_{0,i} = N_{1,i} + N_{2,i}t_m + N_{3,i}t_m^2 \tag{4-10}$$

$$N_{1,i} = a_{1,i}T_r + a_{2,i}T_r^2 + a_{3,i}T_r^3 \tag{4-11}$$

$$N_{2,i} = 2a_{2,i}T_r + 3a_{3,i}T_r^2 \tag{4-12}$$

$$N_{3,i} = 3a_{3,i}T_r \tag{4-13}$$

如式（4-9）所示，多普勒弯曲已被消除，$R_{1,i}(\tau_1, t_m)$ 的峰值位置落在：

$$\tau_1 = -\frac{2(a_{1,i}T_r + a_{2,i}T_r^2 + a_{3,i}T_r^3)}{c} - \frac{2(2a_{2,i}T_r + 3a_{3,i}T_r^2)}{c}t_m - \frac{6a_{3,i}T_r}{c}t_m^2 \tag{4-14}$$

只要满足以下条件，那么式（4-14）的峰值位置就会处于同一距离单元内：

$$|a_{2,i}| < \frac{cf_p^2}{4f_s} \tag{4-15}$$

$$|a_{3,i}| < \frac{cf_p^3}{6f_s} \tag{4-16}$$

其中，f_p 和 f_s 分别表示雷达脉冲重复频率与快时间上的采样频率。

通常而言，式（4-15）和式（4-16）都能成立。因此，通过 ACCF 操作可以实现距离走动的校正与多普勒弯曲的消除。

2. 利用 LVD 实现积累

如式（4-9）所示，利用 ACCF 校正距离走动并消除多普勒弯曲后，信号能量落在了同一距离单元内。为便于分析，只考虑一个距离单元内的信号：

$$R_{1,i}(t_m) = A_{3,i} \exp\left(j\frac{4\pi f_c N_{1,i}}{c}\right) \exp\left(j\frac{4\pi f_c N_{2,i} t_m}{c}\right) \exp\left(j\frac{4\pi f_c N_{3,i} t_m^2}{c}\right) \quad (4-17)$$

其中，$A_{3,i}$ 表示该距离单元内信号的幅度。

由式（4-17）可以看到，$R_{1,i}(t_m)$ 在慢时间上为线性调频信号。因此，我们可以利用 LVD 来实现信号 $R_{1,i}(t_m)$ 的能量积累与参数估计，具体分析如下。

首先，$R_{1,i}(t_m)$ 的 PSIAF 定义为：

$$
\begin{aligned}
R_C(t_m, \tau) &= R_{1,i}\left(t_m + \frac{\tau + a}{2}\right) R_{1,i}^*\left(t_m - \frac{\tau + a}{2}\right) \\
&= A_{3,i}^2 \exp\left[j\frac{4\pi N_{2,i} f_c}{c}(\tau + a) + j\frac{8\pi N_{3,i}}{c}(\tau + a) t_m\right]
\end{aligned}
\quad (4-18)
$$

其中，τ 为时延变量；a 为常数，通常取值为 1[9-11]。

$R_C(t_m, \tau)$ 中变量 t_m 与 τ 之间存在耦合。为去除该耦合，做如下变量代换：

$$t_m = \frac{t_n}{h(\tau + a)} \quad (4-19)$$

其中，h 为尺度变换因子，通常取值为 1[11]。

将式（4-19）代入式（4-18）可得：

$$R_C(t_n, \tau) = A_{3,i}^2 \exp\left[j\frac{4\pi N_{2,i} f_c}{c}(\tau + a) + j\frac{8\pi N_{3,i}}{hc} t_n\right] \quad (4-20)$$

此时，$R_C(t_n, \tau)$ 在 t_n 与 τ 方向上都为线性相位函数。因此，对 $R_C(t_n, \tau)$ 进行二维傅里叶变换，就可获得 LVD 积累结果：

$$
\begin{aligned}
L_{R_{1,i}(t_m)}(f_{ce}, \gamma) &= A_{4,i} \exp(j2\pi f_{ce}) \operatorname{sinc}\left(f_{ce} - \frac{2N_{2,i} f_c}{c}\right) \times \\
&\quad \operatorname{sinc}\left(\gamma - \frac{4 f_c N_{3,i}}{c}\right)
\end{aligned}
\quad (4-21)
$$

其中，$A_{4,i}$ 表示二维傅里叶变换后信号的幅度。

利用式（4-21）的峰值位置可以得到 $N_{2,i}$ 和 $N_{3,i}$ 的估计值（$\hat{N}_{2,i}$ 和 $\hat{N}_{3,i}$），随后

根据 $N_{2,i}$、$N_{3,i}$ 与 $a_{2,i}$ 以及 $a_{3,i}$ 之间的关系，即式（4-12）和式（4-13），就可以获得 $a_{2,i}$ 与 $a_{3,i}$ 的估计值。

3. 速度估计

利用估计得到的 $\hat{N}_{2,i}$ 和 $\hat{N}_{3,i}$ 构建补偿函数：

$$S_{\text{ref}}\left(f_r,t_m\right) = \exp\left[-\mathrm{j}\frac{4\pi}{c}\left(f_c+f_r\right)\left(\hat{N}_{2,i}t_m+\hat{N}_{3,i}t_m^2\right)\right] \tag{4-22}$$

对 ACCF 函数 $R_{1,i}\left(\tau_1,t_m\right)$ 沿 τ_1 方向做傅里叶变换：

$$R_{1,i}\left(f_r,t_m\right) = A_{5,i}\exp\left[\mathrm{j}\frac{4\pi\left(f_c+f_r\right)\left(N_{1,i}+N_{2,i}t_m+N_{3,i}t_m^2\right)}{c}\right] \tag{4-23}$$

其中，$A_{5,i}$ 表示傅里叶变换后的信号幅度。

用 $R_{1,i}\left(f_r,t_m\right)$ 乘补偿函数 $S_{\text{ref}}\left(f_r,t_m\right)$ 可得：

$$R_{1,i}\left(f_r,t_m\right) = A_{5,i}\exp\left[\mathrm{j}\frac{4\pi\left(f_c+f_r\right)N_{1,i}}{c}\right] \tag{4-24}$$

对 $R_{1,i}\left(f_r,t_m\right)$ 先沿 f_r 方向做傅里叶逆变换，然后沿 t_m 方向做傅里叶变换，有：

$$R_{1,i}\left(\tau_1,f_{t_m}\right) = A_{6,i}\operatorname{sinc}\left[B\left(\tau_1+\frac{2N_{1,i}}{c}\right)\right]\operatorname{sinc}\left[(N-1)T_r f_{t_m}\right]\times$$
$$\exp\left(\mathrm{j}\frac{4\pi f_c N_{1,i}}{c}\right) \tag{4-25}$$

根据 $R_{1,i}\left(\tau_1,f_{t_m}\right)$ 的峰值位置，首先可以得到 $N_{1,i}$ 的估计值，然后结合 $N_{1,i}$ 与 $a_{1,i}$ 之间的关系就可以获得速度 $a_{1,i}$ 的估计值。

仿真示例 4-1 为说明 ACCF-LVD 方法的距离走动校正性能，进行仿真实验。雷达系统参数设置为：载频 $f_c=1\text{GHz}$，带宽 $B=1\text{MHz}$，采样频率 $f_s=5\text{MHz}$，脉冲重复频率 $f_p=200\text{Hz}$，积累脉冲数 $N=513$。目标的运动参数设置为：速度 $a_1=1600\text{m/s}$，加速度 $a_2=50\text{m/s}^2$，加加速度 $a_3=10\text{m/s}^3$。

仿真结果如图 4-1 所示。其中图 4-1（a）所示为脉压后的结果，由于目标的高速度与强机动性，积累时间内目标发生了严重的距离走动。图 4-1（b）所示为 ACCF 操作后的结果。可以看到，通过 ACCF 操作后目标的距离走动得到了校正，信号能量落在同一距离单元内。LVD 积累结果如图 4-1（c）所示。此时，目标能量经过积累后形成了明显的峰值，有利于后续的目标检测与运动参数估计。

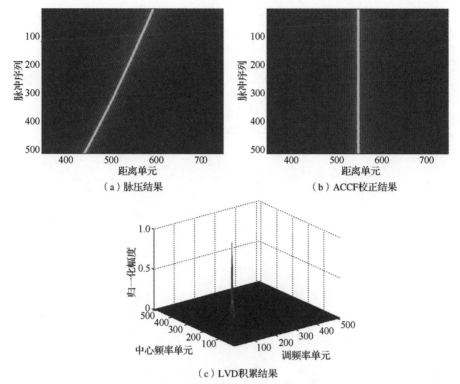

（a）脉压结果 （b）ACCF校正结果

（c）LVD积累结果

图 4-1 单目标 ACCF-LVD

4.2.2 多目标情形下的 ACCF-LVD 方法

考虑多个目标时的脉压回波信号：

$$s\left(t_m, \hat{t}\right) = \sum_{i=1}^{K} A_{1,i} \mathrm{sinc}\left[B\left(\hat{t} - \frac{2r_i(t_m)}{c}\right)\right] \exp\left[-\mathrm{j}\frac{4\pi f_c r_i(t_m)}{c}\right] \tag{4-26}$$

此时，$s\left(t_m, \hat{t}\right)$ 的 ACCF 可以表示为：

$$\begin{aligned} R_1\left(\tau_1, t_m\right) &= \int_0^T s\left(t_m, \hat{t}\right) s^*\left(t_{m+1}, \hat{t} - \tau_1\right) \mathrm{d}\hat{t} \\ &= R_{1,\mathrm{self}}\left(\tau_1, t_m\right) + R_{1,\mathrm{other}}\left(\tau_1, t_m\right) \end{aligned} \tag{4-27}$$

其中

$$\begin{aligned} R_{1,\mathrm{self}}\left(\tau_1, t_m\right) &= \sum_{i=1}^{K} A_{2,i} \mathrm{sinc}\left[B\left(\tau_1 + \frac{2N_{0,i}}{c}\right)\right] \exp\left(\mathrm{j}\frac{4\pi f_c N_{1,i}}{c}\right) \times \\ &\quad \exp\left(\mathrm{j}\frac{4\pi f_c N_{2,i} t_m}{c}\right) \exp\left(\mathrm{j}\frac{4\pi f_c N_{3,i} t_m^2}{c}\right) \end{aligned} \tag{4-28}$$

$$R_{1,\text{other}}\left(\tau_1, t_m\right) = \sum_{l=1}^{K} \sum_{n=1,n\neq l}^{K} \sigma_{l,n} \text{sinc}\left[B\left(\tau_1 + \frac{2C_{l,n}}{c}\right)\right] \times$$

$$\exp\left(j\frac{4\pi f_c C_{l,n}^{[0]}}{c}\right)\exp\left(j\frac{4\pi f_c C_{l,n}^{[1]} t_m}{c}\right) \times \qquad (4\text{-}29)$$

$$\exp\left(j\frac{4\pi f_c C_{l,n}^{[2]} t_m^2}{c}\right)\exp\left(j\frac{4\pi f_c C_{l,n}^{[3]} t_m^3}{c}\right)$$

$$C_{l,n} = C_{l,n}^{[0]} + C_{l,n}^{[1]} t_m + C_{l,n}^{[2]} t_m^2 + C_{l,n}^{[3]} t_m^3 \qquad (4\text{-}30)$$

$$C_{l,n}^{[0]} = r_{0l} - r_{0n} + a_{1,l} T_r + a_{2,l} T_r^2 + a_{3,l} T_r^3 \qquad (4\text{-}31)$$

$$C_{l,n}^{[1]} = a_{1,l} - a_{1,n} + 2a_{2,l} T_r + 3a_{3,l} T_r^2 \qquad (4\text{-}32)$$

$$C_{l,n}^{[2]} = a_{2,l} - a_{2,n} + 3a_{3,l} T_r \qquad (4\text{-}33)$$

$$C_{l,n}^{[3]} = a_{3,l} - a_{3,n} \qquad (4\text{-}34)$$

$R_{1,\text{self}}\left(\tau_1, t_m\right)$ 表示全体自聚焦项，$R_{1,\text{other}}\left(\tau_1, t_m\right)$ 表示全体交叉项，$\sigma_{l,n}$ 表示目标 l 与目标 n 产生的交叉项的幅度。

为了便于分析，只考虑 ACCF 变换后的一个距离单元内的信号，该信号可以表示成：

$$R_1\left(t_m\right) = R_{1,\text{self}}\left(t_m\right) + R_{1,\text{other}}\left(t_m\right)$$

$$= \sum_{i=1}^{K} A_{3,i} \exp\left(j\frac{4\pi f_c N_{1,i}}{c}\right) \times$$

$$\exp\left(j\frac{4\pi f_c N_{2,i} t_m}{c}\right)\exp\left(j\frac{4\pi f_c N_{3,i} t_m^2}{c}\right) + \qquad (4\text{-}35)$$

$$\sum_{l=1}^{K} \sum_{n=1,n\neq l}^{K} \sigma_{l,n}^{[1]} \exp\left(j\frac{4\pi f_c C_{l,n}^{[0]}}{c}\right)\exp\left(j\frac{4\pi f_c C_{l,n}^{[1]} t_m}{c}\right) \times$$

$$\exp\left(j\frac{4\pi f_c C_{l,n}^{[2]} t_m^2}{c}\right)\exp\left(j\frac{4\pi f_c C_{l,n}^{[3]} t_m^3}{c}\right)$$

其中，$\sigma_{l,n}^{[1]}$ 表示该距离单元内的交叉项幅度。

与单目标类似，对式（4-35）进行瞬时自相关操作和变量代换后，其 PSIAF 为：

$$R_C\left(t_n, \tau\right) = R_{C,\text{self}}\left(t_n, \tau\right) + R_{C,\text{cross}}^{[1]}\left(t_n, \tau\right) + R_{C,\text{cross}}^{[2]}\left(t_n, \tau\right) + \qquad (4\text{-}36)$$

$$R_{C,\text{cross}}^{[3]}\left(t_n, \tau\right) + R_{C,\text{cross}}^{[4]}\left(t_n, \tau\right) + R_{C,\text{cross}}^{[5]}\left(t_n, \tau\right)$$

其中

$$R_{C,\text{self}}\left(t_n,\tau\right)=\sum_{i=1}^{K}A_{3,i}^2\exp\left[\mathrm{j}\frac{4\pi N_{2,i}f_{\mathrm{c}}}{c}\left(\tau+a\right)+\mathrm{j}\frac{8\pi N_{3,i}}{hc}t_n\right] \quad（4\text{-}37）$$

$$R_{C,\text{cross}}^{[1]}\left(t_n,\tau\right)=\sum_{l=1}^{K}\sum_{n=1,n\neq l}^{K}A_{3,l}A_{3,n}\exp\left[\mathrm{j}\frac{4\pi f_{\mathrm{c}}\left(N_{1,l}-N_{1,n}\right)}{c}\right]\times$$

$$\exp\left[\mathrm{j}\frac{4\pi f_{\mathrm{c}}N_{2,n}\left(\tau+a\right)}{c}\right]\exp\left(\mathrm{j}\frac{8\pi f_{\mathrm{c}}N_{3,n}t_n}{hc}\right)\times$$

$$\exp\left\{\mathrm{j}\frac{4\pi f_{\mathrm{c}}}{c}\left[\left(N_{2,l}-N_{2,n}\right)\left(\frac{t_n}{h\tau+ha}+\frac{\tau+a}{2}\right)\right]\right\}\times \quad（4\text{-}38）$$

$$\exp\left\{\mathrm{j}\frac{4\pi f_{\mathrm{c}}}{c}\left[\left(N_{3,l}-N_{3,n}\right)\left(\frac{t_n}{h\tau+ha}+\frac{\tau+a}{2}\right)^2\right]\right\}$$

$$R_{C,\text{cross}}^{[2]}\left(t_n,\tau\right)=\sum_{l=1}^{K}\sum_{n=1,n\neq l}^{K}\left(\sigma_{l,n}^{[1]}\right)^2\exp\left(\mathrm{j}\frac{8\pi f_{\mathrm{c}}C_{l,n}^{[2]}t_n}{hc}\right)\times$$

$$\exp\left[\mathrm{j}\frac{4\pi f_{\mathrm{c}}}{c}C_{l,n}^{[1]}\left(\tau+a\right)\right]\times \quad（4\text{-}39）$$

$$\exp\left\{\mathrm{j}\frac{4\pi f_{\mathrm{c}}}{c}C_{l,n}^{[3]}\left[\frac{3t_n^2}{h^2\left(\tau+a\right)}+\frac{\left(\tau+a\right)^3}{4}\right]\right\}$$

$$R_{C,\text{cross}}^{[3]}\left(t_n,\tau\right)=\sum_{l=1}^{K}\sum_{n=1,n\neq l}^{K}\sum_{d=1,d\neq l}^{K}\sum_{e=1,e\neq d,e\neq n}^{K}\sigma_{l,n}^{[1]}\sigma_{d,e}^{[1]}\exp\left(\mathrm{j}\frac{8\pi f_{\mathrm{c}}C_{d,e}^{[2]}t_n}{hc}\right)\times$$

$$\exp\left\{\frac{4\pi f_{\mathrm{c}}}{c}\left[\left(C_{l,n}^{[1]}-C_{d,e}^{[1]}\right)\left(\frac{t_n}{h\tau+ha}+\frac{\tau+a}{2}\right)\right]\right\}\times$$

$$\exp\left\{\mathrm{j}\frac{4\pi f_{\mathrm{c}}}{c}\left[\frac{3C_{d,e}^{[3]}t_n^2}{h^2\left(\tau+a\right)}+C_{d,e}^{[3]}\left(\tau+a\right)^3+\left(C_{l,n}^{[0]}-C_{d,e}^{[0]}\right)\right]\right\}\times$$

$$\exp\left\{\mathrm{j}\frac{4\pi f_{\mathrm{c}}}{c}\left[\left(C_{l,n}^{[3]}-C_{d,e}^{[3]}\right)\left(\frac{t_n}{h\tau+ha}+\frac{\tau+a}{2}\right)^3\right]\right\}\times \quad（4\text{-}40）$$

$$\exp\left\{\mathrm{j}\frac{4\pi f_{\mathrm{c}}}{c}\left[\left(C_{l,n}^{[2]}-C_{d,e}^{[2]}\right)\left(\frac{t_n}{h\tau+ha}+\frac{\tau+a}{2}\right)^2\right]\right\}\times$$

$$\exp\left(\mathrm{j}\frac{4\pi f_{\mathrm{c}}C_{d,e}^{[1]}\left(\tau+a\right)}{c}\right)$$

$$
\begin{aligned}
R_{C,\mathrm{cross}}^{[4]}\left(t_n,\tau\right) = \sum_{i=1}^{K}\sum_{l=1}^{K}\sum_{n=1,n\neq l}^{K} A_{3,i}\sigma_{l,n}^{[1]}\exp\!\left[\mathrm{j}\frac{4\pi f_{\mathrm c}}{c}\left(N_{1,i}-C_{l,n}^{[0]}\right)\right]\times \\
\exp\!\left[\mathrm{j}\frac{4\pi f_{\mathrm c}}{c}C_{l,n}^{[1]}\left(\tau+a\right)\right]\exp\!\left(\mathrm{j}\frac{8\pi f_{\mathrm c}}{hc}C_{l,n}^{[2]}t_n\right)\times \\
\exp\!\left\{\frac{4\pi f_{\mathrm c}}{c}\left[\left(N_{2,i}-C_{l,n}^{[1]}\right)\left(\frac{t_n}{h\tau+ha}+\frac{\tau+a}{2}\right)\right]\right\}\times \\
\exp\!\left\{\mathrm{j}\frac{4\pi f_{\mathrm c}}{c}\left[\left(N_{3,i}-C_{l,n}^{[2]}\right)\left(\frac{t_n}{h\tau+ha}+\frac{\tau+a}{2}\right)^2\right]\right\}\times \\
\exp\!\left\{\mathrm{j}\frac{4\pi f_{\mathrm c}}{c}\left[\frac{3C_{l,n}^{[3]}t_n^2}{h^2\left(\tau+a\right)}+C_{l,n}^{[3]}\left(\tau+a\right)^3\right]\right\}\times \\
\exp\!\left\{\mathrm{j}\frac{4\pi f_{\mathrm c}}{c}\left[\left(-C_{l,n}^{[3]}\right)\left(\frac{t_n}{h\tau+ha}+\frac{\tau+a}{2}\right)^3\right]\right\}
\end{aligned}
\tag{4-41}
$$

$$
\begin{aligned}
R_{C,\mathrm{cross}}^{[5]}\left(t_n,\tau\right) = \sum_{i=1}^{K}\sum_{l=1}^{K}\sum_{n=1,n\neq l}^{K} A_{3,i}\sigma_{l,n}^{[1]}\exp\!\left[\mathrm{j}\frac{4\pi f_{\mathrm c}}{c}\left(C_{l,n}^{[0]}-N_{1,i}\right)\right]\times \\
\exp\!\left[\mathrm{j}\frac{4\pi f_{\mathrm c}}{c}N_{2,i}\left(\tau+a\right)\right]\exp\!\left(\mathrm{j}\frac{8\pi f_{\mathrm c}}{hc}C_{l,n}^{[2]}t_n\right)\times \\
\exp\!\left\{\frac{4\pi f_{\mathrm c}}{c}\left[\left(C_{l,n}^{[1]}-N_{2,i}\right)\left(\frac{t_n}{h\tau+ha}+\frac{\tau+a}{2}\right)\right]\right\}\times \\
\exp\!\left\{\mathrm{j}\frac{4\pi f_{\mathrm c}}{c}\left[\left(N_{3,i}-C_{l,n}^{[2]}\right)\left(\frac{t_n}{h\tau+ha}+\frac{\tau+a}{2}\right)^2\right]\right\}\times \\
\exp\!\left\{\mathrm{j}\frac{4\pi f_{\mathrm c}}{c}\left[\left(C_{l,n}^{[3]}\right)\left(\frac{t_n}{h\tau+ha}+\frac{\tau+a}{2}\right)^3\right]\right\}
\end{aligned}
\tag{4-42}
$$

对式（4-36）进行二维傅里叶变换，可得到多目标情况下的 LVD 积累结果：

$$
\begin{aligned}
L_{R_1(t_m)}\left(f_{\mathrm{ce}},\gamma\right) = \sum_{i=1}^{K} A_{4,i}\exp\!\left(\mathrm{j}2\pi f_{\mathrm{ce}}\right)\mathrm{sinc}\!\left(f_{\mathrm{ce}}-\frac{2N_{2,i}f_{\mathrm c}}{c}\right)\times \\
\mathrm{sinc}\!\left(\gamma-\frac{4f_{\mathrm c}N_{3,i}}{c}\right)+L_{R_{1,\mathrm{other}}(t_m)}\left(f_{\mathrm{ce}},\gamma\right)
\end{aligned}
\tag{4-43}
$$

其中

$$
L_{R_{1,\mathrm{other}}(t_m)}\left(f_{\mathrm{ce}},\gamma\right) = \underset{t_n}{\mathrm{FT}}\left\{\underset{\tau}{\mathrm{FT}}\left[R_{C,\mathrm{cross}}^{[1]}\left(t_n,\tau\right)+R_{C,\mathrm{cross}}^{[2]}\left(t_n,\tau\right)+\cdots+R_{C,\mathrm{cross}}^{[5]}\left(t_n,\tau\right)\right]\right\}
\tag{4-44}
$$

从式（4-36）中可以看到，$R_C\left(t_n,\tau\right)$ 包含自聚焦项和交叉项。所有的自聚焦项都是关于 t_n 和 τ 的一阶相位函数，而所有的交叉项都是关于 t_n 和 τ 的二次相位函数或者三次相位函数。通过二维傅里叶变换后，所有的自聚焦项都可以实现能量的相参积累，但是交叉项的能量却不能得到有效积累。与积累后的自聚焦项相比，交叉项非常小，可以忽略。因此，式（4-43）可以近似表示成：

$$L_{R_1(t_m)}\left(f_{\mathrm{ce}},\gamma\right) \approx \sum_{i=1}^{K} A_{4,i} \exp\left(\mathrm{j}2\pi f_{\mathrm{ce}}\right)\mathrm{sinc}\left(f_{\mathrm{ce}} - \frac{2N_{2,i}f_{\mathrm{c}}}{c}\right) \times$$
$$\mathrm{sinc}\left(\gamma - \frac{4f_{\mathrm{c}}N_{3,i}}{c}\right) \qquad (4\text{-}45)$$

由式（4-45）可以看到，每个目标的能量都得到积累并对应于 LVD 输出中的一个峰值，根据峰值位置可以估计得到 $N_{2,i}$ 和 $N_{3,i}$。

仿真示例4-2　为验证多目标情况下 ACCF-LVD 积累方法的交叉项抑制能力，进行仿真实验。雷达系统参数设置和仿真示例 4-1 一样。目标 A 的运动参数为：初始距离 $r_{0,1} = 200\mathrm{km}$，速度 $a_{1,1} = 1600\mathrm{m/s}$，加速度 $a_{2,1} = 50\mathrm{m/s}^2$，加加速度 $a_{3,1} = 10\mathrm{m/s}^3$。目标 B 的运动参数为：初始距离 $r_{0,2} = 203\mathrm{km}$，速度 $a_{1,2} = 3600\mathrm{m/s}$，加速度 $a_{2,2} = -50\mathrm{m/s}^2$，加加速度 $a_{3,2} = -10\mathrm{m/s}^3$。仿真结果如图 4-2 所示。其中图 4-2（a）展示了脉压处理后的结果，可以看到两个目标都发生了严重的距离走动。图 4-2（b）展示了经过 ACCF 操作后的结果。此时，目标 A 与目标 B 的自聚焦项能量落在同一距离单元内，而交叉项的能量却分布在不同的距离单元内，有利于后续的自聚焦项积累和交叉项抑制。图 4-2（c）是经过 ACCF 变换后的 LVD 积累结果，可以看到两个目标的信号能量积累后形成了两个峰值。

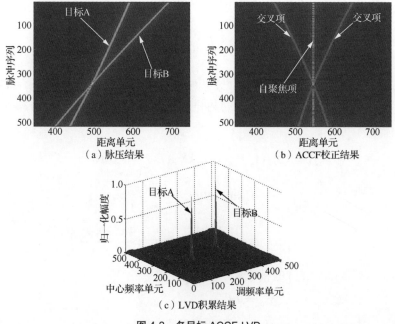

图 4-2　多目标 ACCF-LVD

4.3　迭代 ACCF 相参积累方法

本节介绍和分析基于迭代 ACCF 的相参积累与运动参数估计方法。首先讨论单目标情形下的迭代 ACCF 方法，随后分析多目标情形下的迭代 ACCF 方法。与 ACCF-LVD 方法相比，迭代 ACCF 方法的计算复杂度可以进一步降低。

4.3.1　单目标情形下的迭代 ACCF 方法

仅考虑目标 i 脉压后的回波信号：

$$
\begin{aligned}
s_i\left(t_m, \hat{t}\right) = {} & A_{1,i} \mathrm{sinc}\left\{B\left[\hat{t} - \frac{2\left(r_{0,i} + a_{1,i}t_m + a_{2,i}t_m^2 + a_{3,i}t_m^3\right)}{c}\right]\right\} \times \\
& \exp\left(-\mathrm{j}\frac{4\pi f_c r_{0,i}}{c}\right)\exp\left(-\mathrm{j}\frac{4\pi f_c a_{1,i}}{c}t_m\right) \times \\
& \exp\left(-\mathrm{j}\frac{4\pi f_c a_{2,i}}{c}t_m^2\right)\exp\left(-\mathrm{j}\frac{4\pi f_c a_{3,i}}{c}t_m^3\right)
\end{aligned}
\tag{4-46}
$$

$s_i\left(t_m, \hat{t}\right)$ 的 ACCF 为：

$$
\begin{aligned}
R_{1,i}\left(\tau_1, t_m\right) = {} & A_{2,i} \mathrm{sinc}\left\{B\left[\tau_1 + \frac{2\left(N_{1,i} + N_{2,i}t_m + N_{3,i}t_m^2\right)}{c}\right]\right\} \times \\
& \exp\left(\mathrm{j}\frac{4\pi f_c N_{1,i}}{c}\right)\exp\left(\mathrm{j}\frac{4\pi f_c N_{2,i}t_m}{c}\right) \times \\
& \exp\left(\mathrm{j}\frac{4\pi f_c N_{3,i}t_m^2}{c}\right)
\end{aligned}
\tag{4-47}
$$

对比式（4-46）与式（4-47）可以发现，ACCF 操作可以减小包络调制以及多普勒走动的阶数。因此，对 $R_{1,i}\left(\tau_1, t_m\right)$ 再进行一次相邻互相关操作，可得 $R_{1,i}\left(\tau_1, t_m\right)$ 的 ACCF 为：

$$
\begin{aligned}
R_{2,i}\left(\tau_2, t_m\right) & = \int_0^T R_{1,i}\left(\tau_1, t_m\right) R_{1,i}^*\left(\tau_1 - \tau_2, t_m\right)\mathrm{d}\tau_1 \\
& = A_{7,i} \mathrm{sinc}\left[B\left(\tau_2 + \frac{2M_{0,i}}{c}\right)\right] \times \\
& \quad \exp\left(\mathrm{j}\frac{4\pi f_c M_{1,i}}{c}\right)\exp\left(\mathrm{j}\frac{4\pi f_c M_{2,i}t_m}{c}\right)
\end{aligned}
\tag{4-48}
$$

其中，$A_{7,i}$ 表示 $R_{2,i}\left(\tau_2, t_m\right)$ 的幅度，

$$
M_{0,i} = M_{1,i} + M_{2,i}t_m
\tag{4-49}
$$

$$
M_{1,i} = -N_{2,i}T_\mathrm{r} - N_{3,i}T_\mathrm{r}^2
\tag{4-50}
$$

$$M_{2,i} = -2N_{3,i}T_{\mathrm{r}} \tag{4-51}$$

由式（4-48）可以看出 $R_{2,i}(\tau_2, t_m)$ 是关于慢时间 t_m 的正弦信号。为实现信号能量的相参积累，对 $R_{2,i}(\tau_2, t_m)$ 沿慢时间方向做傅里叶变换，可得：

$$R_{2,i}(\tau_2, f_{t_m}) = A_{8,i}\mathrm{sinc}\left[B\left(\tau_2 + \frac{2M_{0,i}}{c}\right)\right]\exp\left(\mathrm{j}\frac{4\pi f_c M_{1,i}}{c}\right) \times$$
$$\mathrm{sinc}\left[(N-2)T_{\mathrm{r}}\left(f_{t_m} - \frac{2f_c M_{2,i}}{c}\right)\right] \tag{4-52}$$

其中，$A_{8,i}$ 表示慢时间维傅里叶变换后的信号幅度。

参数 $M_{2,i}$ 可以通过式（4-52）的峰值位置估计得到；根据 $M_{2,i}$ 与 $N_{3,i}$ 之间的关系，可以反解出 $N_{3,i}$：

$$\hat{N}_{3,i} = \frac{-\hat{M}_{2,i}}{2T_{\mathrm{r}}} \tag{4-53}$$

利用估计得到的 $\hat{N}_{3,i}$ 构建补偿函数：

$$s_{\mathrm{ref}}(t_m) = \exp\left(-\mathrm{j}\frac{4\pi f_c \hat{N}_{3,i}}{c}t_m^2\right) \tag{4-54}$$

用式（4-47）乘式（4-54），有：

$$R_{1,i}(\tau_1, t_m) = A_{2,i}\mathrm{sinc}\left[B\left(\tau_1 + \frac{2N_{0,i}}{c}\right)\right]\exp\left(\mathrm{j}\frac{4\pi f_c N_{1,i}}{c}\right) \times$$
$$\exp\left(\mathrm{j}\frac{4\pi f_c N_{2,i}t_m}{c}\right) \tag{4-55}$$

对式（4-55）做慢时间维傅里叶变换，则有：

$$R_{1,i}(\tau_1, f_{t_m}) = A_{9,i}\mathrm{sinc}\left[B\left(\tau_1 + \frac{2N_{0,i}}{c}\right)\right]\exp\left(\mathrm{j}\frac{4\pi f_c N_{1,i}}{c}\right) \times$$
$$\mathrm{sinc}\left[(N-1)T_{\mathrm{r}}\left(f_{t_m} - \frac{2f_c N_{2,i}}{c}\right)\right] \tag{4-56}$$

其中，$A_{9,i}$ 表示慢时间维傅里叶变换后的信号幅度。

通过式（4-56）的峰值位置，我们能够估计出 $N_{2,i}$，这样就获得了 $N_{2,i}$ 和 $N_{3,i}$ 的估计值，进而可以反解出 $a_{2,i}$ 和 $a_{3,i}$ 的估计值。

4.3.2　多目标情形下的迭代 ACCF 方法

多目标脉压回波信号的 ACCF 为：

$$R_1\left(\tau_1, t_m\right) = \sum_{i=1}^{K} A_{2,i} \text{sinc}\left[B\left(\tau_1 + \frac{2N_{0,i}}{c} \right) \right] \exp\left(j\frac{4\pi f_c N_{1,i}}{c} \right) \times$$

$$\exp\left(j\frac{4\pi f_c N_{2,i} t_m}{c} \right) \exp\left(j\frac{4\pi f_c N_{3,i} t_m^2}{c} \right) +$$

$$\sum_{l=1}^{K} \sum_{n=1, n \neq l}^{K} \sigma_{l,n} \text{sinc}\left[B\left(\tau_1 + \frac{2C_{l,n}}{c} \right) \right] \times \tag{4-57}$$

$$\exp\left(j\frac{4\pi f_c C_{l,n}^{[0]}}{c} \right) \exp\left(j\frac{4\pi f_c C_{l,n}^{[1]} t_m}{c} \right) \times$$

$$\exp\left(j\frac{4\pi f_c C_{l,n}^{[2]} t_m^2}{c} \right) \exp\left(j\frac{4\pi f_c C_{l,n}^{[3]} t_m^3}{c} \right)$$

对 $R_1\left(\tau_1, t_m\right)$ 进行第二次相邻互相关操作，其 ACCF 为：

$$R_2\left(\tau_2, t_m\right) = \int_0^T R_1\left(\tau_1, t_m\right) R_1^*\left(\tau_1 - \tau_2, t_m\right) d\tau_1$$

$$= R_{2,\text{self}}\left(\tau_2, t_m\right) + R_{2,\text{cross}}^{[1]}\left(\tau_2, t_m\right) + R_{2,\text{cross}}^{[2]}\left(\tau_2, t_m\right) + \tag{4-58}$$

$$R_{2,\text{cross}}^{[3]}\left(\tau_2, t_m\right) + R_{2,\text{cross}}^{[4]}\left(\tau_2, t_m\right) + R_{2,\text{cross}}^{[5]}\left(\tau_2, t_m\right)$$

其中

$$R_{2,\text{self}}\left(\tau_2, t_m\right) = \sum_{i=1}^{K} A_{7,i} \text{sinc}\left[B\left(\tau_2 + \frac{2M_{0,i}}{c} \right) \right] \times$$

$$\exp\left(j\frac{4\pi f_c M_{1,i}}{c} \right) \exp\left(j\frac{4\pi f_c M_{2,i} t_m}{c} \right) \tag{4-59}$$

$$R_{2,\text{cross}}^{[1]}\left(\tau_2, t_m\right) = \sum_{l=1}^{K} \sum_{n=1, n \neq l}^{K} \delta_{l,n}^{[1]} \text{sinc}\left[B\left(\tau_2 + \frac{2D_{l,n}}{c} \right) \right] \exp\left(j\frac{4\pi f_c D_{l,n}^{[0]}}{c} \right) \times$$

$$\exp\left(j\frac{4\pi f_c D_{l,n}^{[1]}}{c} t_m \right) \exp\left(j\frac{4\pi f_c D_{l,n}^{[2]}}{c} t_m^2 \right) \tag{4-60}$$

$$R_{2,\text{cross}}^{[2]}\left(\tau_2, t_m\right) = \sum_{l=1}^{K} \sum_{n=1, n \neq l}^{K} \delta_{l,n}^{[2]} \text{sinc}\left[B\left(\tau_2 + \frac{2E_{l,n}}{c} \right) \right] \exp\left(j\frac{4\pi f_c E_{l,n}^{[0]}}{c} \right) \times$$

$$\exp\left(j\frac{4\pi f_c E_{l,n}^{[1]}}{c} t_m \right) \exp\left(j\frac{4\pi f_c E_{l,n}^{[2]}}{c} t_m^2 \right) \tag{4-61}$$

$$R_{2,\text{cross}}^{[3]}\left(\tau_2, t_m\right) = \sum_{i=1}^{K}\sum_{l=1}^{K}\sum_{n=1,n\neq l}^{K}\delta_{i,l,n}^{[3]}\text{sinc}\left[B\left(\tau_2 + \frac{2F_{i,l,n}}{c}\right)\right]\times$$

$$\exp\left(j\frac{4\pi f_c F_{i,l,n}^{[0]}}{c}\right)\exp\left(j\frac{4\pi f_c F_{i,l,n}^{[1]}}{c}t_m\right)\times \qquad (4\text{-}62)$$

$$\exp\left(j\frac{4\pi f_c F_{i,l,n}^{[2]}}{c}t_m^2\right)\exp\left(j\frac{4\pi f_c F_{i,l,n}^{[3]}}{c}t_m^3\right)$$

$$R_{2,\text{cross}}^{[4]}\left(\tau_2, t_m\right) = \sum_{i=1}^{K}\sum_{l=1}^{K}\sum_{n=1,n\neq l}^{K}\delta_{i,l,n}^{[4]}\text{sinc}\left[B\left(\tau_2 + \frac{2G_{i,l,n}}{c}\right)\right]\times$$

$$\exp\left(j\frac{4\pi f_c G_{i,l,n}^{[0]}}{c}\right)\exp\left(j\frac{4\pi f_c G_{i,l,n}^{[1]}}{c}t_m\right)\times \qquad (4\text{-}63)$$

$$\exp\left(j\frac{4\pi f_c G_{i,l,n}^{[2]}}{c}t_m^2\right)\exp\left(j\frac{4\pi f_c G_{i,l,n}^{[3]}}{c}t_m^3\right)$$

$$R_{2,\text{cross}}^{[5]}\left(\tau_2, t_m\right) = \sum_{l=1}^{K}\sum_{n=1,n\neq l}^{K}\sum_{d=1,d\neq l}^{K}\sum_{e=1,e\neq n}^{K}\delta_{l,n,d,e}^{[5]}\text{sinc}\left[B\left(\tau_2 + \frac{2H_{l,n,d,e}}{c}\right)\right]\times$$

$$\exp\left(j\frac{4\pi f_c H_{l,n,d,e}^{[0]}}{c}\right)\exp\left(j\frac{4\pi f_c H_{l,n,d,e}^{[1]}}{c}t_m\right)\times \qquad (4\text{-}64)$$

$$\exp\left(j\frac{4\pi f_c H_{l,n,d,e}^{[2]}}{c}t_m^2\right)\exp\left(j\frac{4\pi f_c H_{l,n,d,e}^{[3]}}{c}t_m^3\right)$$

其中，$\delta_{l,n}^{[1]}$、$\delta_{l,n}^{[2]}$、$\delta_{i,l,n}^{[3]}$、$\delta_{i,l,n}^{[4]}$ 以及 $\delta_{l,n,d,e}^{[5]}$ 分别表示相应的交叉项幅度，

$$D_{l,n} = D_{l,n}^{[0]} + D_{l,n}^{[1]}t_m + D_{l,n}^{[2]}t_m^2 \qquad (4\text{-}65)$$

$$D_{l,n}^{[0]} = -N_{1,l} + N_{1,n} - N_{2,l}T_r - N_{3,l}T_r^2 \qquad (4\text{-}66)$$

$$D_{l,n}^{[1]} = -N_{2,l} + N_{2,n} - 2N_{3,l}T_r \qquad (4\text{-}67)$$

$$D_{l,n}^{[2]} = -N_{3,l} + N_{3,n} \qquad (4\text{-}68)$$

$$E_{l,n} = E_{l,n}^{[0]} + E_{l,n}^{[1]}t_m + E_{l,n}^{[2]}t_m^2 \qquad (4\text{-}69)$$

$$E_{l,n}^{[0]} = -C_{l,n}^{[1]}T_r - C_{l,n}^{[2]}T_r^2 - C_{l,n}^{[3]}T_r^3 \qquad (4\text{-}70)$$

$$E_{l,n}^{[1]} = -2C_{l,n}^{[2]}T_r - 3C_{l,n}^{[3]}T_r^2 \qquad (4\text{-}71)$$

$$E_{l,n}^{[2]} = -3C_{l,n}^{[3]}T_r \qquad (4\text{-}72)$$

$$F_{i,l,n} = F_{i,l,n}^{[0]} + F_{i,l,n}^{[1]}t_m + F_{i,l,n}^{[2]}t_m^2 + F_{i,l,n}^{[3]}t_m^3 \qquad (4\text{-}73)$$

$$F_{i,l,n}^{[0]} = N_{1,i} - C_{l,n}^{[0]} - C_{l,n}^{[1]}T_{\rm r} - C_{l,n}^{[2]}T_{\rm r}^2 - C_{l,n}^{[3]}T_{\rm r}^3 \tag{4-74}$$

$$F_{i,l,n}^{[1]} = N_{2,i} - C_{l,n}^{[1]} - 2C_{l,n}^{[2]}T_{\rm r} - 3C_{l,n}^{[3]}T_{\rm r}^2 \tag{4-75}$$

$$F_{i,l,n}^{[2]} = N_{3,i} - C_{l,n}^{[2]} - 3C_{l,n}^{[3]}T_{\rm r} \tag{4-76}$$

$$F_{i,l,n}^{[3]} = -C_{l,n}^{[3]} \tag{4-77}$$

$$G_{i,l,n} = G_{i,l,n}^{[0]} + G_{i,l,n}^{[1]}t_m + G_{i,l,n}^{[2]}t_m^2 + G_{i,l,n}^{[3]}t_m^3 \tag{4-78}$$

$$G_{i,l,n}^{[0]} = -N_{1,i} + C_{l,n}^{[0]} - N_{2,i}T_{\rm r} - N_{3,i}T_{\rm r}^2 \tag{4-79}$$

$$G_{i,l,n}^{[1]} = -N_{2,i} + C_{l,n}^{[1]} - 2N_{3,i}T_{\rm r} \tag{4-80}$$

$$G_{i,l,n}^{[2]} = -N_{3,i} + C_{l,n}^{[2]} \tag{4-81}$$

$$G_{i,l,n}^{[3]} = C_{l,n}^{[3]} \tag{4-82}$$

$$H_{l,n,d,e} = H_{l,n,d,e}^{[0]} + H_{l,n,d,e}^{[1]}t_m + H_{l,n,d,e}^{[2]}t_m^2 + H_{l,n,d,e}^{[3]}t_m^3 \tag{4-83}$$

$$H_{l,n,d,e}^{[0]} = -C_{l,n}^{[0]} + C_{d,e}^{[0]} - C_{l,n}^{[1]}T_{\rm r} - C_{l,n}^{[2]}T_{\rm r}^2 - C_{l,n}^{[3]}T_{\rm r}^3 \tag{4-84}$$

$$H_{l,n,d,e}^{[1]} = -C_{l,n}^{[1]} + C_{d,e}^{[1]} - 2C_{l,n}^{[2]}T_{\rm r} - 3C_{l,n}^{[3]}T_{\rm r}^2 \tag{4-85}$$

$$H_{l,n,d,e}^{[2]} = -C_{l,n}^{[2]} + C_{d,e}^{[2]} - 3C_{l,n}^{[3]}T_{\rm r} \tag{4-86}$$

$$H_{l,n,d,e}^{[3]} = -C_{l,n}^{[3]} + C_{d,e}^{[3]} \tag{4-87}$$

由式（4-58）～式（4-64）可以看出：$R_2\left(\tau_2, t_m\right)$ 包含自聚焦项和交叉项。所有自聚焦项都是关于慢时间 t_m 的一阶相位函数，而所有交叉项都是关于 t_m 的二阶相位函数或者三阶相位函数。沿慢时间 t_m 方向做傅里叶变换后，所有的自聚焦项都可以实现能量的相参积累，但是交叉项不能得到有效积累。

对式（4-58）做慢时间维傅里叶变换，可得：

$$R_2\left(\tau_2, f_{t_m}\right) = \sum_{i=1}^{K} A_{8,i}\,{\rm sinc}\left[B\left(\tau_2 + \frac{2M_{0,i}}{c}\right)\right]\exp\left(j\frac{4\pi f_c M_{1,i}}{c}\right) \times$$
$$\qquad {\rm sinc}\left[(N-2)T_{\rm r}\left(f_{t_m} - \frac{2f_c M_{2,i}}{c}\right)\right] + R_{2,{\rm cross}}\left(\tau_2, f_{t_m}\right) \tag{4-88}$$

其中，$R_{2,{\rm cross}}\left(\tau_2, f_{t_m}\right)$ 表示所有交叉项的傅里叶变换之和。积累结果 $R_2\left(\tau_2, f_{t_m}\right)$ 中，每个目标的能量都得到相参积累并在输出结果对应一个峰值。

仿真示例 4-3 为验证迭代 ACCF 方法的多目标相参积累性能，进行仿真实验。雷达系统参数设置为：载波频率 $f_c = 1{\rm GHz}$，带宽 $B = 10{\rm MHz}$，采样频率 $f_s = 10{\rm MHz}$，脉冲重复频率 $f_p = 200{\rm Hz}$，积累脉冲数 $N = 403$。目标 C 的运动参数为：初始距离 $r_{0,1} = 101.875{\rm km}$，速度 $a_{1,1} = 180{\rm m/s}$，加速度 $a_{2,1} = 60{\rm m/s}^2$，加加

速度 $a_{3,1}=50\text{m/s}^3$。目标 D 的运动参数为：初始距离 $r_{0,2}=100\text{km}$，速度 $a_{1,2}=150\text{m/s}$，加速度 $a_{2,2}=30\text{m/s}^2$，加加速度 $a_{3,2}=50\text{m/s}^3$。

仿真结果如图 4-3 所示。其中图 4-3（a）展示了脉压结果。可以看到，目标发生了严重的距离走动。经过 ACCF 校正后的结果如图 4-3（b）所示。此时，目标的自聚焦项信号能量落在了同一个距离单元内，但是交叉项信号能量分布在不同的距离单元内，有利于后续交叉项的抑制。两次 ACCF 操作后的积累结果如图 4-3（c）所示，两个目标的能量积累后形成了两个明显的峰值。

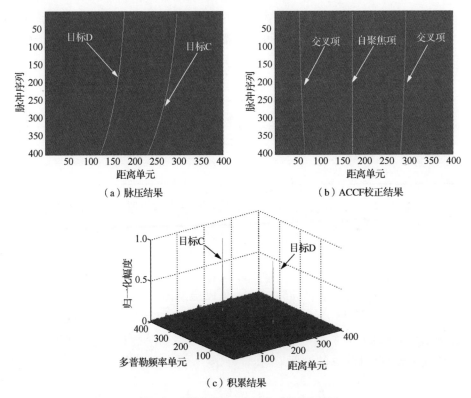

图 4-3　多目标迭代 ACCF 方法的仿真结果

4.3.3　ACCF 方法的优势

ACCF 方法的优势如下。

（1）无须进行参数搜索，计算复杂度低。ACCF 操作可以通过复乘、快速傅里叶变换（FFT）以及快速傅里叶逆变换（IFFT）完成。此外，LVD 同样可由复乘、FFT 和 IFFT 实现[11]。因此，ACCF-LVD 方法与迭代 ACCF 方法都可以由复乘、FFT 以及 IFFT 完成，有利于方法的工程实现与应用。与需要进行四维搜索的 GRFT 方法相比，ACCF-LVD 方法与迭代 ACCF 方法可避免对目标未知运动参数的搜索过程。

令 M_r、M、N_3、N_2 以及 N_1 分别表示距离单元数目、时间延迟采样数目、加加速度搜索数目、加速度搜索数目以及速度搜索数目。那么，ACCF-LVD 方法的计算复杂度为 $O(NM_r\log_2 M_r + 6M_rMN\log_2 N)$；迭代 ACCF 方法的计算复杂度为 $O(3NM_r\log_2 M_r + 3M_rN\log_2 N)$；基于四维搜索的 GRFT 方法[12]的计算复杂度为 $O(NM_rN_1N_2N_3)$ [12]。

假设 $M_r = N = M = N_3 = N_2 = N_1$，那么 ACCF-LVD、迭代 ACCF 和 GRFT 这 3 种方法的计算复杂度分别为 $O(M^3\log_2 M)$、$O(M^2\log_2 M)$ 和 $O(M^5)$。与 GRFT 方法相比，ACCF-LVD 方法和迭代 ACCF 方法的计算复杂度降低了 2~3 个数量级。表 4-1 给出了 3 种方法相参积累过程所需的时间，GRFT 方法的运算时间高于 ACCF-LVD 方法和迭代 ACCF 方法。

表 4-1 3 种方法相参积累过程所需的时间

方法名称	所需时间（s）
GRFT	345.4
ACCF-LVD	11.2
迭代 ACCF	5.4

（2）可避免速度模糊或者盲速旁瓣。航空航天技术的发展使得越来越多的高速目标出现在雷达探测领域。雷达载波频率较高或者脉冲重复频率较低，会导致速度模糊现象，使得 GRFT 方法中出现盲速旁瓣。ACCF-LVD 方法和迭代 ACCF 方法可以克服速度模糊问题，原因如下。

根据雷达的波长以及脉冲重复频率，可以确定雷达系统的无模糊速度范围是 $0 \sim 0.5\lambda f_p$。ACCF-LVD 方法和迭代 ACCF 方法不是直接估计目标 i 的速度 $a_{1,i}$，而是先估计出 ACCF 的系数，也就是 $N_{3,i}$、$N_{2,i}$ 以及 $N_{1,i}$，然后利用这 3 个系数与 $a_{1,i}$ 间的关系反解出目标 i 的速度。因此，只要下面的条件成立：

$$|N_{k,i}| \leqslant \frac{\lambda f_p}{2}, \ k = 1,2,3 \qquad (4\text{-}89)$$

那么，ACCF-LVD 方法和迭代 ACCF 方法中就不会出现速度模糊或者盲速旁瓣。通常情况下，式（4-89）是成立的。

4.4 KTGDP 相参积累方法

第 4.2 节和第 4.3 节给出的 ACCF-LVD 和迭代 ACCF 两种相参积累方法虽然无须参数搜索、计算复杂度低，但是两种方法都需要进行互相关运算，因此其所需的 SNR 较高。为了进一步提升低 SNR 下变加速运动高速目标的长时间相参积累性能，下面分别介绍 3 种基于频域尺度伸缩变换的相参积累方法：KTGDP、KTCPF、GKTGDP。本节针对线性距离走动的变加速运动高速目标，介绍 KTGDP 相参积累方法。

4.4.1　频域回波模型

为了便于分析，下面以目标 k 的回波信号积累处理为例进行详细介绍。首先，对脉压后的信号做快时间维傅里叶变换，可得：

$$S_k\left(t_m, f\right) = A_{2,k}^{[1]} \text{rect}\left(\frac{f}{B}\right) \exp\left[-\text{j}\frac{4\pi\left(f + f_\text{c}\right)r_k\left(t_m\right)}{c}\right] \tag{4-90}$$

其中，$A_{2,k}^{[1]}$ 表示快时间维傅里叶变换后的信号幅度。

由于目标的高速以及雷达较低的脉冲重复频率，常常会发生多普勒欠采样。此时目标的径向速度可以表示为：

$$a_{1,k} = n_k v_a + v_{0,k} \tag{4-91}$$

其中，n_k 为折叠因子（也称为模糊倍数）；$v_a = \lambda f_\text{p}/2$ 表示盲速（f_p 是雷达脉冲重复频率）；$v_{0,k} = \text{mod}\left(a_{1,k}, v_a\right)$ 并且满足 $|v_0| < v_a/2$。

将式（4-91）代入式（4-90），可得：

$$\begin{aligned}
S_k\left(t_m, f\right) = {} & A_{3,k}^{[1]} \exp\left[-\text{j}\frac{4\pi r_{0,k}}{\lambda}\left(1 + \frac{f}{f_\text{c}}\right)\right] \exp\left[-\text{j}\frac{4\pi v_{0,k} t_m}{\lambda}\left(1 + \frac{f}{f_\text{c}}\right)\right] \times \\
& \exp\left(\frac{-\text{j}4\pi n_k v_a t_m f}{f_\text{c}\lambda}\right) \exp\left[-\text{j}\frac{4\pi a_{2,k} t_m^2}{c}\left(1 + \frac{f}{f_\text{c}}\right)\right] \times \\
& \exp\left[-\text{j}\frac{4\pi a_{3,k} t_m^3}{c}\left(1 + \frac{f}{f_\text{c}}\right)\right]
\end{aligned} \tag{4-92}$$

其中，$A_{3,k}^{[1]} = A_{2,k}^{[1]} \text{rect}\left(f/B\right)$。

式（4-92）中有 4 项关于慢时间的指数项是与距离频率 f 耦合的，其中第 1 项和第 2 项是由目标速度引起的，会导致线性距离走动的产生；第 3 项和第 4 项分别是由目标加速度以及加加速度引起的，会导致多普勒走动的产生。

4.4.2　线性距离走动校正

首先，利用 KT 校正由 v_0 引起的距离走动，即在距离频率域做如下变换：

$$t_m = \frac{f_\text{c}}{f + f_\text{c}} t_n \tag{4-93}$$

其中，t_n 表示 KT 后的慢时间。

将式（4-93）代入式（4-92）可得：

$$S_{KT}\left(t_n, f\right) = A_{3,k}^{[1]} \exp\left[-j\frac{4\pi r_{0,k}}{\lambda}\left(1 + \frac{f}{f_c}\right)\right] \exp\left[-j\frac{4\pi v_{0,k} t_n}{\lambda}\right] \times$$

$$\exp\left(-j\frac{4\pi a_{2,k} t_n^2}{\lambda}\frac{f_c}{f + f_c}\right) \exp\left[-j\frac{4\pi a_{3,k} t_n^3}{\lambda}\left(\frac{f_c}{f + f_c}\right)^2\right] \times \quad (4\text{-}94)$$

$$\exp\left(-j\frac{4\pi n_k v_a t_n}{\lambda}\frac{f}{f + f_c}\right)$$

窄带条件下 $f \ll f_c$，有 $f_c/(f + f_c) \approx 1$，$f/(f + f_c) \approx f/f_c$，因此式（4-94）可近似表示为：

$$S_{KT}\left(t_n, f\right) \approx A_{3,k}^{[1]} \exp\left[-j\frac{4\pi r_{0,k}}{\lambda}\left(1 + \frac{f}{f_c}\right)\right] \exp\left(-j\frac{4\pi v_{0,k} t_n}{\lambda}\right) \times$$

$$\exp\left(-j\frac{4\pi a_{2,k} t_n^2}{\lambda}\right) \exp\left(-j\frac{4\pi a_{3,k} t_n^3}{\lambda}\right) \times \quad (4\text{-}95)$$

$$\exp\left(-j\frac{4\pi n_k v_a t_n}{\lambda}\frac{f}{f_c}\right)$$

由式（4-95）可以看出，经过 KT 后 $v_{0,k}$ 与 f 之间的耦合已经得到解除。然而，由折叠因子项引起的距离走动仍然存在。为此，定义如下折叠因子补偿函数：

$$H\left(t_n, f; n'\right) = \exp\left(j\frac{4\pi n' v_a t_n}{\lambda}\frac{f}{f_c}\right) \quad (4\text{-}96)$$

其中，n' 表示搜索折叠因子。

将式（4-95）乘式（4-96）可得：

$$S_{KT}\left(t_n, f; n'\right) = A_{3,k}^{[1]} \exp\left[-j\frac{4\pi r_{0,k}}{\lambda}\left(1 + \frac{f}{f_c}\right)\right] \exp\left(-j\frac{4\pi v_{0,k} t_n}{\lambda}\right) \times$$

$$\exp\left(-j\frac{4\pi a_{2,k} t_n^2}{\lambda}\right) \exp\left(-j\frac{4\pi a_{3,k} t_n^3}{\lambda}\right) \times \quad (4\text{-}97)$$

$$\exp\left(-j\frac{4\pi\left(n_k - n'\right) v_a t_n}{\lambda}\frac{f}{f_c}\right)$$

对式（4-97）沿距离频率方向做傅里叶逆变换，有：

$$s_{KT}\left(t_n, \hat{t}; n'\right) = A_{1,k} \operatorname{sinc}\left[B\left(\hat{t} - \frac{2r_{0,k}}{c} - \frac{2\left(n_k - n'\right) v_a t_n}{c}\right)\right] \exp\left(-j\frac{4\pi r_{0,k}}{\lambda}\right) \times$$

$$\exp\left(-j\frac{4\pi v_{0,k} t_n}{\lambda}\right) \exp\left(-j\frac{4\pi a_{2,k} t_n^2}{\lambda}\right) \exp\left(-j\frac{4\pi a_{3,k} t_n^3}{\lambda}\right) \quad (4\text{-}98)$$

当搜索的折叠因子等于目标折叠因子，即 $n' = n_k$ 时，有：

$$s_{\mathrm{KT}}\left(t_n, \hat{t}\right) = A_{1,k} \operatorname{sinc}\left[B\left(\hat{t} - \frac{2r_{0,k}}{c}\right)\right] \exp\left(-\mathrm{j}\frac{4\pi r_{0,k}}{\lambda}\right) \exp\left(-\mathrm{j}\frac{4\pi v_{0,k} t_n}{\lambda}\right) \times$$

$$\exp\left(-\mathrm{j}\frac{4\pi a_{2,k} t_n^2}{\lambda}\right) \exp\left(-\mathrm{j}\frac{4\pi a_{3,k} t_n^3}{\lambda}\right) \tag{4-99}$$

如式（4-99）所示：线性距离走动得到校正，目标能量落在同一个距离单元内（对应目标的初始径向距离 R_0）。因此，可利用下面的式子来估计目标的折叠因子：

$$E\left(n'\right) = \sum_{n=(N-1)/2}^{(N-1)/2} \left|s_{\mathrm{KT}}\left(t_n, \hat{t}; n'\right)\right|^2 \tag{4-100}$$

当 $E\left(n'\right)$ 达到最大值时，对应的 n' 就是目标折叠因子的估计值：

$$\hat{n}_k = \arg\max_{n'} E\left(n'\right) \tag{4-101}$$

利用估计得到的折叠因子，可以补偿折叠因子相位项，从而完成线性距离走动的校正。

4.4.3 多普勒走动补偿

为补偿目标加速度和加加速度引起的多普勒走动，定义如下相位补偿函数：

$$M_{d_2, d_3}\left(t_n\right) = \exp\left[\mathrm{j}\frac{4\pi}{\lambda}\left(d_2 t_n^2 + d_3 t_n^3\right)\right] \tag{4-102}$$

其中，d_2 和 d_3 分别表示待搜索的加速度与加加速度。

将式（4-99）乘式（4-102）可得：

$$s_{\mathrm{KT}}\left(t_n, \hat{t}\right) = A_{1,k} \operatorname{sinc}\left[B\left(\hat{t} - \frac{2r_{0,k}}{c}\right)\right] \exp\left(-\mathrm{j}\frac{4\pi r_{0,k}}{\lambda}\right) \times$$

$$\exp\left(-\mathrm{j}\frac{4\pi v_{0,k} t_n}{\lambda}\right) \exp\left[-\mathrm{j}\frac{4\pi\left(a_{2,k} - d_2\right) t_n^2}{\lambda}\right] \times \tag{4-103}$$

$$\exp\left[-\mathrm{j}\frac{4\pi\left(a_{3,k} - d_3\right) t_n^3}{\lambda}\right]$$

由式（4-103）可以看出，当搜索的加速度与加加速度分别等于目标的加速度与加加速度时，信号 $s_{\mathrm{KT}}\left(t_n, \hat{t}\right)$ 的二阶相位和三阶相位都得到补偿，只剩下线性相位。此时，通过慢时间维傅里叶变换就可实现信号能量的相参积累。因此，$a_{2,k}$ 和 $a_{3,k}$ 可估计如下：

$$\left(\hat{a}_{2,k}, \hat{a}_{3,k}\right) = \arg\max_{d_2,d_3} \left| \underset{t_n}{\mathrm{FT}} \left[s_{\mathrm{KT}}\left(t_n, \hat{t}\right) M_{d_2 d_3}\left(t_n\right) \right] \right| \tag{4-104}$$

其中，$\underset{t_n}{\mathrm{FT}}$ 表示沿慢时间方向做傅里叶变换。

式（4-102）～式（4-104）的处理过程与去调频处理相似[13-14]，所以本章称之为广义去调频处理（Generalized Dechirp Process，GDP）。

4.4.4 傅里叶变换实现积累

利用 GDP 估计得到的 $\hat{a}_{2,k}$ 和 $\hat{a}_{3,k}$，可以构建相位补偿函数：

$$P\left(t_n\right) = \exp\left[\mathrm{j}\frac{4\pi}{\lambda}\left(\hat{a}_{2,k} t_n^2 + \hat{a}_{3,k} t_n^3\right) \right] \tag{4-105}$$

将式（4-99）乘式（4-105）可得：

$$s_{\mathrm{KT}}\left(t_n, \hat{t}\right) = A_{1,k} \mathrm{sinc}\left[B\left(\hat{t} - \frac{2r_{0,k}}{c}\right) \right] \times$$
$$\exp\left(-\mathrm{j}\frac{4\pi r_{0,k}}{\lambda}\right) \exp\left(-\mathrm{j}\frac{4\pi v_{0,k} t_n}{\lambda}\right) \tag{4-106}$$

对式（4-106）做慢时间维傅里叶变换，有：

$$s_{\mathrm{KT}}\left(f_{t_n}, \hat{t}\right) = P_k \mathrm{sinc}\left[B\left(\hat{t} - \frac{2r_{0,k}}{c}\right) \right] \mathrm{sinc}\left[NT_{\mathrm{r}}\left(f_{t_n} + \frac{2v_{0,k}}{\lambda}\right) \right] \tag{4-107}$$

其中，P_k 表示慢时间维傅里叶变换后的信号幅度。

通过 $s_{\mathrm{KT}}\left(f_{t_n}, \hat{t}\right)$ 的峰值位置可以估计出非模糊速度 $v_{0,k}$。随后，利用估计得到目标折叠因子 $\hat{n}_k$ 与非模糊速度 $\hat{v}_{0,k}$，可以得到目标的真实速度估计值为：

$$\hat{a}_{1,k} = \hat{v}_{0,k} + \hat{n}_k v_a \tag{4-108}$$

4.5 KTCPF 相参积累方法

虽然 KTGDP 方法可以通过 GDP 估计得到目标的加速度与加加速度，但是 GDP 需要进行二维参数搜索。为进一步降低计算复杂度，本节介绍基于 KTCPF 的相参积累与运动参数估计方法。与 KTGDP 方法的不同之处，KTCPF 方法利用三阶相位函数（Cubic Phase Function，CPF）估计目标的加速度与加加速度。由于 CPF 只需要进行两次一维搜索，因此与 KTGDP 方法相比，KTCPF 方法的计算复杂度有所下降。

4.5.1 KTCPF 方法的原理

在 KT 和折叠因子项匹配补偿后，目标的距离走动得到校正，回波信号能量落在了同一距离单元内，如式（4-99）所示。为便于分析，只考虑一个距离单元内的信号：

$$s_{\mathrm{KT}}(t_n) = B_{2,k} \exp\left[-\mathrm{j}\frac{4\pi}{\lambda}\left(v_0 t_n + a_2 t_n^2 + a_3 t_n^3\right)\right] \quad （4\text{-}109）$$

其中，$B_{2,k}$ 表示该距离单元内信号的幅度。

$s_{\mathrm{KT}}(t_n)$ 的 CPF 定义如下[14-17]：

$$\mathrm{CPF}(n,\Omega) = \sum_{k=0}^{(N-1)/2} s_{\mathrm{KT}}(t_n + t_k) s_{\mathrm{KT}}(t_n - t_k) \exp\left(\mathrm{j}\frac{4\pi}{\lambda}\Omega k^2 T_{\mathrm{r}}^2\right) \quad （4\text{-}110）$$

其中，$t_k = kT_{\mathrm{r}}$，Ω 表示瞬时频率变化率（Instantaneous Frequency Rate，IFR）。

将式（4-109）代入式（4-110）可得：

$$\begin{aligned}
\mathrm{CPF}(n,\Omega) = {}& B_{2,k}^2 \exp\left[\mathrm{j}\frac{8\pi}{\lambda}\left(v_0 n T_{\mathrm{r}} + a_2 n^2 T_{\mathrm{r}}^2 + a_3 n^3 T_{\mathrm{r}}^3\right)\right] \times \\
& \sum_{k=0}^{(N-1)/2} \exp\left[-\mathrm{j}\frac{4\pi T_{\mathrm{r}}^2}{\lambda}\left(2a_2 + 6a_3 n T_{\mathrm{r}} - \Omega\right)k^2\right]
\end{aligned} \quad （4\text{-}111）$$

由式（4-111）可以看出，CPF 的峰值位置为[15]：

$$\Omega = 2a_2 + 6a_3 n T_{\mathrm{r}} \quad （4\text{-}112）$$

因此，根据两个不同时刻 CPF 的峰值位置，就可以反解出 a_2 和 a_3。具体步骤如下。

首先，估计得到 n_1 和 n_2 两个时刻的峰值位置：

$$\hat{\Omega}_1 = \arg\max_{\Omega} \left|\mathrm{CPF}(n_1,\Omega)\right| \quad （4\text{-}113）$$

$$\hat{\Omega}_2 = \arg\max_{\Omega} \left|\mathrm{CPF}(n_2,\Omega)\right| \quad （4\text{-}114）$$

其中，n_1 和 n_2 的通常取值为[15-16]：

$$n_1 = 0, \quad n_2 = \mathrm{round}(0.11N) \quad （4\text{-}115）$$

随后，a_2 和 a_3 的估计值为：

$$\hat{a}_2 = \frac{\hat{\Omega}_1}{2} \quad （4\text{-}116）$$

$$\hat{a}_3 = \frac{\left(\hat{\Omega}_2 - \hat{\Omega}_1\right)}{6n_2 T_{\mathrm{r}}} \quad （4\text{-}117）$$

利用估计得到的 $\hat{a}_2$ 和 $\hat{a}_3$ 对距离走动校正后的回波信号进行相位补偿，就可以通过慢时间维傅里叶变换实现目标回波信号能量的相参积累。

4.5.2 KTCPF 方法的流程

针对线性距离走动变加速运动高速目标的相参积累处理问题，KTGDP 方法和 KTCPF 方法的流程如图 4-4 所示。

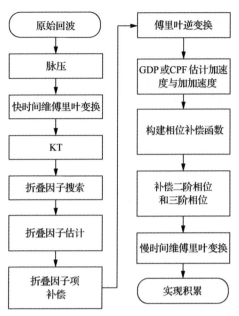

图 4-4　KTGDP 方法和 KTCPF 方法的流程

KTGDP 方法与 KTCPF 方法的主要步骤如下。

步骤 1　对雷达接收到的回波进行匹配滤波处理，随后沿快时间方向做傅里叶变换，得到慢时间−距离频率域上的脉压信号 $S_{\mathrm{r}}\left(t_m, f\right)$。

步骤 2　对脉压后的信号做 KT。

步骤 3　通过折叠因子搜索匹配过程估计得到目标的折叠因子。

步骤 4　利用估计到的折叠因子进行折叠因子项补偿，并沿距离频率方向做傅里叶逆变换，完成距离走动的校正。

步骤 5　通过 GDP 或 CPF 估计目标的加速度与加加速度。

步骤 6　首先利用估计得到的目标加速度与加加速度构建相位补偿函数，然后补偿距离走动校正后信号的二阶相位项与三阶相位项。

步骤 7　沿慢时间方向做傅里叶变换，实现目标能量的相参积累。

4.5.3　计算复杂度分析

令 M、N、N_1、N_2、N_3、N_F 以及 N_Ω 分别表示距离单元数目、回波脉冲数目、速度搜索数目、加速度搜索数目、加加速度搜索数目、折叠因子搜索数目以及 IFR 搜索数目。KT 与折叠因子项补偿校正目标线性距离走动过程中需要的复乘次数为 $0.5NM\log_2 M + N^2 M + N_F\left(0.5M\log_2 M + 2MN\right)$，需要的复加次数为 $NM\log_2 M + N(N-1)M + N_F\left[M\log_2 M + 2M(N-1)\right]$。GDP 估计加速度与加加速度所需的复乘次数和复加次数分别为 $0.5N_2N_3MN\log_2 N$ 和 $N_2N_3MN\log_2 N$；CPF 估计目标加速度与加加速度需要的复乘次数和复加次数分别为 $3N_\Omega M(N+1)$ 以及 $N_\Omega M(N+1)$。

此外，基于四维搜索的 GRFT 方法所需要的复乘次数和复加次数分别为 $NMN_1N_2N_3$ 和 $(N-1)MN_1N_2N_3$。假设 $M=N_1=N_2=N_3=N_F=N_\Omega=N$，则 KTGDP、KTCPF 以及 GRFT 这 3 种方法的计算复杂度分别为 $O(N^4\log_2 N)$、$O(N^3)$ 以及 $O(N^5)$。KTGDP 与 KTCPF 这两种方法的计算复杂度都要低于 GRFT 方法。

4.5.4　仿真验证

为了验证 KTGDP 方法与 KTCPF 方法的有效性，本小节对这两种方法进行仿真。雷达系统参数如表 4-2 所示。

表 4-2　雷达系统参数

参数名称	取值
雷达载波频率	10GHz
带宽	1MHz
采样频率	5MHz
脉冲重复频率	200Hz
脉冲持续时间	100μs
积累脉冲数	201

首先，我们仿真分析了 KTGDP 方法与 KTCPF 方法的高速机动目标距离走动校正与相参积累性能。目标运动参数为：速度 $a_1=3600\text{m/s}$，加速度 $a_2=20\text{m/s}^2$，加加速度 $a_3=10\text{m/s}^3$，雷达接收到的原始回波 SNR 为 -12dB。仿真结果如图 4-5 所示，其中图 4-5（a）所示为脉压结果。可以看到，目标发生了严重的距离走动，信号能量分布在不同的距离单元内。KT 与折叠因子项匹配补偿后的结果如图 4-5（b）所示。此时，目标距离走动得到校正，信号能量落在同一个距离单元内。图 4-5（c）所示为基于 GDP 的加速度与加加速度估计结果，峰值位置对应的就是目标的加速度与加加速度。利用估计得到的目标加速度以及加加速度完成多普勒补偿，最终的 KTGDP 积累结果如图 4-5（d）所示。可以看到，目标能量得到了有效积累并形成明显峰值，有利于后续的目标检测。此外，基于 CPF 的加速度与加加速度估计结果如图 4-5（e）所示，相应的 KTCPF 积累结果如图 4-5（f）所示。此时，经过 KTCPF 处理后，目标信号能量得到了有效积累并形成明显峰值。

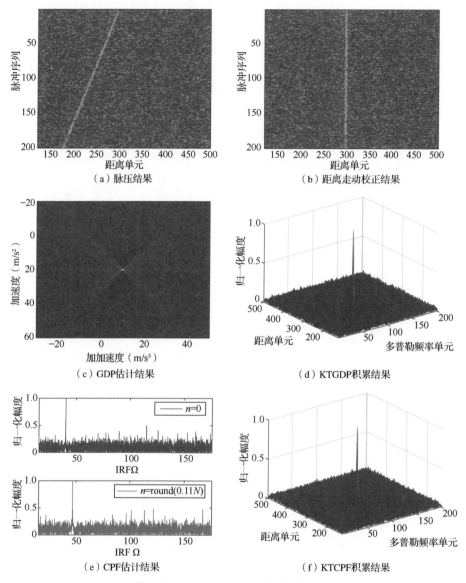

（a）脉压结果

（b）距离走动校正结果

（c）GDP估计结果

（d）KTGDP积累结果

（e）CPF估计结果

（f）KTCPF积累结果

图 4-5　KTGDP 和 KTCPF 的单目标积累

为了对比，图 4-6 展示了 MTD、RFT[18]、RFRFT[19]和 GRFT 这 4 种方法的积累结果。从图 4-6（a）～图 4-6（c）可以看到，MTD、RFT 和 RFRFT 都未能实现目标能量的相参积累。原因：MTD 只适用于未发生距离走动和多普勒走动的目标；RFT 虽然可以去除目标速度引起的距离走动，但是不能补偿目标加速度或者加加速度引起的多普勒走动；RFRFT 可以克服目标速度引起的距离走动以及加速度产生的多普勒走动，但是不能消除加加速度引起的多普勒弯曲。如图 4-6（d）

所示，GRFT 能够实现目标能量的相参积累，但是会产生大量峰值很高的盲速旁瓣（BSSL），导致严重的虚警。

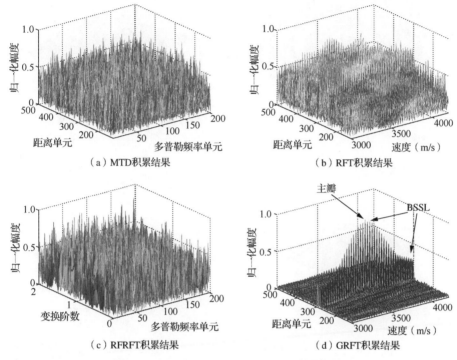

（a）MTD积累结果　　　　　（b）RFT积累结果

（c）RFRFT积累结果　　　　　（d）GRFT积累结果

图 4-6　MTD、RFT、RFRFT 和 GRFT 单目标积累

其次，我们仿真分析了 KTGDP 方法和 KTCPF 方法的多目标相参积累性能。目标 A 和目标 B 的运动参数如表 4-3 所示，两种方法的仿真结果如图 4-7 所示。其中，图 4-7（a）所示为脉压结果。图 4-7（b）所示为折叠因子搜索结果，两个峰值的位置分别对应两个目标的折叠因子。图 4-7（c）和图 4-7（d）分别展示了 KTGDP 积累结果和 KTCPF 积累结果。可以看到，这两种方法都能实现多个目标能量的相参积累。图 4-7（e）和图 4-7（f）分别展示了目标 A 和目标 B 的 GRFT 积累结果：盲速旁瓣会造成大量虚假目标的存在。

表 4-3　多目标相参积累实验中两个目标的运动参数

运动参数	目标 A	目标 B
初始径向距离	300.75km	300km
径向速度	4200m/s	2100m/s
径向加速度	20m/s^2	10m/s^2
径向加加速度	10m/s^3	10m/s^3
脉压前 SNR	−11dB	−11dB

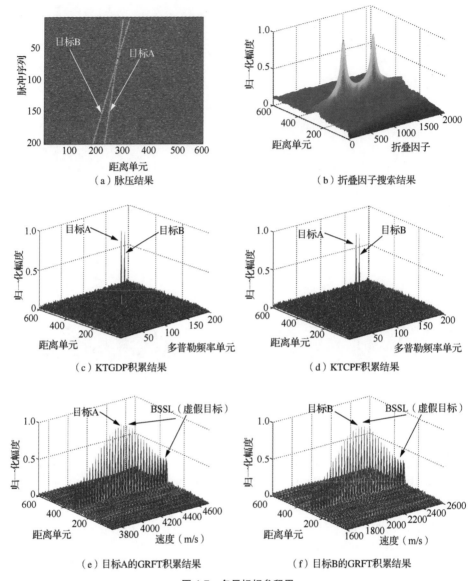

（a）脉压结果

（b）折叠因子搜索结果

（c）KTGDP积累结果

（d）KTCPF积累结果

（e）目标A的GRFT积累结果

（f）目标B的GRFT积累结果

图 4-7　多目标相参积累

接着，我们仿真对比了 KTGDP、KTCPF 以及 GRFT 这 3 种方法的计算复杂度。这 3 种方法关于脉冲数的计算复杂度曲线如图 4-8 所示。当脉冲数为 201 时，KTGDP 和 KTCFP 的计算复杂度分别是 GRFT 的 1.2×10^{-4} 倍和 1.9×10^{-7} 倍。此外，这 3 种方法在实现目标能量相参积累过程中所需的时间如表 4-4 所示，GRFT 所需的运算时间要大于 KTGDP 和 KTCPF。

表 4-4　3 种方法相参积累过程所需时间

方法名称	所需时间（s）
GRFT	482.3
KTGDP	28.5
KTCPF	12.4

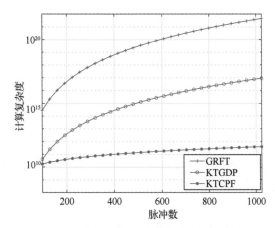

图 4-8　3 种方法关于脉冲数的计算复杂度曲线

　　此外，我们还通过蒙特卡洛仿真实验对比了 KTGDP、KTCPF 与其他 4 种积累方法（MTD、RFT、RFRFT 和 GRFT）的检测性能，检测性能曲线如图 4-9 所示。与 MTD、RFT 以及 RFRFT 相比，KTGDP 和 KTCPF 由于可以校正目标的距离走动并补偿加加速度引起的多普勒弯曲，可实现高速机动目标能量的相参积累并提升回波 SNR，因此 KTGDP 和 KTCPF 的检测性能要优于 MTD、RFT 与 RFRFT：检测概率为 0.8 时，KTGDP 所需要的 SNR 分别比 MTD、RFT 和 RFRFT 低 16.2dB、13.2dB 以及 11.4dB；KTCPF 所需的 SNR 分别比 MTD、RFT 和 RFRFT 低 12.7dB、9.7dB 以及 7.9dB。与需要进行四维搜索的 GRFT 相比，KTGDP 和 KTCPF 由于采用了降维处理，积累检测性能损失了 7～8dB。

　　最后，我们仿真分析了 KTGDP、KTCFP 以及 GRFT 这 3 种方法的运动参数估计性能。输入 SNR 的变化范围为-10～20dB，对每一个 SNR 都进行了 500 次蒙特卡洛实验。3 种方法的估计均方误差（Mean Square Error，MSE）如图 4-10 所示，当输入 SNR 大于 −1dB 或者 1dB 时，KTGDP 或者 KTCPF 能够获得与 GRFT 一样的参数估计性能。通过本小节的仿真实验可以得出结论：对于具有线性距离走动的变加速运动目标，KTGDP 和 KTCPF 的相参积累和检测性能优于 MTD、RFT 和 RFRFT；与 GRFT 相比，KTGDP 和 KTCPF 可避免盲速旁瓣，降低计算复杂度。

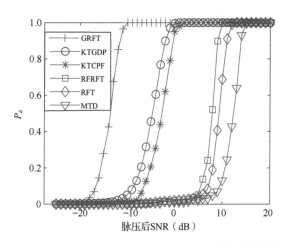

图 4-9　GRFT、KTGDP、KTCPF、RFRFT、RFT 和 MTD 的检测性能曲线（ $P_f = 10^{-4}$ ）

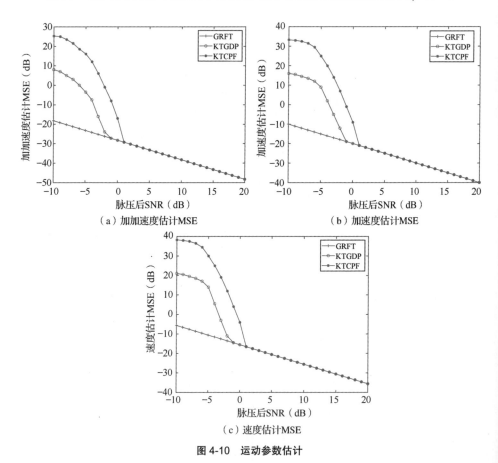

（a）加加速度估计MSE　　　　　　　（b）加速度估计MSE

（c）速度估计MSE

图 4-10　运动参数估计

4.6　GKTGDP 相参积累方法

KTGDP 和 KTCPF 只能校正变加速运动高速目标的速度引起的线性距离走动。当目标加速度/加加速度增大、积累时间延长或者信号带宽增加时，加速度和加加速度引起的二阶距离走动和三阶距离走动也需要考虑，并加以校正，以实现目标回波信号的长时间相参积累。为此，本节介绍基于 GKTGDP 的三阶距离走动变加速目标相参积累方法。

4.6.1　三阶距离走动回波模型

下面以目标 k 的回波信号为例进行分析。脉压后目标 k 的距离频率-慢时间回波信号为[20]：

$$
\begin{aligned}
S_k\left(t_m, f\right) = A_{3,k}^{[1]} \exp\left[-\mathrm{j}\frac{4\pi\left(f+f_c\right)}{c} r_{0,k}\right] \times \\
\exp\left[-\mathrm{j}\frac{4\pi\left(f+f_c\right)}{c} v_{0,k} t_m\right]\exp\left[-\mathrm{j}\frac{4\pi\left(f+f_c\right)}{c} a_{2,k} t_m^2\right] \times \\
\exp\left[-\mathrm{j}\frac{4\pi\left(f+f_c\right)}{c} a_{3,k} t_m^3\right] H_1\left(t_m, f\right)
\end{aligned}
\tag{4-118}
$$

其中

$$
H_1\left(t_m, f\right) = \exp\left[\frac{-\mathrm{j}4\pi\left(f+f_c\right)n_k v_a t_m}{c}\right]
\tag{4-119}
$$

令 $\xi = f/f_c$，则式（4-118）和式（4-119）可以分别表示为：

$$
\begin{aligned}
S_k\left(t_m, f\right) = A_{3,k}^{[1]} \exp\left[-\mathrm{j}\frac{4\pi r_{0,k}}{\lambda}\left(1+\xi\right)\right]\exp\left[-\mathrm{j}\frac{4\pi v_{0,k} t_m}{\lambda}\left(1+\xi\right)\right] \times \\
\exp\left[-\mathrm{j}\frac{4\pi a_{2,k} t_m^2}{\lambda}\left(1+\xi\right)\right] \times \\
\exp\left[-\mathrm{j}\frac{4\pi a_{3,k} t_m^3}{\lambda}\left(1+\xi\right)\right] H_1\left(t_m, f\right)
\end{aligned}
\tag{4-120}
$$

$$
\begin{aligned}
H_1\left(t_m, f\right) &= \exp\left[\frac{-\mathrm{j}4\pi n_k v_a t_m\left(1+\xi\right)}{\lambda}\right] \\
&= \exp\left(-\mathrm{j}2\pi n_k f_p t_m\right)\exp\left(\frac{-\mathrm{j}4\pi n_k v_a t_m \xi}{\lambda}\right) \\
&= \exp\left(\frac{-\mathrm{j}4\pi n_k v_a t_m \xi}{\lambda}\right)
\end{aligned}
\tag{4-121}
$$

式（4-120）中的指数相位项有 5 项：第 1 项为距离项，由目标初始时刻的径向距离决定；第 2 项为目标速度产生的一阶相位项；第 3 项与第 4 项分别是由目标加速度以及加加速度产生的二阶相位项与三阶相位项；第 5 项是折叠因子项。一阶相位项、二阶相位项和三阶相位项中都存在距离频率与慢时间的耦合，会分别引起一阶距离走动、二阶距离走动以及三阶距离走动。

4.6.2　GKTGDP 方法的原理

本小节围绕目标距离走动的校正，介绍 GKTGDP 方法的原理，主要包括三阶距离走动校正、二阶距离走动校正、一阶距离走动校正，并给出 GKTGDP 方法的具体实现步骤。

1．三阶距离走动校正

为了校正目标加加速度引起的三阶距离走动，我们对回波信号[式（4-120）]做三阶梯形变换（Third-order Keystone Transform，TKT，常称三阶 KT），即在慢时间–距离频率域上做如下变换：

$$t_m = \left(\frac{f_c}{f + f_c} \right)^{1/3} t_a \tag{4-122}$$

其中，t_a 表示三阶 KT 后的慢时间。

将式（4-122）代入式（4-120），有：

$$\begin{aligned}
S_1(t_a, f) = A_{3,k}^{[1]} &\exp\left[-\mathrm{j}\frac{4\pi r_{0,k}}{\lambda}(1+\xi) \right] \times \\
&\exp\left[-\mathrm{j}\frac{4\pi v_{0,k} t_a}{\lambda}\left(\frac{f+f_c}{f_c} \right)^{2/3} \right] \times \\
&\exp\left[-\mathrm{j}\frac{4\pi a_{2,k} t_a^2}{\lambda}\left(\frac{f+f_c}{f_c} \right)^{1/3} \right] \times \\
&\exp\left(-\mathrm{j}\frac{4\pi a_{3,k} t_a^3}{\lambda} \right) H_1(t_a, f)
\end{aligned} \tag{4-123}$$

其中

$$H_1(t_a, f) = \exp\left[\frac{-\mathrm{j}4\pi n_k v_a t_a \xi \left(\dfrac{f_c}{f_c + f} \right)^{1/3}}{\lambda} \right] \tag{4-124}$$

如式（4-123）所示，目标加加速度与距离频率之间的耦合已经去除，三阶距离走动得到校正，但是加加速度引起的多普勒走动仍然存在。为此，定义如下三阶相位补偿函数：

$$M_3\left(t_a\right) = \exp\left(\mathrm{j}\frac{4\pi a_3 t_a^{\,3}}{\lambda}\right) \tag{4-125}$$

用式（4-123）乘式（4-125），可得：

$$
\begin{aligned}
S_1\left(t_a, f\right) = {} & A_{3,k}^{[1]} \exp\left[-\mathrm{j}\frac{4\pi r_{0,k}}{\lambda}\left(1+\xi\right)\right] \times \\
& \exp\left[-\mathrm{j}\frac{4\pi v_{0,k} t_a}{\lambda}\left(\frac{f+f_\mathrm{c}}{f_\mathrm{c}}\right)^{2/3}\right] \times \\
& \exp\left[-\mathrm{j}\frac{4\pi a_{2,k} t_a^{\,2}}{\lambda}\left(\frac{f+f_\mathrm{c}}{f_\mathrm{c}}\right)^{1/3}\right] H_1\left(t_a, f\right)
\end{aligned}
\tag{4-126}
$$

如式（4-126）所示，目标加加速度引起的三阶距离走动和多普勒走动已得到校正补偿，但是目标加速度引起的二阶距离走动与多普勒走动以及速度引起的一阶距离走动仍然存在。

2. 二阶距离走动校正

为了校正加速度引起的二阶距离走动，对式（4-126）进行六阶 KT，即做如下变换：

$$t_a = \left(\frac{f_\mathrm{c}}{f+f_\mathrm{c}}\right)^{1/6} t_b \tag{4-127}$$

将式（4-127）代入式（4-126）可得：

$$
\begin{aligned}
S_1\left(t_b, f\right) = {} & A_{3,k}^{[1]} \exp\left[-\mathrm{j}\frac{4\pi r_{0,k}}{\lambda}\left(1+\xi\right)\right] \exp\left[-\mathrm{j}\frac{4\pi v_{0,k} t_b}{\lambda}\left(\frac{f+f_\mathrm{c}}{f_\mathrm{c}}\right)^{1/2}\right] \times \\
& \exp\left(-\mathrm{j}\frac{4\pi a_{2,k} t_b^{\,2}}{\lambda}\right) H_1\left(t_b, f\right)
\end{aligned}
\tag{4-128}
$$

其中

$$H_1\left(t_b, f\right) = \exp\left[\frac{-\mathrm{j}4\pi n_k v_a t_b \xi\left(\dfrac{f_\mathrm{c}}{f_\mathrm{c}+f}\right)^{1/2}}{\lambda}\right] \tag{4-129}$$

由式（4-128）可以看出，目标加速度与距离频率之间的耦合已经去除，二阶距离走动得到校正，但是加速度引起的多普勒走动仍然存在。为此，定义如下二阶相位补偿函数：

$$M_2(t_b) = j\frac{4\pi a_2 t_b^2}{\lambda} \tag{4-130}$$

用式（4-128）乘式（4-130），可得：

$$S_1(t_b, f) = A_{3,k}^{[1]} \exp\left[-j\frac{4\pi r_{0,k}}{\lambda}(1+\xi)\right]\exp\left[-j\frac{4\pi v_{0,k}t_b}{\lambda}\left(\frac{f+f_c}{f_c}\right)^{1/2}\right] \tag{4-131}$$

由式（4-131）可以看出，多普勒走动得到补偿，只剩下目标速度引起的一阶距离走动。

3．一阶距离走动校正

为校正剩余的一阶距离走动，对式（4-131）进行二阶 KT，即做如下变量代换：

$$t_b = \left(\frac{f_c}{f+f_c}\right)^{1/2} t_c \tag{4-132}$$

将式（4-132）代入式（4-131），可得：

$$S_1(t_c, f) = A_{3,k}^{[1]} \exp\left[-j\frac{4\pi r_{0,k}}{\lambda}(1+\xi)\right]\exp\left(-j\frac{4\pi v_{0,k}t_c}{\lambda}\right)H_1(t_c, f) \tag{4-133}$$

其中

$$H_1(t_c, f) = \exp\left(\frac{-j4\pi n_k v_a t_c \dfrac{f}{f+f_c}}{\lambda}\right) \tag{4-134}$$

式（4-133）表明 v_a 与距离频率 f 之间的耦合已经去除，但是折叠因子项仍然存在。为此，定义如下折叠因子项补偿函数：

$$H_a(t_c, f; n_a) = \exp\left(\frac{j4\pi n_a v_a t_c \dfrac{f}{f+f_c}}{\lambda}\right) \tag{4-135}$$

用式（4-133）乘式（4-135）可得：

$$S_{KT}(t_c, f) = A_{3,k}^{[1]} \exp\left[-j\frac{4\pi r_{0,k}}{\lambda}(1+\xi)\right]\exp\left(-j\frac{4\pi v_{0,k}t_c}{\lambda}\right) \tag{4-136}$$

如式（4-136）所示，目标的距离走动和多普勒走动得到了校正和补偿。对式（4-136）沿距离频率方向做傅里叶逆变换：

$$s_k\left(t_c,\hat{t}\right) = A_{1,k}\mathrm{sinc}\left[B\left(\hat{t}-\frac{2r_{0,k}}{c}\right)\right]\times$$
$$\exp\left(-\mathrm{j}\frac{4\pi r_{0,k}}{\lambda}\right)\exp\left(-\mathrm{j}\frac{4\pi v_{0,k}t_c}{\lambda}\right) \tag{4-137}$$

其中，$A_{1,k}$ 表示傅里叶逆变换后的信号幅度。

随后，对式（4-137）沿慢时间方向做傅里叶变换实现相参积累：

$$s_k\left(f_{t_c},\hat{t}\right) = P_k\mathrm{sinc}\left[B\left(\hat{t}-\frac{2r_{0,k}}{c}\right)\right]\exp\left(-\mathrm{j}\frac{4\pi r_{0,k}}{\lambda}\right)\times$$
$$\mathrm{sinc}\left[NT_r\left(f_{t_c}+\frac{2v_{0,k}}{\lambda}\right)\right] \tag{4-138}$$

其中，NT_r 表示总的相参积累时间，P_k 表示相参积累后的信号幅度。

4．具体实现步骤

在进行三阶相位补偿、二阶相位补偿以及折叠因子项补偿时，第 4.6.1 小节都是假设已经知道了目标的加加速度、加速度以及折叠因子。实际情况中，目标的运动信息往往是未知的，此时需要在加加速度-加速度-折叠因子域上进行多维参数搜索，相应的 GKTGDP 方法步骤如下。

步骤 1   对接收到的目标回波进行脉压后，沿快时间方向做傅里叶变换，得到距离频率域的信号。

步骤 2   确定距离搜索范围 $[r_{\min},r_{\max}]$、折叠因子搜索范围 $[F_{\min},F_{\max}]$、加速度搜索范围 $[a_{2,\min},a_{2,\max}]$、加加速度搜索范围 $[a_{3,\min},a_{3,\max}]$。结合雷达系统参数确定搜索步长，即 $\Delta r = c/(2B)$、$\Delta F = f_c/(Nf_s)$、$\Delta a_2 = \lambda/(4T^2)$、$\Delta a_3 = \lambda/(6T^3)$。其中，$f_s$ 表示采样频率。相应的距离搜索数目、折叠因子搜索数目、加速度搜索数目以及加加速度搜索数目分别为：

$$M = \mathrm{round}\left(\frac{r_{\max}-r_{\min}}{\Delta r}\right) \tag{4-139}$$

$$N_F = \mathrm{round}\left(\frac{F_{\max}-F_{\min}}{\Delta F}\right) \tag{4-140}$$

$$N_{a_2} = \mathrm{round}\left(\frac{a_{2,\max}-a_{2,\min}}{\Delta a_2}\right) \tag{4-141}$$

$$N_{a_3} = \mathrm{round}\left(\frac{a_{3,\max}-a_{3,\min}}{\Delta a_3}\right) \tag{4-142}$$

步骤 3   根据搜索加加速度 $a_{3,i}$、搜索加速度 $a_{2,k}$ 以及搜索折叠因子 n_p，分别构建三阶相位补偿函数、二阶相位补偿函数以及折叠因子项补偿函数：

$$M_3(t_a) = \exp\left(j\frac{4\pi a_{3,i}t_a^3}{\lambda}\right) \tag{4-143}$$

$$M_2(t_b) = \exp\left(j\frac{4\pi a_{2,k}t_b^2}{\lambda}\right) \tag{4-144}$$

$$M_1(t_c,f) = \exp\left[j4\pi\frac{n_p v_a t_c f}{\lambda(f+f_c)}\right] \tag{4-145}$$

其中，$a_{3,i} \in [a_{3,\min}, a_{3,\max}]$，$a_{2,k} \in [a_{2,\min}, a_{2,\max}]$，$n_p \in [F_{\min}, F_{\max}]$。

步骤 4 利用构建的相位补偿函数，先对距离频率域上的回波信号进行三阶 KT 和三阶相位补偿，得到信号 $S_1(t_a,f)$：

$$S_1(t_a,f) = \text{KT}_3[S_r(t,f)]M_3(t_a) \tag{4-146}$$

随后，对 $S_1(t_a,f)$ 进行六阶 KT 和二阶相位补偿，得到信号 $S_1(t_b,f)$：

$$S_1(t_b,f) = \text{KT}_6[S_1(t_a,f)]M_2(t_b) \tag{4-147}$$

最后，对 $S_1(t_b,f)$ 进行二阶 KT 与折叠因子相位补偿，得到 $S_1(t_c,f)$：

$$S_1(t_c,f) = \text{KT}_2[S_1(t_b,f)]M_1(t_c,f) \tag{4-148}$$

其中，$\text{KT}_3[\cdot]$、$\text{KT}_6[\cdot]$ 和 $\text{KT}_2[\cdot]$ 分别表示对信号进行三阶 KT、六阶 KT 以及二阶 KT。

步骤 5 先对校正补偿后的信号 $S_1(t_c,f)$ 沿距离频率方向做傅里叶逆变换，然后沿慢时间方向做傅里叶变换，获得积累输出 $s(f_{t_c},\hat{t})$。

步骤 6 遍历所有的搜索参数，获得各自的积累输出结果。当搜索的参数（加加速度、加速度、折叠因子）与目标的真实运动参数相匹配时，距离走动和多普勒走动得到校正和补偿，目标能量实现相参积累，此时的积累输出达到最大值。

因为三阶 KT、六阶 KT 以及二阶 KT 都可以看作 KT 广义上的延伸与拓展，所以本书统一称为广义 KT（Generalized Keystone Transform，GKT）；相应地，将本小节提出的基于 GKT 与 GDP 的方法称为 GKTGDP。

4.6.3　校正过程中的 RM 变化

脉压后的回波信号沿快时间方向做傅里叶变换后，表示如下：

$$\begin{aligned}
S_k(t_m,f) = {}& A_{3,k}^{[1]}\exp\left[-j\frac{4\pi r_{0,k}}{\lambda}(1+\xi)\right]\exp\left[-j\frac{4\pi v_{0,k}t_m}{\lambda}(1+\xi)\right]\times \\
& \exp\left[-j\frac{4\pi a_{2,k}t_m^2}{\lambda}(1+\xi)\right]H_1(t_m,f)\times \\
& \exp\left[-j\frac{4\pi a_{3,k}t_m^3}{\lambda}(1+\xi)\right]
\end{aligned} \tag{4-149}$$

相参积累过程中目标运动（速度、加速度和加加速度）引起的距离走动为：

$$\Delta R = a_{3,k}T^3 + a_{2,k}T^2 + \left(v_{0,k} + n_k v_a\right)T \tag{4-150}$$

其中，$a_{3,k}T^3$、$a_{2,k}T^2$ 和 $\left(v_{0,k} + n_k v_a\right)T$ 分别表示三阶距离走动、二阶距离走动及一阶距离走动的初始值。

经过三阶 KT 以及三阶相位补偿后的信号如式（4-126）所示。对 $[(f+f_c)/f_c]^{2/3}$、$[(f+f_c)/f_c]^{1/3}$ 以及 $[(f+f_c)/f_c]^{1/2}$ 分别进行一阶泰勒近似：

$$\left(\frac{f+f_c}{f_c}\right)^{2/3} \approx 1 + \frac{2f}{3f_c} \tag{4-151}$$

$$\left(\frac{f+f_c}{f_c}\right)^{1/3} \approx 1 + \frac{f}{3f_c} \tag{4-152}$$

$$\left(\frac{f+f_c}{f_c}\right)^{1/2} \approx 1 + \frac{f}{2f_c} \tag{4-153}$$

则式（4-126）可以近似表示成：

$$S_1\left(t_a,f\right) \approx A_{3,k}^{[1]} \exp\left[-\mathrm{j}\frac{4\pi r_{0,k}}{\lambda}\left(1+\xi\right)\right] H_1\left(t_a,f\right) \times$$
$$\exp\left(-\mathrm{j}\frac{4\pi v_{0,k}t_a}{\lambda}\right)\exp\left(-\mathrm{j}\frac{8\pi f v_{0,k}t_a}{3c}\right) \times \tag{4-154}$$
$$\exp\left(-\mathrm{j}\frac{4\pi a_{2,k}t_a^2}{\lambda}\right)\exp\left(-\mathrm{j}\frac{4\pi f a_{3,k}t_a^3}{3c}\right)$$

由式（4-154）可以看出：加加速度引起的三阶距离走动完全得到校正，而加速度引起的二阶距离走动减小为原始值的 1/3。同时由盲速 v_0 引起的一阶距离走动减小为原始值的 2/3。因此，三阶 KT 过程中的 RM 变化量为：

$$\Delta R_1 \approx a_{3,k}T^3 + \frac{2a_{2,k}T^2}{3} + \frac{v_{0,k}T}{3} \tag{4-155}$$

经过六阶 KT 以及二阶相位补偿后的信号如式（4-131）所示。利用式（4-153）中的泰勒近似，式（4-131）可以近似表示成：

$$S_1\left(t_b,f\right) \approx A_{3,k}^{[1]} \exp\left[-\mathrm{j}\frac{4\pi r_{0,k}}{\lambda}\left(1+\xi\right)\right] \exp\left(-\mathrm{j}\frac{4\pi v_{0,k}t_b}{\lambda}\right) \times$$
$$\exp\left(-\mathrm{j}\frac{2\pi f v_{0,k}t_b}{c}\right) H_1\left(t_b,f\right) \tag{4-156}$$

式（4-156）表明：剩余的二阶距离走动已经完全被去除，同时由盲速引起的一阶距离走动也减小为原始值的 1/2。因此，该变换过程中的 RM 变化量为：

$$\Delta R_2 \approx \frac{a_{2,k}T^2}{3} + \frac{v_{0,k}T}{6} \qquad (4\text{-}157)$$

经过二阶 KT 以及折叠因子项补偿后的信号可以重新写成：

$$S_{\mathrm{KT}}\left(t_c, f\right) = A_{3,k}^{[1]} \exp\left[-\mathrm{j}\frac{4\pi r_{0,k}}{\lambda}\left(1+\xi\right)\right] \exp\left(-\mathrm{j}\frac{4\pi v_{0,k}t_c}{\lambda}\right) \qquad (4\text{-}158)$$

如式（4-158）所示，残余的一阶距离走动全部得到校正，所以该变换过程中的 RM 变化量为：

$$\Delta R_3 \approx \frac{v_{0,k}T}{2} + n_k v_a T \qquad (4\text{-}159)$$

4.6.4　仿真验证

为了验证第 4.6.2 小节提出的 GKTGDP 方法的有效性，本小节对该方法进行仿真。雷达系统参数如表 4-5 所示。

表 4-5　雷达系统参数

参数名称	取值
雷达载波频率	10GHz
带宽	15MHz
采样频率	60MHz
脉冲重复频率	200Hz
脉冲持续时间	10μs
积累脉冲数	200

首先，图 4-11～图 4-14 展示了 GKTGDP 方法校正过程中的 RM 变化情况，目标的运动参数为：初始径向距离 $R_0 = 300\mathrm{km}$，径向速度 $a_1 = 600\mathrm{m/s}$，加速度 $a_2 = 50\mathrm{m/s}^2$，加加速度 $a_3 = 40\mathrm{m/s}^3$。目标回波信号脉压后的结果如图 4-11 所示。从图中可以看出，目标发生了严重的距离走动现象，积累时间内目标跨越了 276 个距离单元。经过三阶 KT 与三阶相位补偿后，结果如图 4-12 所示。此时，目标的距离走动减小为 247 个距离单元；目标距离走动的改变量为 29，与理论值 $[a_3 T^3 + (2a_2 T^2/3) + v_0 T/3]/(\delta r) \approx 29$ 相吻合。其中，$\delta r = c/(2f_s)$ 表示距离单元大小。图 4-13 展示的是六阶 KT 与二阶相位补偿后的结果，此时的距离走动减小为 240 个距离单元。相应地，目标的距离走动改变量为 7，与理论值相吻合。最后，图 4-14 展示了二阶 KT 与折叠因子相位补偿后的结果，距离走动全部得到校正，信号能量落在同一距离单元内。

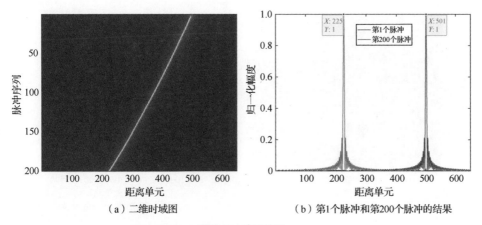

（a）二维时域图　　　　　（b）第1个脉冲和第200个脉冲的结果

图 4-11　脉压结果

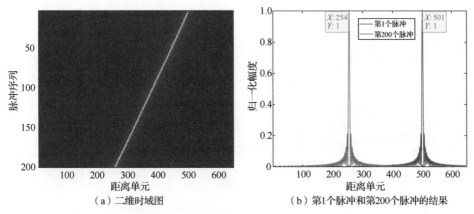

（a）二维时域图　　　　　（b）第1个脉冲和第200个脉冲的结果

图 4-12　三阶 KT 与三阶相位补偿后的结果

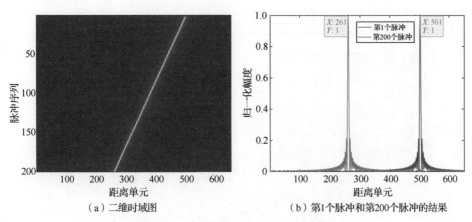

（a）二维时域图　　　　　（b）第1个脉冲和第200个脉冲的结果

图 4-13　六阶 KT 与二阶相位补偿后的结果

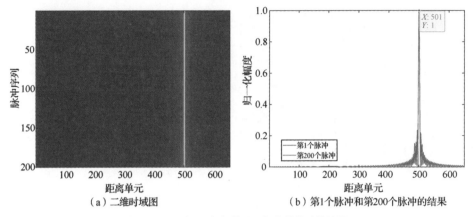

（a）二维时域图　　　　　　　　（b）第1个脉冲和第200个脉冲的结果

图 4-14　二阶 KT 与折叠因子相位补偿后的结果

其次，我们仿真分析了 GKTGDP 方法与 MTD、SKT-MFRT[21]、GRFT 以及加窗 GRFT[18]（Window GRFT，WGRFT）方法的相参积累性能，分别设置单个目标和两个目标两种情形进行方法验证。单个目标时的运动参数：初始距离为 300.375km，速度为 $1500\mathrm{m/s}$，加速度为 $50\mathrm{m/s}^2$，加加速度为 $40\mathrm{m/s}^3$，原始回波 SNR 为 –17dB。两个目标的运动参数如表 4-6 所示，回波 SNR 为 –17dB。仿真结果分别如图 4-15 和图 4-16 所示。

表 4-6　多目标相参积累实验中两个目标的运动参数

运动参数	目标 A	目标 B
初始径向距离	300.75km	300.075km
径向速度	1500m/s	900m/s
径向加速度	50m/s²	50m/s²
径向加加速度	40m/s³	20m/s³

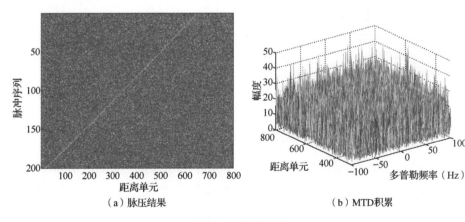

（a）脉压结果　　　　　　　　　（b）MTD积累

图 4-15　单目标积累

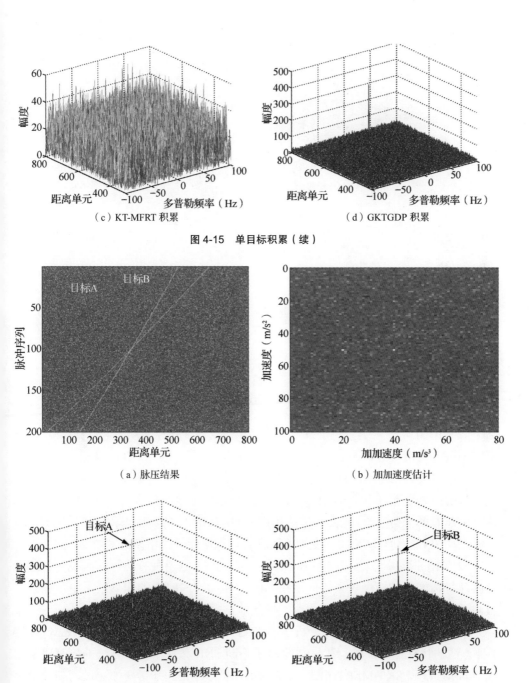

（c）KT-MFRT 积累　　　　　　　　　　（d）GKTGDP 积累

图 4-15　单目标积累（续）

（a）脉压结果　　　　　　　　　　　　（b）加加速度估计

（c）目标 A 的 GKTGDP 积累结果　　　　（d）目标 B 的 GKTGDP 积累结果

图 4-16　多目标相参积累结果

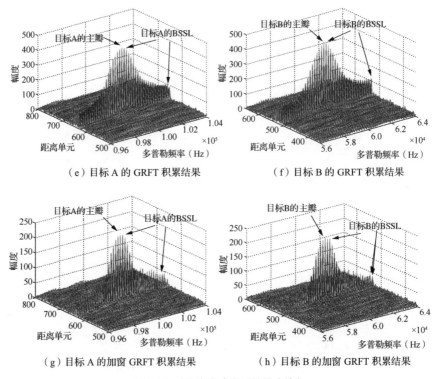

（e）目标 A 的 GRFT 积累结果　　　　　　（f）目标 B 的 GRFT 积累结果

（g）目标 A 的加窗 GRFT 积累结果　　　　（h）目标 B 的加窗 GRFT 积累结果

图 4-16　多目标相参积累结果（续）

（1）由图 4-15 可见，对于发生三阶距离走动的变加速运动高速目标，MTD 与 SKT-MFRT 这两种方法不能实现目标能量的相参积累。因为 MTD 只能对没有发生距离走动与多普勒走动的目标进行相参积累；SKT-MFRT 只能校正目标加速度与速度引起的距离走动，不能校正目标加加速度引起的三阶距离走动，也不能补偿加加速度引起的多普勒走动。但是本节所提出的 GKTGDP，能够校正和补偿目标的三阶距离走动和多普勒走动，实现变加速运动目标回波能量的相参积累。

（2）由图 4-16 可见，虽然 GRFT 和加窗 GRFT 这两种方法可以实现变加速运动高速目标能量的相参积累，但是在 GRFT 和加窗 GRFT 的积累结果中，积累主瓣附近会产生峰值很高的盲速旁瓣，导致非常严重的虚警。

最后，通过蒙特卡洛实验分析了 GKTGDP、GRFT、SKT-MFRT 以及 MTD 这 4 种方法的目标检测性能。图 4-17 给出了不同 SNR 条件下 4 种方法的检测概率曲线。与 MTD 和 SKT-MFRT 相比，GKTGDP 能够校正和补偿变加速运动高速目标的三阶距离走动与多普勒走动，实现回波信号能量的相参积累，所以能够获得更高的积累增益与更好的目标检测性能：检测概率为 0.8 时，GKTGDP 需要的 SNR 比 SKT-MFRT 低 18dB，比 MTD 低 23dB。GKTGDP 的积累检测性能与 GRFT 几乎一致：检测概率为 0.8 时，GKTGDP 需要的 SNR 仅比 GRFT 高 0.8dB，这是由 GKT 中的 sinc 插值损失引起的。

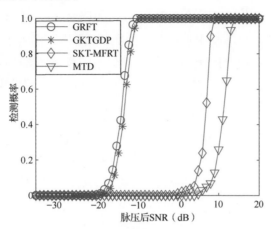

图 4-17　4 种方法的检测概率曲线（$P_f = 10^{-4}$）

4.7　基于 CLEAN 处理的多目标长时间相参积累

实际应用中，由于各个目标与雷达间的距离不同以及散射强度差异等，雷达接收到的各个目标的回波信号强度可能也存在明显差异。强目标的回波信号很可能会影响弱目标的相参积累与运动参数估计。为此，本节提出基于 CLEAN 处理的多目标相参积累方法：在利用相参积累方法（如 KTGDP、KTCPF、GKTGDP 等）估计出强目标的运动参数后，通过 CLEAN 处理去除强目标的回波信号影响，进而凸显弱目标，并实现弱目标回波信号的相参积累。下面以线性距离走动变加速运动高速目标和 KTGDP 为例，介绍基于 CLEAN 处理的多目标相参积累方法。

4.7.1　频域回波模型

脉压处理后，雷达接收到的 K 个目标的回波信号为：

$$s_c\left(t_m, \hat{t}\right) = \sum_{k=1}^{K} A_{1,k} \text{sinc}\left[B\left(\hat{t} - \frac{2r_k\left(t_m\right)}{c}\right)\right] \exp\left(-\text{j}\frac{4\pi r_k\left(t_m\right)}{\lambda}\right) \quad (4\text{-}160)$$

其中，$A_{1,k}$ 为目标 k 脉压后的信号幅度。

令 $\tau = 2r/c$，其中 r 是与快时间相对应的距离，则脉压信号可以写成：

$$s_c\left(t_m, r\right) = \sum_{k=1}^{K} A_{1,k} \text{sinc}\left[B\left(\frac{2r - 2r_k\left(t_m\right)}{c}\right)\right] \exp\left(-\text{j}\frac{4\pi r_k\left(t_m\right)}{\lambda}\right) \quad (4\text{-}161)$$

式（4-161）就是慢时间–距离域上的多目标回波模型。如式（4-161）所示，目标 k 的点扩散函数（Point Spread Function，PSF）与 5 个参数有关：幅度 $A_{1,k}$、初始径向距离 $r_{0,k}$、速度 $a_{1,k}$、加速度 $a_{2,k}$ 以及加加速度 $a_{3,k}$。倘若我们能够估计出这 5 个参数，那么就可以重构出目标的点扩散函数，有利于后续的 CLEAN 处理[22]。此外，由于目标的高速特性，脉压后的回波信号的包络会落在不同的距离单元内，从而产生距离走动。为校正距离走动进而实现目标能量的相参积累，对式（4-161）沿距离方向做傅里叶变换可得：

$$S_c(t_m, f) = \sum_{k=1}^{K} A_{2,k}^{[1]} \mathrm{rect}\left(\frac{f}{B}\right) \exp\left[-\mathrm{j}\frac{4\pi(f + f_c)r_k(t_m)}{\lambda f_c}\right] \qquad (4\text{-}162)$$

其中，f 是与距离 r 相对应的距离频率，$A_{2,k}$ 为傅里叶变换后目标 k 的信号幅度。

目标的高速度以及雷达较低的脉冲重复频率会导致多普勒欠采样。此时，目标的速度可以表示成式（4-91）所示的形式。将式（4-91）代入式（4-162）可得：

$$\begin{aligned}
S_c(t_m, f) = \sum_{k=1}^{K} & A_{2,k}^{[1]} \mathrm{rect}\left(\frac{f}{B}\right) \exp\left[-\mathrm{j}\frac{4\pi r_{0,k}}{\lambda}\left(1 + \frac{f}{f_c}\right)\right] \times \\
& \exp\left[-\mathrm{j}\frac{4\pi v_{0,k} t_m}{\lambda}\left(1 + \frac{f}{f_c}\right)\right] \exp\left(-\mathrm{j}4\pi n_k v_a t_m \frac{f}{\lambda f_c}\right) \times \\
& \exp\left[-\mathrm{j}\frac{4\pi a_{2,k} t_m^2}{\lambda}\left(1 + \frac{f}{f_c}\right)\right] \exp\left[-\mathrm{j}\frac{4\pi a_{3,k} t_m^3}{\lambda}\left(1 + \frac{f}{f_c}\right)\right]
\end{aligned} \qquad (4\text{-}163)$$

式（4-163）就是慢时间–距离频率域上的多目标回波模型。

4.7.2　折叠因子估计

对式（4-163）进行 KT，即进行尺度变换 $t_m = [f_c/(f + f_c)]t_n$，可得：

$$\begin{aligned}
S_c(t_n, f) = \sum_{k=1}^{K} & A_{2,k}^{[1]} \mathrm{rect}\left(\frac{f}{B}\right) \exp\left[-\mathrm{j}\frac{4\pi r_{0,k}}{\lambda}\left(1 + \frac{f}{f_c}\right)\right] \times \\
& \exp\left(-\mathrm{j}\frac{4\pi v_{0,k} t_n}{\lambda}\right) \exp\left(-\mathrm{j}\frac{4\pi n_k v_a t_n}{\lambda}\frac{f}{f_c + f}\right) \times \\
& \exp\left[-\mathrm{j}\frac{4\pi a_{2,k} t_n^2}{\lambda}\left(\frac{f_c}{f_c + f}\right)^2\right] \times \\
& \exp\left[-\mathrm{j}\frac{4\pi a_{3,k} t_n^3}{\lambda}\left(\frac{f_c}{f_c + f}\right)^3\right]
\end{aligned} \qquad (4\text{-}164)$$

窄带条件下 $f \ll f_c$，有 $f_c/(f_c + f) \approx 1$、$f/(f_c + f) \approx f/f_c$。因此式（4-164）可以近似表示成：

$$S_c\left(t_n, f\right) \approx \sum_{k=1}^{K} A_{2,k}^{[1]} \operatorname{rect}\left(\frac{f}{B}\right) \exp\left[-\mathrm{j}\frac{4\pi r_{0,k}}{\lambda}\left(1 + \frac{f}{f_c}\right)\right] \times$$
$$\exp\left(-\mathrm{j}\frac{4\pi v_{0,k} t_n}{\lambda}\right) \exp\left(-\mathrm{j}\frac{4\pi n_k v_a t_n}{\lambda}\frac{f}{f_c}\right) \times \qquad（4\text{-}165）$$
$$\exp\left(-\mathrm{j}\frac{4\pi a_{2,k} t_n^2}{\lambda}\right) \exp\left(-\mathrm{j}\frac{4\pi a_{3,k} t_n^3}{\lambda}\right)$$

式（4-165）表明：$v_{0,k}$ 与 f 之间的耦合经过 KT 后得到去除，然而折叠因子项仍然存在。为此，定义如下折叠因子补偿项：

$$H_a\left(t_n, f; n'\right) = \exp\left(\mathrm{j}\frac{4\pi n' v_a t_n}{\lambda}\frac{f}{f_c}\right) \qquad（4\text{-}166）$$

其中，n' 表示待搜索的折叠因子。

用式（4-165）乘式（4-166），有：

$$S_c\left(t_n, f; n'\right) = \sum_{k=1}^{K} A_{2,k}^{[1]} \operatorname{rect}\left(\frac{f}{B}\right) \exp\left[-\mathrm{j}\frac{4\pi r_{0,k}}{\lambda}\left(1 + \frac{f}{f_c}\right)\right] \times$$
$$\exp\left(-\mathrm{j}\frac{4\pi v_{0,k} t_n}{\lambda}\right) \exp\left(-\mathrm{j}\frac{4\pi a_{2,k} t_n^2}{\lambda}\right) \times$$
$$\exp\left[-\mathrm{j}\frac{4\pi\left(n_k - n'\right) v_a t_n}{\lambda}\frac{f}{f_c}\right] \times \qquad（4\text{-}167）$$
$$\exp\left(-\mathrm{j}\frac{4\pi a_{3,k} t_n^3}{\lambda}\right)$$

对式（4-167）沿距离频率方向做傅里叶逆变换可得：

$$s_{\mathrm{KT}}\left(t_n, r; n'\right) = \sum_{k=1}^{K} A_{1,k} \operatorname{sinc}\left\{B\left[\frac{2r - 2r_{0,k}}{c} - \frac{2\left(n_k - n'\right) v_a t_n}{c}\right]\right\} \times$$
$$\exp\left(-\mathrm{j}\frac{4\pi r_{0,k}}{\lambda}\right) \exp\left(-\mathrm{j}\frac{4\pi v_{0,k} t_n}{\lambda}\right) \times \qquad（4\text{-}168）$$
$$\exp\left(-\mathrm{j}\frac{4\pi a_{2,k} t_n^2}{\lambda}\right) \exp\left(-\mathrm{j}\frac{4\pi a_{3,k} t_n^3}{\lambda}\right)$$

当搜索的折叠因子等于目标 k 的折叠因子时（$n' = n_k$），有：

$$s_{\text{KT}}(t_n, r) = \sum_{k=1}^{K} A_{1,k} \text{sinc}\left[B\left(\frac{2r - 2r_{0,k}}{c} \right) \right] \times$$
$$\exp\left(-j\frac{4\pi r_{0,k}}{\lambda} \right) \exp\left(-j\frac{4\pi v_{0,k} t_n}{\lambda} \right) \times \tag{4-169}$$
$$\exp\left(-j\frac{4\pi a_{2,k} t_n^2}{\lambda} \right) \exp\left(-j\frac{4\pi a_{3,k} t_n^3}{\lambda} \right) + s_{\text{other}}(t_n, r)$$

其中

$$s_{\text{other}}(t_n, r) = \sum_{l=1,l\neq k}^{K} A_{1,l} \text{sinc}\left\{ B\left[\frac{2r - 2r_{0,l}}{c} - \frac{2(n_l - n_k)v_a t_n}{c} \right] \right\} \times$$
$$\exp\left(-j\frac{4\pi n_{0,l}}{\lambda} \right) \exp\left(-j\frac{4\pi v_{0,l} t_n}{\lambda} \right) \times \tag{4-170}$$
$$\exp\left(-j\frac{4\pi a_{2,l} t_n^2}{\lambda} \right) \exp\left(-j\frac{4\pi a_{3,l} t_n^3}{\lambda} \right)$$

由式（4-169）和式（4-170）可以看到，当搜索折叠因子与目标 k 折叠因子相匹配时，目标 k 的线性距离走动得到校正，其峰值包络落在了同一距离单元内。因此，可以利用下面的值函数来估计目标 k 的折叠因子：

$$E(n') = \sum_{n=0}^{N-1} \left| s_{\text{KT}}(t_n, r; n') \right|^2 \tag{4-171}$$

当值函数 $E(n')$ 取得最大值时，所对应的 n' 就是目标 k 的折叠因子估计值：

$$\hat{N}_k = \arg\max_{n'} E(n') \tag{4-172}$$

利用估计得到的折叠因子可以补偿目标 k 的折叠因子相位项，从而能够获得距离走动校正后的信号，如式（4-169）所示。

4.7.3　加速度与加加速度估计

为实现目标 k 回波信号能量的相参积累，还需要补偿目标加速度和加加速度引起的多普勒走动。式（4-169）表明：距离走动校正后，目标 k 的回波信号是关于慢时间的三阶多项式相位信号。为了估计出加速度与加加速度，构建如下的相位补偿函数：

$$M_{d_2 d_3}(t_n) = \exp\left[j\frac{4\pi}{\lambda}\left(d_2 t_n^2 + d_3 t_n^3 \right) \right] \tag{4-173}$$

其中，d_2 与 d_3 分别表示搜索加速度与加加速度。

将式（4-169）乘式（4-173），有：

$$s_{KT}(t_n, r) = A_{1,k}\text{sinc}\left[B\left(\frac{2r - 2r_{0,k}}{c}\right)\right] \times$$
$$\exp\left(-j\frac{4\pi r_{0,k}}{\lambda}\right)\exp\left(-j\frac{4\pi v_{0,k}t_n}{\lambda}\right) \times$$
$$\exp\left[-j\frac{4\pi(a_{2,k} - d_2)t_n^2}{\lambda}\right]\exp\left[-j\frac{4\pi(a_{3,k} - d_3)t_n^3}{\lambda}\right] +$$
$$\sum_{l=1,l \neq k}^{K} A_{1,l}\text{sinc}\left\{B\left[\frac{2r - 2r_{0,l}}{c} - \frac{2(n_l - n_k)v_a t_n}{c}\right]\right\} \times \tag{4-174}$$
$$\exp\left[-j\frac{4\pi(a_{2,l} - d_2)t_n^2}{\lambda}\right]\exp\left[-j\frac{4\pi(a_{3,l} - d_3)t_n^3}{\lambda}\right] \times$$
$$\exp\left(-j\frac{4\pi r_{0,l}}{\lambda}\right)\exp\left(-j\frac{4\pi v_{0,l}t_n}{\lambda}\right)$$

式（4-174）表明：当 $d_2 = a_{2,k}$、$d_3 = a_{3,k}$ 时，目标 k 的二阶相位和三阶相位得到补偿，此时可以利用慢时间维傅里叶变换实现目标 k 的能量积累。所以，目标 k 的加速度与加加速度可估计如下：

$$(\hat{a}_{2,k}, \hat{a}_{3,k}) = \arg\max_{d_2,d_3}\left|\text{FT}_{t_n}\left[s_{KT}(t_n, r)M_{d_2 d_3}(t_n)\right]\right| \tag{4-175}$$

利用估计得到的加速度与加加速度构建如下相位补偿函数：

$$G(t_n) = \exp\left[j\frac{4\pi}{\lambda}\left(\hat{a}_{2,k}t_n^2 + \hat{a}_{3,k}t_n^3\right)\right] \tag{4-176}$$

将式（4-169）乘式（4-176），有：

$$s_{KT}(t_n, r) = A_{1,k}\text{sinc}\left[B\left(\frac{2r - 2r_{0,k}}{c}\right)\right]\exp\left(-j\frac{4\pi r_{0,k}}{\lambda}\right) \times$$
$$\exp\left(-j\frac{4\pi v_{0,k}t_n}{\lambda}\right) + s_{\text{cross}}(t_n, r) \tag{4-177}$$

其中

$$s_{\text{cross}}(t_n, r) = \sum_{l=1,l \neq k}^{K} A_{1,l}\text{sinc}\left\{B\left[\frac{2r - 2r_{0,l}}{c} - \frac{2(n_l - n_k)v_a t_n}{c}\right]\right\} \times$$
$$\exp\left(-j\frac{4\pi r_{0,l}}{\lambda}\right)\exp\left(-j\frac{4\pi v_{0,l}t_n}{\lambda}\right) \times \tag{4-178}$$
$$\exp\left[-j\frac{4\pi(a_{2,l} - \hat{a}_{2,k})t_n^2}{\lambda}\right]\exp\left[-j\frac{4\pi(a_{3,l} - \hat{a}_{3,k})t_n^3}{\lambda}\right]$$

由式（4-177）可以看出，目标 k 的距离走动和多普勒走动得到了校正和补偿。对式（4-177）做慢时间维傅里叶变换就可实现目标 k 的能量相参积累：

$$
\begin{aligned}
s_{\mathrm{KT}}\left(f_{t_n}, r\right) = & P_k \operatorname{sinc}\left[B\left(\frac{2r - 2r_{0,k}}{c}\right)\right] \exp\left(-\mathrm{j}\frac{4\pi r_{0,k}}{\lambda}\right) \times \\
& \operatorname{sinc}\left[NT_{\mathrm{r}}\left(f_{t_n} + \frac{2v_{0,k}}{\lambda}\right)\right] + s_{\mathrm{cross}}\left(f_{t_n}, r\right)
\end{aligned}
\tag{4-179}
$$

注意，P_k 为目标 k 相参积累后的信号幅度。

根据式（4-179）的峰值位置，可以得到目标 k 初始径向距离的估计值 $\hat{r}_{0,k}$ 以及非模糊速度的估计值 $\hat{v}_{0,k}$，进而可以获得目标 k 的径向速度：

$$
\hat{a}_{1,k} = \hat{n}_k v_a + \hat{v}_{0,k}
\tag{4-180}
$$

此外，目标 k 脉压后的信号幅度 $A_{1,k}$ 可估计如下：

$$
\hat{A}_{1,k} = P_k / N
\tag{4-181}
$$

4.7.4 基于 SPSF 和 MPSF 的 CLEAN 处理

上述关于多目标情形下的 KTGDP 相参积累过程，是以目标 k 为例进行说明的。当所有目标的散射强度相近时，KTGDP 可以有效地实现多个目标的相参积累；当目标散射强度之间存在明显差异时，弱的目标很可能被强目标影响，难以获得相参积累与运动参数估计。下面通过两个仿真示例进行说明。

仿真示例 4-4 考虑 3 个目标，即目标 A、B、C。目标的运动参数以及雷达系统参数分别如表 4-7 和表 4-8 所示。3 个目标的原始回波 SNR 分别为 –7dB、–8dB 和 –8dB，仿真结果如图 4-18 所示。其中，图 4-18（a）所示为脉压结果，可以看到 3 个高速目标都发生了严重的距离走动。图 4-18（b）所示为折叠因子搜索结果，其中 3 个积累峰值的位置分别对应 3 个目标的折叠因子。利用估计得到的目标折叠因子，可以校正目标的距离走动，并最终利用 KTGDP 实现 3 个目标的相参积累与运动参数估计。

表 4-7 3 个目标的运动参数

运动参数	目标 A	目标 B	目标 C
初始径向距离	604.5km	600.9km	600.0km
径向速度	6000m/s	3000m/s	3600m/s
径向加速度	20m/s^2	20m/s^2	10m/s^2
径向加加速度	20m/s^3	10m/s^3	10m/s^3

表 4-8　雷达系统参数

参数名称	取值
雷达载频	10GHz
信号带宽	1MHz
采样频率	5MHz
脉冲重复频率	200Hz
脉冲持续时间	100μs
积累脉冲数	201

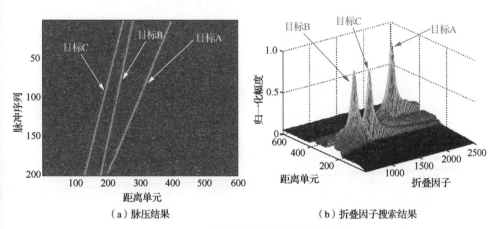

（a）脉压结果　　　　　　　　　（b）折叠因子搜索结果

图 4-18　目标散射强度相近时的仿真结果

仿真示例 4-5　3 个目标的原始回波 SNR 分别为 −7dB、−19dB 和 −19dB，其他参数设置与仿真示例 4-4 一致，仿真结果如图 4-19 所示。其中，图 4-19（a）所示为脉压结果。可以看到，目标 A 的回波最强，因此其运动轨迹清晰可见，但是回波较弱的两个目标（目标 B 和目标 C）的运动轨迹十分模糊。图 4-19（b）所示为折叠因子搜索结果，根据峰值位置可以估计得到最强目标 A 的折叠因子，但不能获得目标 B 和目标 C 的折叠因子，这导致目标 B 与目标 C 的距离走动校正以及相应的相参积累无法实现。

针对目标回波强度存在明显差异时多目标相参积累问题，本小节提出两种 CLEAN 处理方法，用来去除强目标的回波影响，进而实现目标相互干扰下多目标的相参积累与运动参数估计。

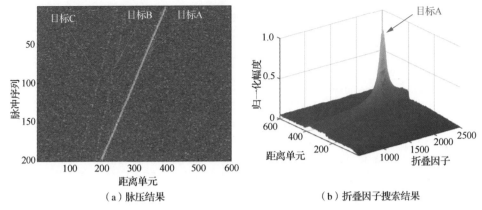

图 4-19 目标散射强度存在明显差异时的仿真结果

（a）脉压结果　　　　（b）折叠因子搜索结果

1. 基于 SPSF 的 CLEAN 处理

假设目标 k 的回波最强，利用前面估计得到的目标 k 的 5 个参数，即径向速度 $\hat{a}_{1,k}$、径向加速度 $\hat{a}_{2,k}$、径向加加速度 $\hat{a}_{3,k}$、幅度 $\hat{A}_{1,k}$ 以及初始径向距离 $\hat{r}_{0,k}$。我们可以在慢时间-距离域上构建目标 k 的辛格状点扩散函数（SPSF）：

$$
\begin{aligned}
\mathrm{SPSF}_k\left(t_m,r\right) = & \hat{A}_{1,k}\mathrm{sinc}\left\{B\left[\frac{2r-2\hat{r}_k\left(t_m\right)}{c}\right]\right\} \times \\
& \exp\left[-\mathrm{j}\frac{4\pi\hat{r}_k\left(t_m\right)}{\lambda}\right]
\end{aligned}
\tag{4-182}
$$

其中

$$
\hat{r}_k\left(t_m\right) = \hat{r}_{0,k} + \hat{a}_{1,k}t_m + \hat{a}_{2,k}t_m^2 + \hat{a}_{3,k}t_m^3
\tag{4-183}
$$

从多目标回波信号中减去目标 k 的点扩散函数，即用式（4-161）减去式（4-182），可得：

$$
\begin{aligned}
s_{\mathrm{CLEAN}}\left(t_m,r\right) = & \sum_{l=1,l\neq k}^{K}A_{1,l}\mathrm{sinc}\left\{B\left[\frac{2r-2r_l\left(t_m\right)}{c}\right]\right\} \times \\
& \exp\left[-\mathrm{j}\frac{4\pi r_l\left(t_m\right)}{\lambda}\right]
\end{aligned}
\tag{4-184}
$$

式（4-184）与回波脉压信号［式（4-161）］类似。因此，重复式（4-164）～式（4-184）的处理过程，就可以实现剩余目标中最强目标的相参积累与运动参数估计。随后构建该目标的 SPSF，结合 CLEAN 处理，便可依次迭代获得所有目标的相参积累和运动参数估计。

2. 基于 MPSF 的 CLEAN 处理

基于 SPSF 的 CLEAN 处理能够有效地去除强目标的回波影响，但是该方法需要参数估计得非常精确。较小的参数估计误差也可能会使得基于 SPSF 的 CLEAN 处理失效。为此，本小节提出基于改进点扩散函数（MPSF）的 CLEAN 处理。与基于 SPSF 的 CLEAN 处理相比，基于 MPSF 的 CLEAN 处理可以容忍更大的目标运动参数估计误差。

利用估计得到的目标 k 的运动参数，构建如下 MPSF：

$$\mathrm{MPSF}_k\left(t_m, r\right) = \mathrm{rect}\left[\frac{r - \hat{r}_k\left(t_m\right)}{W_{\mathrm{L}}}\right] s_c\left(t_m, r\right) \tag{4-185}$$

其中，W_{L} 表示门函数的非零长度，为一常数。

如式（4-185）所示，MPSF 包含两部分：第一部分是门函数，决定了非零区域的范围；第二部分为脉压后的回波信号。

脉压后的回波信号［式（4-161）所示信号］可以重新表示成：

$$s_c\left(t_m, r\right) = \sum_{k=1}^{K} A_{1,k} \mathrm{sinc}\left[\frac{r - r_k\left(t_m\right)}{\rho_r}\right] \exp\left[-\mathrm{j}\frac{4\pi r_k\left(t_m\right)}{\lambda}\right] \tag{4-186}$$

其中，$\rho_r = c/(2B)$ 表示距离分辨率。

忽略旁瓣的影响，由式（4-186）可以看到目标 k 的主瓣能量落在如下区间：

$$r_{\mathrm{energy}} \in \left[r_k\left(t_m\right) - \rho_r, r_k\left(t_m\right) + \rho_r\right] \tag{4-187}$$

从多目标回波中减去目标 k 的 MPSF，即用式（4-186）减去式（4-185），可得：

$$
\begin{aligned}
s_{\mathrm{CLEAN}}\left(t_m, r\right) &= \left\{1 - \mathrm{rect}\left[\frac{r - \hat{r}_k\left(t_m\right)}{W_{\mathrm{L}}}\right]\right\} s_c\left(t_m, r\right) \\
&= \begin{cases} 0, & \left|r - \hat{r}_k\left(t_m\right)\right| \leqslant 0.5 W_{\mathrm{L}} \\ s_c\left(t_m, r\right), & \text{其他} \end{cases}
\end{aligned}
\tag{4-188}
$$

如式（4-188）所示，落在门函数内的目标回波信号能量被去除。此外，r_{energy} 与 $\hat{r}_k\left(t_m\right)$ 满足以下关系：

$$\left|r_{\mathrm{energy}} - \hat{r}_k\left(t_m\right)\right| \leqslant \rho_r + \frac{c}{2f_{\mathrm{s}}} + \lambda \tag{4-189}$$

其中，f_{s} 为距离采样频率。

因此，如果门函数的长度 W_{L} 满足：

$$W_{\mathrm{L}} \geqslant 2\left(\rho_r + \frac{c}{2f_{\mathrm{s}}} + \lambda\right) \tag{4-190}$$

那么基于 MPSF 的 CLEAN 处理就可清除目标 k 的信号能量，即使目标运动参数估计发生了误差。

当强、弱目标的运动轨迹存在交叉时，基于 MPSF 的 CLEAN 处理在清除强目标信号能量的时候，也会清除弱目标的部分信号能量，造成弱目标的积累性能损失。假设下面的条件成立：

$$\left| r_l\left(t_m\right) - r_k\left(t_m\right) \right| \leqslant \frac{W_L}{2} \quad k \neq l, t_m \in \left[T_1, T_2\right] \tag{4-191}$$

那么在清除强目标 k 信号能量的过程中，弱目标 l 的积累性能损失为：

$$\mathrm{SNR}_{\mathrm{loss}} = 20\lg\left[\frac{T}{T - \left(T_2 - T_1\right)}\right] \tag{4-192}$$

4.7.5 基于 CLEAN 处理的多目标相参积累方法流程

基于 CLEAN 处理的多目标相参积累方法的主要步骤如下。

步骤 1 对接收到的 K 个目标的原始回波信号进行脉压处理，并沿距离维做傅里叶变换。

步骤 2 存储脉压后的回波数据，并进行 KT 处理。

步骤 3 通过多普勒折叠因子搜索，估计目标的折叠因子。

步骤 4 首先利用估计得到的折叠因子进行折叠因子项补偿，完成距离走动校正，然后通过 GDP 估计目标的加速度与加加速度。

步骤 5 首先利用估计得到的加速度与加加速度补偿目标的二阶相位与三阶相位，然后通过慢时间维傅里叶变换实现目标能量的相参积累。

步骤 6 根据积累结果的峰值位置估计目标的初始径向距离、非模糊速度及脉压后的信号幅度。

步骤 7 若信号能量大于检测门限，则首先利用估计得到的目标参数构建目标的 PSF（SPSF 或 MPSF），随后进行步骤 8；若信号能量小于门限，则输出多目标相参积累结果，处理结束。

步骤 8 进行 CLEAN 处理，获得 CLEAN 处理后的数据，并更新存储的脉压后回波数据。

步骤 9 重复步骤 2～步骤 8，直到实现所有目标能量的相参积累。

基于 CLEAN 处理的多目标相参积累方法的流程如图 4-20 所示。

4.7.6 仿真验证

为了验证本节提出的基于 CLEAN 处理的多目标相参积累方法的有效性，本小节对该方法进行仿真。门函数的长度 $W_L = 2\left[\rho_r + \left(c / 2f_s\right) + \lambda\right]$，雷达系统参数如表 4-8 所示。分别设置两种情形进行方法验证：目标运动参数估计准确；目标运动参数估计存在误差。

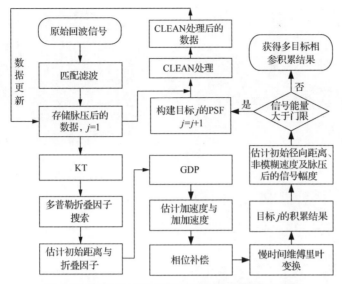

图 4-20　基于 CLEAN 处理的多目标相参积累方法流程

首先，仿真分析该方法在目标运动参数估计准确时的相参积累性能。3 个目标的运动参数如表 4-9 所示，仿真结果如图 4-21 所示。其中，图 4-21（a）所示为脉压结果，可以看到弱目标 C 的运动轨迹非常模糊而强目标 A 的运动轨迹最清晰。图 4-21（b）所示为折叠因子搜索结果，其中峰值最大的位置对应最强目标 A 的折叠因子。图 4-21（c）所示为 KT 和折叠因子项匹配补偿后的结果。可以看到，目标 A 的距离走动已经得到校正，而目标 B 与目标 C 仍然存在严重的距离走动。图 4-21（d）所示为目标 A 的积累结果。利用基于 SPSF 的 CLEAN 处理清除目标 A 的回波信号后，结果如图 4-21（e）所示，可以看出目标 A 的回波信号已经被清除。迭代处理后，3 个目标的积累结果如图 4-21（f）所示，可以看到 3 个目标的能量都得到了有效积累，并形成了 3 个峰值。此外，基于 MPSF 的 CLEAN 处理去除目标 A 回波信号后的结果如图 4-21（g）所示，相应的基于 MPSF 的 3 个目标相参积累结果如图 4-21（h）所示。3 个目标能量积累后形成了 3 个峰值，有利于后续的目标检测。

表 4-9　参数估计准确时 3 个目标的运动参数

运动参数	目标 A	目标 B	目标 C
初始径向距离	600.0km	602.1km	597.0km
径向速度	6000m/s	3000m/s	3600m/s
径向加速度	20m/s^2	20m/s^2	20m/s^2
径向加加速度	20m/s^3	10m/s^3	10m/s^3
脉压前 SNR	−7dB	−10dB	−19dB

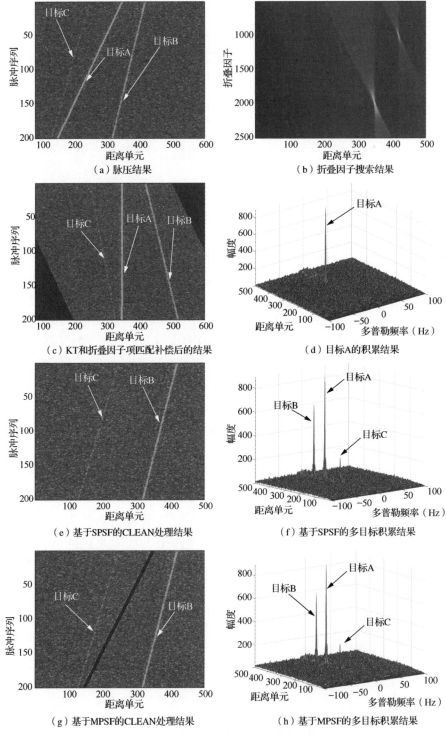

（a）脉压结果

（b）折叠因子搜索结果

（c）KT和折叠因子项匹配补偿后的结果

（d）目标A的积累结果

（e）基于SPSF的CLEAN处理结果

（f）基于SPSF的多目标积累结果

（g）基于MPSF的CLEAN处理结果

（h）基于MPSF的多目标积累结果

图4-21　参数估计准确时的多目标积累结果

其次，目标运动参数估计存在误差时的仿真结果如图 4-22 所示。3 个目标的运动参数如表 4-10 所示。其中，图 4-22（a）所示为脉压结果，目标 A 和目标 C 的运动轨迹存在交叉。图 4-22（b）所示为目标 A 的积累结果，相应的目标 A 的速度估计值为 $\hat{a}_{11} = 6000.5\text{m/s}$。通过基于 SPSF 的 CLEAN 处理去除目标 A 的回波信号后，其结果如图 4-22（c）所示，目标 A 的回波信号仍然存在很大的残余。迭代处理后基于 SPSF 的多目标积累结果如图 4-22（d）所示，只有目标 A 的能量得到了有效积累。此外，通过基于 MPSF 的 CLEAN 处理去除目标 A 的回波信号后，其结果如图 4-22（e）所示，目标 A 的回波信号能量被清除。通过迭代处理，基于 MPSF 的多目标积累结果如图 4-22（f）所示，可以看到 3 个目标的能量都得到了有效积累并形成了 3 个峰值。

表 4-10　参数估计存在误差时 3 个目标的运动参数

运动参数	目标 A	目标 B	目标 C
初始径向距离	598.5km	600.6km	597km
径向速度	6001m/s	3000m/s	3600m/s
径向加速度	20m/s^2	20m/s^2	20m/s^2
径向加加速度	20m/s^3	10m/s^3	10m/s^3
脉压前 SNR	−5dB	−16dB	−16dB

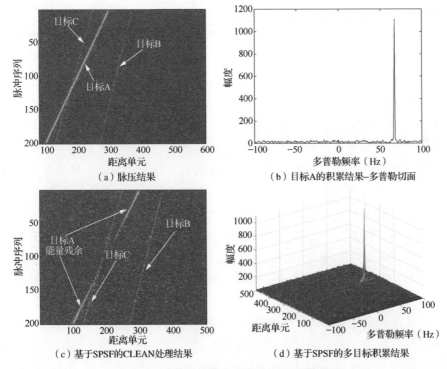

（a）脉压结果　　（b）目标A的积累结果–多普勒切面

（c）基于SPSF的CLEAN处理结果　　（d）基于SPSF的多目标积累结果

图 4-22　参数估计存在误差时的多目标积累结果

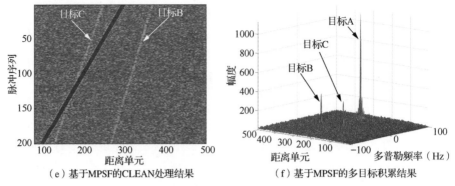

（e）基于MPSF的CLEAN处理结果　　　　（f）基于MPSF的多目标积累结果

图 4-22　参数估计存在误差时的多目标积累结果（续）

4.8　本章小结

本章研究了变加速运动高速目标长时间相参积累信号处理方法，主要内容总结如下。

（1）本章提出了基于相邻互相关函数以及吕分布（ACCF-LVD）的相参积累与运动参数估计方法，推导分析了单目标与多目标两种情况下的 ACCF-LVD 处理过程。ACCF-LVD 方法首先通过 ACCF 操作清除了多普勒弯曲并校正了距离走动，随后利用 LVD 实现了目标能量的相参积累与运动参数估计。

（2）本章提出了基于迭代 ACCF 的相参积累与运动参数估计方法，推导分析了单目标与多目标两种情况下的迭代 ACCF 处理过程。迭代 ACCF 相参积累方法通过两次 ACCF 操作，消除了目标相参积累过程中的多普勒弯曲和距离走动，实现了目标能量的相参积累与运动参数估计。与 ACCF-LVD 方法相比，迭代 ACCF 方法的计算复杂度降低了一个数量级。本章提出的 ACCF-LVD 方法和迭代 ACCF 方法都可以通过复乘、傅里叶变换以及傅里叶逆变换快速实现。与需要进行四维搜索的 GRFT 方法相比，ACCF-LVD 方法和迭代 ACCF 方法都不需要对运动参数进行搜索，显著地降低了计算复杂度。

（3）本章提出了基于 KT 以及 GDP 处理（KTGDP）的线性距离走动变加速运动高速目标相参积累与运动参数估计方法。KTGDP 方法首先通过 KT 和折叠因子匹配补偿校正了目标速度产生的线性距离走动，然后利用 GDP 获得了目标加速度和加加速度的估计，进而完成了多普勒走动的补偿，实现了目标回波信号能量的相参积累与运动参数估计。

（4）本章提出了基于 KT 与三阶相位函数（KTCPF）的线性距离走动变加速运动高速目标相参积累与运动参数估计方法。与 KTGDP 方法通过二维搜索估计目标加速度与加加速度不同，KTCPF 方法利用两次一维搜索获得了目标加速度以及加加速度的估计，进一步降低了计算复杂度。与 GRFT 方法相比，KTGDP 和 KTCPF 这两种方法的计算复杂度更低，并且不存在盲速旁瓣问题。

（5）利用目标加加速度与三阶距离走动之间的关系，本章提出了基于广义 KT 和广义去调频处理（GKTGDP）的相参积累方法。GKTGDP 方法首先通过三阶 KT、六阶 KT、二阶 KT 和折叠因子项补偿有效地校正了目标的三阶距离走动、二阶距离走动以及一阶距离走动，并利用广义去调频处理完成了多普勒走动补偿，随后利用慢时间维傅里叶变换实现了目标回波信号能量的相参积累。此外，本章还分析了 GKTGDP 校正过程中目标距离走动的变化规律。与 GRFT 方法相比，GKTGDP 方法的优势和意义在于：GKTGDP 方法可以在获得相近积累检测性能的前提下，有效地避免盲速旁瓣。

（6）针对多个目标相参积累问题，特别是目标回波信号强度存在明显差异的情形，本章提出了基于 SPSF 和 MPSF 两种 CLEAN 处理的多目标相参积累方法。基于 CLEAN 处理的相参积累方法首先通过 KTGDP 实现强目标的相参积累与运动参数估计，并构建该目标的点扩散函数（SPSF 或者 MPSF）；随后利用 CLEAN 处理去除强目标的回波影响，从而凸显弱目标；最后，通过迭代处理依次实现目标相互干扰下的多目标相参积累与运动参数估计。

参考文献

[1]　Li X, Cui G, Kong L, et al. High speed maneuvering target detection based on joint keystone transform and CP function[C]// IEEE Radar Conference. Cincinati: IEEE, 2014: 436-440.

[2]　孟斌. 高超声速巡航导弹弹道设计与优化方法研究[D]. 哈尔滨: 哈尔滨工业大学, 2007.

[3]　付东升, 奚建明. 美军高超声速巡航导弹进展[J]. 飞航导弹, 2006(2): 16-18.

[4]　鲁芳. 美军高超武器乘波者 X-51A 的独特方案和技术透析[J]. 国防科技, 2010, 31(3): 9-13.

[5]　Li X, Cui G, Yi W, et al. Fast coherent integration for maneuvering target with high-order range migration via TRT-SKT-LVD[J]. IEEE Transactions on Aerospace and Electronic Systems, 2016, 52(6): 2803-2814.

[6]　Chen X, Huang Y, Liu N, et al. Radon-fractional ambiguity function-based detection method of low-observable maneuvering target[J]. IEEE Transactions on Aerospace and Electronic Systems, 2015, 51(2): 815-833.

[7]   Li X, Cui G, Kong L, et al. Fast non-searching method for maneuvering target detection and motion parameters estimation[J]. IEEE Transactions on Signal Processing, 2016, 64(9): 2232-2244.

[8]   Li X, Cui G, Yi W, et al. A fast maneuvering target motion parameters estimation algorithm based on ACCF[J]. IEEE Signal Processing Letters, 2015, 22(3): 270-274.

[9]   Li X, Kong L, Cui G, et al. ISAR imaging of maneuvering target with complex motions based on ACCF-LVD[J]. Digital Signal Processing, 2015, 46: 191-200.

[10] Li X, Kong L, Cui G, et al. A fast detection method for maneuvering target in coherent radar[J]. IEEE Sensors Journal, 2015, 15(11): 6722-6729.

[11] Lv X, Bi G, Wan C, et al. Lv's distribution: Principle, implementation, properties, and performance[J]. IEEE Transactions on Signal Processing, 2011, 59(8): 3576-3591.

[12] Xu J, Xia X G, Peng S B, et al. Radar maneuvering target motion estimation based on generalized Radon-Fourier transform[J]. IEEE Transactions on Signal Processing, 2012, 60(12): 6190-6201.

[13] Li W. Wigner distribution method equivalent to dechirp method for detecting a chirp signal[J]. IEEE Transactions on Acoustics Speech and Signal Processing, 1987, 35(8): 1210-1211.

[14] Li X, Kong L, Cui G, et al. A low complexity coherent integration method for maneuvering target detection[J]. Digital Signal Processing, 2016, 49: 137-147.

[15] O'shea P. A new technique for instantaneous frequency rate estimation[J]. IEEE Signal Processing Letters, 2002, 9(8): 251-252.

[16] O'shea P. A fast algorithm for estimating the parameters of a quadratic FM signal[J]. IEEE Transactions on Signal Processing, 2004, 52(2): 384-393.

[17] Djurovic I, Simeunovic M, Djukanovic S, et al. A hybrid CPF-HAF estimation of polynomial-phase signals: Detailed statistical analysis[J]. IEEE Transactions on Signal Processing, 2012, 60(10): 5010-5023.

[18] Xu J, Yu J, Peng Y N, et al. Radon-Fourier transform for radar target detection (II): Blind speed sidelobe suppression[J]. IEEE Transactions on Aerospace and Electronic Systems, 2011, 47(4): 2473-2489.

[19] Chen X, Guan J, Liu N, et al. Maneuvering target detection via Radon-fractional Fourier transform-based long-time coherent integration[J]. IEEE Transactions on Signal Processing, 2014, 62(4): 939-953.

[20] Kong L, Li X, Cui G, et al. Coherent integration algorithm for a maneuvering target with high-order range migration[J]. IEEE Transactions on Signal Processing, 2015, 63(17): 4474-4486.

[21] Sun G, Xing M D, Wang Y, et al. Improved ambiguity estimation using a modified fractional Radon transform[J]. IET Radar, Sonar & Navigation, 2011, 5(4): 489-495.

[22] Li X, Kong L, Cui G, et al. CLEAN-based coherent integration method for high-speed multi-targets detection[J]. IET Radar, Sonar & Navigation, 2016, 10(9): 1671-1682.

第5章　高阶机动目标长时间相参积累

随着目标机动性的不断增强、积累时间的延长以及高精度运动参数估计技术的发展，国内外学者在研究高速目标相参积累与运动参数估计问题时，逐渐开始考虑目标的更高阶运动分量（如加速度、加加速度、四阶运动分量等[1-3]）。为此，本章考虑更加广义的情况，针对具有任意高阶运动分量的高速机动目标（以下简称高阶机动目标）相参积累与运动参数估计开展研究工作。首先建立高阶机动目标的运动模型和相应的雷达回波模型；随后分析 ACCF 的性质，并在此基础上提出循环迭代 ACCF 相参积累和运动参数估计方法。另外，本章还研究基于 TRT 和特殊 GRFT（TRT and Special GRFT，TRT-SGRFT）的高阶机动目标相参积累与运动参数估计方法，可以有效地去除相参积累过程中目标的距离走动与多普勒走动，提高运动参数估计精度，较好地解决盲速旁瓣问题。

5.1　高阶回波模型

假设雷达探测区域内有一运动目标，该目标与雷达之间的径向距离满足：

$$r\left(t_{m}\right) = a_{0} + a_{1}t_{m} + a_{2}t_{m}^{2} + \cdots + a_{N}t_{m}^{N} = \sum_{p=0}^{N} a_{p}t_{m}^{p} \tag{5-1}$$

其中，a_0 表示 $t_m = 0$ 时刻目标与雷达之间的径向距离，$a_1, a_2, \cdots, a_N$ 分别表示目标不同阶数的运动分量，即速度、加速度、加加速度等。$t_m = mT_{\mathrm{r}}$（$m = -M/2, \cdots, M/2$）代表慢时间，这里假设 M 为偶数，积累时间为 T。

雷达接收到的基带回波信号可以表示成：

$$\begin{aligned} s_{\mathrm{r}}\left(t_{m}, \hat{t}\right) = {} & A_{\mathrm{input}} \mathrm{rect}\left[\frac{\hat{t} - \dfrac{2r\left(t_{m}\right)}{c}}{T_{\mathrm{p}}}\right] \exp\left[-\mathrm{j}\frac{4\pi f_{\mathrm{c}} r\left(t_{m}\right)}{c}\right] \times \\[2mm] & \exp\left\{\mathrm{j}\pi\mu\left[\hat{t} - \frac{2r\left(t_{m}\right)}{c}\right]^{2}\right\} \end{aligned} \tag{5-2}$$

其中，A_{input} 表示目标的散射强度，c 表示光速。

脉压后的回波信号为：

$$s\left(t_m,\hat{t}\right) = A_0\mathrm{sinc}\left\{B\left[\hat{t}-\frac{2r\left(t_m\right)}{c}\right]\right\}\exp\left[-\mathrm{j}\frac{4\pi f_c r\left(t_m\right)}{c}\right]$$

$$= A_0\mathrm{sinc}\left[B\left(\hat{t}-\frac{2}{c}\sum_{p=0}^{N}a_p t_m^p\right)\right]\exp\left(-\mathrm{j}\frac{4\pi f_c}{c}\sum_{p=0}^{N}a_p t_m^p\right) \tag{5-3}$$

其中，B 表示发射信号带宽，A_0 为脉压后的信号幅度。

由式（5-3）可以看出，目标的各阶运动分量（如速度、加速度、加加速度等）都会影响回波信号的峰值位置，使得积累时间内目标信号能量分布在不同的距离单元，从而导致距离走动的产生。此外，目标的各阶运动分量还会影响回波信号的相位，使得多普勒频率不再是线性变化，从而引起多普勒走动。

5.2 循环迭代 ACCF 相参积累方法

本节首先分析 ACCF 的性质，随后介绍循环迭代 ACCF 方法的原理。

5.2.1 ACCF 的性质

首先，对式（5-3）进行相邻互相关操作，可得 $s\left(t_m,\hat{t}\right)$ 的 ACCF 为[4-6]：

$$R_1\left(\tau_1,t_m\right) = \int_0^T s\left(t_m,\hat{t}\right)s^*\left(t_{m+1},\hat{t}-\tau_1\right)\mathrm{d}\hat{t}$$

$$= A_1\mathrm{sinc}\left[B\left(\tau_1+\frac{2}{c}\sum_{i=0}^{N-1}b_{1,i}t_m^i\right)\right]\exp\left(\mathrm{j}\frac{4\pi f_c}{c}\sum_{i=0}^{N-1}b_{1,i}t_m^i\right) \tag{5-4}$$

其中，A_1 表示 $R_1\left(\tau_1,t_m\right)$ 的幅度，

$$b_{1,i} = \sum_{m=i+1}^{N} C_m^i T_r^{m-i} a_m,\ i=0,1,2,\cdots,N-1 \tag{5-5}$$

随后，对式（5-4）进行第二次相邻互相关操作，得到 $R_1\left(\tau_1,t_m\right)$ 的 ACCF：

$$R_2\left(\tau_2,t_m\right) = \int_0^T R_1\left(\tau_1,t_m\right)R_1^*\left(\tau_1-\tau_2,t_m\right)\mathrm{d}\tau_1$$

$$= A_2\mathrm{sinc}\left[B\left(\tau_2+\frac{2}{c}\sum_{i=0}^{N-2}b_{2,i}t_m^i\right)\right]\exp\left(\mathrm{j}\frac{4\pi f_c}{c}\sum_{i=0}^{N-2}b_{2,i}t_m^i\right) \tag{5-6}$$

其中，A_2 表示 $R_2\left(\tau_2,t_m\right)$ 的幅度，

$$b_{2,i} = -\sum_{m=i+1}^{N-1} C_m^i T_r^{m-i} b_{1,m},\ \ i=0,1,2,\cdots,N-2 \tag{5-7}$$

经过 k 次相邻互相关操作后，关于 $R_{k-1}\left(\tau_{k-1},t_m\right)$ 的 ACCF 可以表示成：

$$R_k\left(\tau_k,t_m\right) = \int_0^T R_{k-1}\left(\tau_{k-1},t_m\right)R_{k-1}^*\left(\tau_{k-1}-\tau_k,t_m\right)\mathrm{d}\tau_{k-1}$$

$$= A_k\mathrm{sinc}\left[B\left(\tau_k+\frac{2}{c}\sum_{i=0}^{N-k}b_{k,i}t_m^i\right)\right]\exp\left(\mathrm{j}\frac{4\pi f_c}{c}\sum_{i=0}^{N-k}b_{k,i}t_m^i\right) \tag{5-8}$$

其中，A_k 表示 $R_k(\tau_k, t_m)$ 的幅度，

$$b_{k,i} = -\sum_{m=i+1}^{N-k+1} C_m^i T_r^{m-i} b_{k-1,m}, \quad k = 2,3,4,\cdots,N-1, \quad i = 0,1,2,\cdots,N-k \quad (5\text{-}9)$$

观察式（5-8）可以发现如下结论。

（1）$R_k(\tau_k, t_m)$ 的包络调制以及相位调制都是关于慢时间 t_m 的 $N-k$ 阶函数。随着相邻互相关操作次数的增加，包络走动与指数项相位的阶数都会下降。

（2）尽管 $b_{k,1}t_m, b_{k,2}t_m^2, \cdots, b_{k,N-k}t_m^{N-k}$ 都随慢时间的变化而改变，但是 $R_k(\tau_k, t_m)$ 的峰值位置可以认为落在同一距离单元内，只要下面的条件成立：

$$\left| b_{k,i} \right| < \frac{c(f_p)^i}{2(N-k)f_s} \quad (5\text{-}10)$$

其中，f_p 和 f_s 分别表示雷达脉冲重复频率和距离采样频率。通常，式（5-10）都是成立的，因此距离走动得到了校正。

由式（5-9）可以看出：$b_{k,1}, b_{k,2}, \cdots, b_{k,N-k}$ 由 $b_{k-1,2}, b_{k-1,3}, \cdots, b_{k-1,N-k+1}$ 决定。如果获得了 $b_{k-1,2}, b_{k-1,3}, \cdots, b_{k-1,N-k+1}$ 的估计值，就能反解出 $b_{k,1}, b_{k,2}, \cdots, b_{k,N-k}$ 的估计值；反之，获得了 $b_{k,1}, b_{k,2}, \cdots, b_{k,N-k}$ 的估计值，就可以反解出 $b_{k-1,2}, b_{k-1,3}, \cdots, b_{k-1,N-k+1}$ 的估计值。

5.2.2 循环迭代 ACCF 方法的原理

经过 $N-1$ 次相邻互相关操作后，相邻互相关函数 $R_{N-1}(\tau_{N-1}, t_m)$ 为：

$$R_{N-1}(\tau_{N-1}, t_m) = A_{N-1}\mathrm{sinc}\left\{ B\left[\tau_{N-1} + \frac{2(b_{N-1,0} + b_{N-1,1}t_m)}{c} \right] \right\} \times$$
$$\exp\left[\mathrm{j}\frac{4\pi f_c}{c}(b_{N-1,0} + b_{N-1,1}t_m) \right] \quad (5\text{-}11)$$

对 $R_{N-1}(\tau_{N-1}, t_m)$ 进行慢时间维傅里叶变换，可得：

$$R_{N-1}(\tau_{N-1}, f_a) = A'_{N-1}\mathrm{sinc}\left\{ B\left[\tau_{N-1} + \frac{2(b_{N-1,0} + b_{N-1,1}t_m)}{c} \right] \right\} \times$$
$$\mathrm{sinc}\left[T_{N-1}\left(f_a - \frac{2f_c}{c}b_{N-1,1} \right) \right] \exp\left(\mathrm{j}\frac{4\pi f_c}{c}b_{N-1,0} \right) \quad (5\text{-}12)$$

其中，A'_{N-1} 为傅里叶变换后的信号幅度，$T_{N-1} = (N_{\mathrm{pul}} - N + 1)T_r$。

首先，通过 $R_{N-1}(\tau_{N-1}, f_a)$ 的峰值位置可以得到 $b_{N-1,1}$ 的估计值。然后，利用式（5-9）可以获得 $b_{N-2,2}$ 的估计值。

利用估计得到的 $b_{N-2,2}$ 构建如下相位补偿函数：

$$H_1\left(\hat{b}_{N-2,2}\right) = \exp\left(-\mathrm{j}\frac{4\pi f_c \hat{b}_{N-2,2}t_m^2}{c}\right) \tag{5-13}$$

将 $R_{N-2}\left(\tau_{N-2},t_m\right)$ 乘式（5-13）可得：

$$R_{N-2}\left(\tau_{N-2},t_m\right) = A_{N-2}\mathrm{sinc}\left\{B\left[\tau_{N-2} + \frac{2\left(b_{N-2,0} + b_{N-2,1}t_m + b_{N-2,2}t_m^2\right)}{c}\right]\right\} \times$$
$$\exp\left[\mathrm{j}\frac{4\pi f_c}{c}\left(b_{N-2,0} + b_{N-2,1}t_m\right)\right] \tag{5-14}$$

对式（5-14）进行慢时间维傅里叶变换可得：

$$R_{N-2}\left(\tau_{N-2},f_a\right) = A'_{N-2}\mathrm{sinc}\left\{B\left[\tau_{N-2} + \frac{2\left(b_{N-2,0} + b_{N-2,1}t_m + b_{N-2,2}t_m^2\right)}{c}\right]\right\} \times$$
$$\mathrm{sinc}\left[T_{N-2}\left(f_a - \frac{2f_c}{c}b_{N-2,1}\right)\right]\exp\left(\mathrm{j}\frac{4\pi f_c}{c}b_{N-2,0}\right) \tag{5-15}$$

其中，A'_{N-2} 表示 $R_{N-2}\left(\tau_{N-2},f_a\right)$ 的幅度，$T_{N-2} = \left(N_{\mathrm{pul}} - N + 2\right)T_{\mathrm{r}}$。

首先，通过 $R_{N-2}\left(\tau_{N-2},f_a\right)$ 的峰值位置，可以获得 $b_{N-2,1}$ 的估计值。随后，利用估计得到的 $b_{N-2,1}$ 与 $b_{N-2,2}$，可以通过循环迭代 ACCF 依次获得 $a_1,a_2,\cdots,a_N$ 的估计值，具体过程如下。

步骤 1　通过循环迭代 ACCF 操作获得 $R_1\left(\tau_1,t_m\right),R_2\left(\tau_2,t_m\right),\cdots,R_{N-1}\left(\tau_{N-1},t_m\right)$。

步骤 2　首先沿慢时间方向对 $R_{N-1}\left(\tau_{N-1},t_m\right)$ 做傅里叶变换，然后根据 $R_{N-1}\left(\tau_{N-1},f_a\right)$ 的峰值位置估计得到 $b_{N-1,1}$，此时令 $k = N-1$。

步骤 3　首先利用估计得到的 $b_{k,1},b_{k,2},\cdots,b_{k,N-k}$，结合式（5-9）计算得到 $b_{k-1,2},b_{k-1,3},\cdots,b_{k-1,N-k+1}$ 的估计值，然后构建如下相位补偿函数：

$$H_{N-k}\left(\hat{b}_{k-1,2},\hat{b}_{k-1,3},\cdots,\hat{b}_{k-1,N-k+1}\right) = \exp\left(-\mathrm{j}\frac{4\pi f_c}{c}\sum_{i=2}^{N-k+1}\hat{b}_{k-1,i}t_m^i\right) \tag{5-16}$$

步骤 4　用 $R_{k-1}\left(\tau_{k-1},t_m\right)$ 乘相位补偿函数 $H_{N-k}\left(\hat{b}_{k-1,2},\hat{b}_{k-1,3},\cdots,\hat{b}_{k-1,N-k+1}\right)$，有：

$$R_{k-1}\left(\tau_{k-1},t_m\right) = A_{k-1}\mathrm{sinc}\left[B\left(\tau_{k-1} + \frac{2}{c}\sum_{i=0}^{N-k+1}b_{k-1,i}t_m^i\right)\right] \times$$
$$\exp\left[\mathrm{j}\frac{4\pi f_c}{c}\left(b_{k-1,0} + b_{k-1,1}t_m\right)\right] \tag{5-17}$$

步骤 5　沿慢时间方向对式（5-17）进行傅里叶变换，可得：

$$R_{k-1}^c\left(\tau_{k-1}, f_a\right) = A_{k-1}' \mathrm{sinc}\left[B\left(\tau_{k-1} + \frac{2}{c}\sum_{i=0}^{N-k+1} b_{k-1,i} t_m^i\right)\right] \times$$

$$\mathrm{sinc}\left[T_{k-1}\left(f_a - \frac{2f_c}{c} b_{k-1,1}\right)\right]\exp\left(\mathrm{j}\frac{4\pi f_c}{c} b_{k-1,0}\right) \tag{5-18}$$

其中，A_{k-1}' 表示傅里叶变换后的信号幅度，$T_{k-1} = \left(N_{\mathrm{pul}} - k + 1\right)T_{\mathrm{r}}$。

步骤 6 根据式（5-18）的峰值位置可以获得 $b_{k-1,1}$ 的估计值。如此，就获得了 $b_{k-1,1}, b_{k-1,2}, \cdots, b_{k-1,N-k+1}$ 的估计值。令 $k = k - 1$。

步骤 7 首先重复步骤 3～步骤 6 的所有操作，直到 $k = 1$，可获得 $b_{1,1}, b_{1,2}, \cdots,$ $b_{1,N-1}$ 的估计值，然后构建如下相位补偿函数：

$$H_0\left(f_{\mathrm{r}}, t_m\right) = \exp\left[-\mathrm{j}\frac{4\pi\left(f_{\mathrm{c}} + f_{\mathrm{r}}\right)}{c}\sum_{i=1}^{N-1} \hat{b}_{1,i} t_m^i\right] \tag{5-19}$$

步骤 8 对 $R_1\left(\tau_1, t_m\right)$ 沿 τ_1 方向进行傅里叶变换：

$$R_1\left(f_{\mathrm{r}}, t_m\right) = A_1^{[1]}\exp\left[\mathrm{j}\frac{4\pi}{c}\left(f_{\mathrm{c}} + f_{\mathrm{r}}\right)\sum_{i=0}^{N-1} b_{1,i} t_m^i\right] \tag{5-20}$$

其中，$A_1^{[1]}$ 表示傅里叶变换的信号幅度。

用 $R_1\left(f_{\mathrm{r}}, t_m\right)$ 乘 $H_0\left(f_{\mathrm{r}}, t_m\right)$ 可得：

$$R_1\left(f_{\mathrm{r}}, t_m\right) = A_1^{[1]}\exp\left[\mathrm{j}\frac{4\pi}{c}\left(f_{\mathrm{c}} + f_{\mathrm{r}}\right) b_{1,0}\right] \tag{5-21}$$

步骤 9 对相位补偿后的 $R_1\left(f_{\mathrm{r}}, t_m\right)$ 先沿 f_{r} 方向做傅里叶逆变换，再沿 t_m 方向做傅里叶变换，有：

$$R_1\left(\tau_1, f_a\right) = A_1^{[2]}\mathrm{sinc}\left[B\left(\tau_1 + \frac{2b_{1,0}}{c}\right)\right]\exp\left(\mathrm{j}\frac{4\pi f_c}{c} b_{1,0}\right)\mathrm{sinc}\left(T_1 f_a\right) \tag{5-22}$$

其中，$A_1^{[2]}$ 表示变换后的信号幅度。

通过 $R_1\left(\tau_1, f_a\right)$ 的峰值位置可以得到 $b_{1,0}$ 的估计值。如此，就估计得到了 $b_{1,0}, b_{1,1}, b_{1,2}, \cdots, b_{1,N-1}$。根据式（5-5），可以计算得到目标运动参数的估计值：

$$\hat{\boldsymbol{a}} = \boldsymbol{X}^{-1}\hat{\boldsymbol{b}} \tag{5-23}$$

其中

$$\hat{\boldsymbol{a}} = \begin{bmatrix} \hat{a}_1 & \hat{a}_2 & \cdots & \hat{a}_N \end{bmatrix}^{\mathrm{T}} \tag{5-24}$$

$$\hat{\boldsymbol{b}} = \begin{bmatrix} \hat{b}_{1,0} & \hat{b}_{1,1} & \cdots & \hat{b}_{1,N} \end{bmatrix}^{\mathrm{T}} \tag{5-25}$$

$$X = \begin{bmatrix} C_1^0 T_r & C_2^0 T_r & \cdots & C_N^0 (T_r)^N \\ 0 & C_2^1 T_r & \cdots & C_N^1 (T_r)^{N-1} \\ \vdots & \vdots & & \vdots \\ 0 & 0 & \cdots & C_N^{N-1} (T_r) \end{bmatrix} \tag{5-26}$$

5.3　TRT-SGRFT 相参积累方法

通过循环迭代 ACCF 方法可以获得高阶机动目标的相参积累和运动参数估计，但是该方法需要进行多次互相关操作，对回波输入 SNR 的要求较高。为此，本节提出基于 TRT-SGRFT 的高阶机动目标相参积累和运动参数估计方法，用以提高低 SNR 条件下目标的相参积累与参数估计性能。

5.3.1　GRFT 方法简介

在 RFT 方法的基础上，文献[7]提出了 GRFT 相参积累与运动参数估计方法，其定义如下：

$$\text{GRFT}\left(b_0, b_1, \cdots, b_N\right) = \sum_{m=-M/2}^{M/2} s\left(t_m, \frac{2}{c}\sum_{p=0}^{N} b_p t_m^p\right) \exp\left(\mathrm{j}\frac{4\pi f_c}{c}\sum_{p=0}^{N} b_p t_m^p\right) \tag{5-27}$$

其中，b_p（$p = 0,1,\cdots,N$）表示搜索的运动参数。

将式（5-3）代入式（5-27），可得：

$$\begin{aligned} \text{GRFT}\left(b_0, b_1, \cdots, b_N\right) = &\sum_{m=-M/2}^{M/2} A_0 \text{sinc}\left\{B\left[\frac{2}{c}\sum_{p=0}^{N}\left(b_p - a_p\right)t_m^p\right]\right\} \times \\ &\exp\left[\mathrm{j}\frac{4\pi f_c}{c}\sum_{p=0}^{N}\left(b_p - a_p\right)t_m^p\right] \end{aligned} \tag{5-28}$$

不同的搜索参数下，GRFT 会获得不同的积累输出。当且仅当搜索参数分别与目标运动参数匹配（$b_p = a_p$，$p = 0,1,\cdots,N$）时，目标分布在不同距离单元内的回波信号能量能够得到相参积累，GRFT 的输出取得最大值。因此，目标的运动参数可以估计如下：

$$\left(\hat{a}_0, \hat{a}_1, \cdots, \hat{a}_N\right) = \underset{b_0, b_1, \cdots, b_N}{\arg\max}\left|\text{GRFT}\left(b_0, b_1, \cdots, b_N\right)\right| \tag{5-29}$$

GRFT 需要进行 $N+1$ 维搜索，计算复杂度很高；同时由于距离与速度之间的耦合性，GRFT 会产生盲速旁瓣，导致严重的虚警。为了降低计算复杂度并解决盲速旁瓣问题，本节提出基于 TRT-SGRFT 的相参积累与参数估计方法。

5.3.2 TRT-SGRFT 方法的原理和流程

对式（5-3）沿快时间 $\hat{t}$ 方向做傅里叶变换，有：

$$S(t_m, f) = B_2 \text{rect}\left(\frac{f}{B}\right) \exp\left[-\text{j}\frac{4\pi}{c}(f + f_\text{c}) \sum_{p=0}^{N} a_p t_m^p\right] \tag{5-30}$$

其中，B_2 表示快时间维傅里叶变换后的信号幅度。

为了便于分析，把 $S(t_m, f)$ 重新记为 $S(m, f)$，则有：

$$S(m, f) = B_2 \text{rect}\left(\frac{f}{B}\right) \exp\left[-\text{j}\frac{4\pi}{c}(f + f_\text{c}) \sum_{p=0}^{N} a_p (mT_\text{r})^p\right] \tag{5-31}$$

沿慢时间方向对信号 $S(m, f)$ 进行翻转，得到一个新的信号，记为 $\tilde{S}(m, f)$，其表达式为：

$$\begin{aligned}\tilde{S}(m, f) &= S(-m, f) \\ &= B_2 \text{rect}\left(\frac{f}{B}\right) \exp\left[-\text{j}\frac{4\pi}{c}(f + f_\text{c}) \sum_{p=0}^{N} a_p (-mT_\text{r})^p\right]\end{aligned} \tag{5-32}$$

用 $S(m, f)$ 乘 $\tilde{S}(m, f)$，有：

$$\begin{aligned}\text{TRT}(m, f) &= S(m, f)\tilde{S}(m, f) \\ &= B_2^2 \text{rect}\left(\frac{f}{B}\right) \exp\left[-\text{j}\frac{8\pi}{c}(f + f_\text{c}) \sum_{q=0}^{(N-1)/2} a_{2q} (mT_\text{r})^{2q}\right]\end{aligned} \tag{5-33}$$

对 $\text{TRT}(m, f)$ 沿 f 方向做傅里叶逆变换，则有：

$$\begin{aligned}\text{TRT}(m, \hat{t}) = B_3 \text{sinc}&\left\{B\left[\hat{t} - \frac{4}{c}\sum_{q=0}^{(N-1)/2} a_{2q}(mT_\text{r})^{2q}\right]\right\} \times \\ &\exp\left[-\text{j}\frac{8\pi f_\text{c}}{c}\sum_{q=0}^{(N-1)/2} a_{2q}(mT_\text{r})^{2q}\right]\end{aligned} \tag{5-34}$$

其中，B_3 为傅里叶逆变换后的信号幅度。

如式（5-34）所示，$\text{TRT}(m, \hat{t})$ 与 $(N+1)/2$ 个目标运动参数有关，而脉压后的回波信号[式（5-3）]却是由 $N+1$ 目标运动参数决定。对比 $\text{TRT}(m, \hat{t})$ 与脉压信号可以看出，翻转相乘后可以分离出部分运动参数。

信号 $\text{TRT}(m, \hat{t})$ 的 SGRFT 定义如下：

$$\begin{aligned}\text{SGRFT}(b_0, b_2, \cdots, b_{N-1}) = \sum_{m=-M/2}^{M/2} T&\left[m, \frac{4}{c}\sum_{q=0}^{(N-1)/2} b_{2q}(mT_\text{r})^{2q}\right] \times \\ &\exp\left[\text{j}\frac{8\pi f_\text{c}}{c}\sum_{q=0}^{(N-1)/2} b_{2q}(mT_\text{r})^{2q}\right]\end{aligned} \tag{5-35}$$

将式（5-34）代入式（5-35），有：

$$\mathrm{SGRFT}\left(b_0,b_2,\cdots,b_{N-1}\right)=\sum_{m=-M/2}^{M/2}B_3\mathrm{sinc}\left\{B\left[\frac{4}{c}\sum_{q=0}^{(N-1)/2}\left(b_{2q}-a_{2q}\right)\left(mT_{\mathrm r}\right)^{2q}\right]\right\}\times$$
$$\exp\left[\mathrm j\frac{8\pi f_{\mathrm c}}{c}\sum_{q=0}^{(N-1)/2}\left(b_{2q}-a_{2q}\right)\left(mT_{\mathrm r}\right)^{2q}\right] \tag{5-36}$$

当搜索参数等于目标真实运动参数时，$\mathrm{SGRFT}\left(b_0,b_2,\cdots,b_{N-1}\right)$ 的积累输出达到最大值。因此，$a_0,a_2,\cdots,a_{N-1}$ 的估计值为：

$$\left(\hat a_0,\hat a_2,\cdots,\hat a_{N-1}\right)=\arg\max_{b_0,b_2,\cdots b_{N-1}}\left|\mathrm{SGRFT}\left(b_0,b_2,\cdots,b_{N-1}\right)\right| \tag{5-37}$$

SGRFT 的处理过程与 GRFT 类似，其差别在于 GRFT 采用 $N+1$ 维搜索同时估计目标的所有运动参数，即 $a_0,a_1,\cdots,a_{N-1},a_N$；而 SGRFT 采用 $(N+1)/2$ 维搜索同时估计目标的部分运动参数，即 $a_0,a_2,\cdots,a_{N-1}$。SGRFT 可以看成 GRFT 的一个特例，所以称为特殊 GRFT（Special GRFT，SGRFT）。

利用估计得到的 $a_0,a_2,\cdots,a_{N-1}$，对式（5-3）进行第二次 SGRFT 处理：

$$\mathrm{SGRFT}\left(b_1,b_3,\cdots,b_N\right)=\sum_{m=-M/2}^{M/2}s\left[t_m,\frac{2}{c}\sum_{q=0}^{(N-1)/2}\left(\hat a_{2q}t_m^{2q}+b_{2q+1}t_m^{2q+1}\right)\right]\times$$
$$\exp\left[\mathrm j\frac{4\pi f_{\mathrm c}}{c}\sum_{q=0}^{(N-1)/2}\left(\hat a_{2q}t_m^{2q}+b_{2q+1}t_m^{2q+1}\right)\right]$$
$$=\sum_{m=-M/2}^{M/2}A_0\mathrm{sinc}\left\{B\left[\frac{2}{c}\sum_{q=0}^{(N-1)/2}\left(b_{2q+1}-a_{2q+1}\right)t_m^{2q+1}\right]\right\}\times \tag{5-38}$$
$$\exp\left[\mathrm j\frac{4\pi f_{\mathrm c}}{c}\sum_{q=0}^{(N-1)/2}\left(b_{2q+1}-a_{2q+1}\right)t_m^{2q+1}\right]$$

当搜索参数与目标运动参数相匹配时，$\mathrm{SGRFT}\left(b_1,b_3,\cdots,b_N\right)$ 的积累输出达到最大值。所以，剩余的运动参数可以估计如下：

$$\left(\hat a_1,\hat a_3,\cdots,\hat a_N\right)=\arg\max_{b_0,b_2,\cdots b_{N-1}}\left|\mathrm{SGRFT}\left(b_1,b_3,\cdots,b_N\right)\right| \tag{5-39}$$

TRT-SGRFT 将 GRFT 需要的 $N+1$ 维搜索过程转变成两次 $(N+1)/2$ 维搜索过程。与 GRFT 相比，TRT-GRFT 可以大幅度降低计算复杂度。此外，与 GRFT 同时搜索目标径向距离与速度不同，TRT-SGRFT 利用翻转相乘操作分离了径向距离与目标速度，两者之间的耦合得到解除，所以不会出现盲速旁瓣问题。

针对高阶机动目标的相参积累和运动参数估计，TRT-SGRFT 方法的主要步骤如下。

步骤 1 对接收到的目标回波进行脉压处理，得到脉压后的回波信号。

步骤2 对脉压信号进行快时间维傅里叶变换，得到信号 $S(m,f)$。

步骤3 对 $S(m,f)$ 进行 TRT 操作，得到信号 $\text{TRT}(m,f)$。

步骤4 对 $\text{TRT}(m,\hat{t})$ 进行第一次 SGRFT 操作，实现相参积累并获得 $a_0, a_2, \cdots,$ a_{N-1} 的估计值。

步骤5 利用估计得到的 $a_0, a_2, \cdots, a_{N-1}$，对脉压后信号进行第二次 SGRFT 操作，获得 $a_1, a_3, \cdots, a_N$ 的估计值。

TRT-SGRFT 方法的流程如图 5-1 所示。

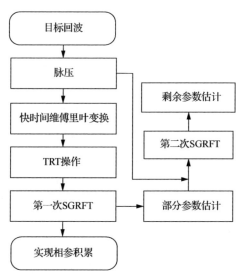

图 5-1 TRT-SGRFT 方法的流程

5.3.3 计算复杂度分析

令 M_r 表示距离单元数目，N_m 表示 m 阶运动参数的搜索数目，则循环迭代 ACCF 方法的计算复杂度为 $O(NMM_r\log_2 M_r + NM_r M\log_2 M)$。TRT-SGRFT 方法的计算复杂度体现在翻转相乘与两次 SGRFT 处理。首先，翻转相乘操作需要的加法操作次数与乘法操作次数分别为 $MN_0\log_2 N_0$ 以及 $2MN_{a_0}\log_2 N_{a_0}$。其次，第一次 SGRFT 处理需要的加法操作与乘法操作次数分别为 $\displaystyle\prod_{q=0}^{(N-1)/2} MN_{a_{2q}}$ 和 $\displaystyle\prod_{q=0}^{(N-1)/2}(M-1)N_{a_{2q}}$，第二次 SGRFT 处理需要的加法操作次数与乘法操作次数分别为 $\displaystyle\prod_{q=0}^{(N-1)/2} MN_{a_{2q+1}}$ 以及 $\displaystyle\prod_{q=0}^{(N-1)/2}(M-1)N_{a_{2q+1}}$。因此，TRT-SGRFT 方法的计算复杂度为

$O\left(\prod_{q=0}^{(N-1)/2}\left(N_{2q}+N_{2q+1}\right)M\right)$。此外，GRFT 方法的计算复杂度为 $O\left(\prod_{m=1}^{m=N}MM_rN_m\right)$。

令 $M_r=N_m=M$，那么循环迭代 ACCF 方法、TRT-SGRFT 方法以及 GRFT 方法的计算复杂度分别为 $O\left(NM^2\log_2M\right)$、$O\left(M^{0.5N+1.5}\right)$ 以及 $O\left(M^{N+2}\right)$。循环迭代 ACCF 方法的计算复杂度与目标的运动阶数 N 呈线性关系，而 TRT-SGRFT 方法以及 GRFT 方法的计算复杂度与目标的运动阶数呈指数关系。循环迭代 ACCF 方法的计算复杂度远远低于 TRT-SGRFT 方法以及 GRFT 方法，特别是当目标的运动阶数较高（如 $N\geqslant3$）时。与 GRFT 方法相比，TRT-SGRFT 方法的计算复杂度更低。

5.4 仿真验证

为了验证本章提出的 TRT-SGRFT 方法和循环迭代 ACCF 方法的有效性，本节对这些方法进行仿真，雷达系统参数如表 5-1 所示。

表 5-1 雷达系统参数

参数名称	取值
雷达载波频率	3GHz
带宽	10MHz
采样频率	50MHz
脉冲重复频率	200Hz
积累脉冲数	512

首先，仿真分析 TRT-SGRFT 方法的单目标相参积累能力。目标的运动参数为 $a_0=150.3$km、$a_1=100$m/s、$a_2=60$m/s^2、$a_3=6$m/s^3、$a_4=1$m/s^4，脉压后的 SNR 为 6dB，仿真结果如图 5-2 所示。其中，图 5-2（a）所示为脉压结果，可以看到积累时间内目标发生了距离走动，回波信号能量分布在不同的距离单元内。图 5-2（b）所示为 TRT-SGRFT 方法的积累结果。此时，目标能量积累后形成了明显的峰值，有利于后续的目标检测与运动参数估计。图 5-2（c）GRFT 方法的积累结果。可以看到，虽然目标能量也得到了积累，但是在主瓣周围，出现了许多高峰值的盲速旁瓣，这会导致严重的虚警。图 5-2（d）所示为循环迭代 ACCF 方法的积累结果。由于循环迭代 ACCF 方法对输入 SNR 的要求较高，未能实现目标能量的有效积累。此外，图 5-3 展示了 3 种失配方法（MTD、RFT[8]和 RFRFT[9]）的积累结果。可以看到，MTD、RFT 和 RFT 都未能实现目标能量的相参积累，原因在于：MTD 只适用于未发生距离走动和多普勒走动的目标，RFT 只能校正匀速目标的距离走动，而 RFRFT 只能实现匀加速目标的相参积累。

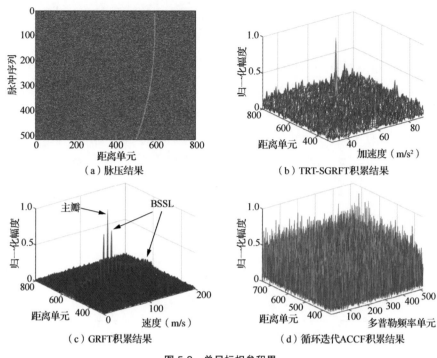

（a）脉压结果 （b）TRT-SGRFT积累结果

（c）GRFT积累结果 （d）循环迭代ACCF积累结果

图 5-2　单目标相参积累

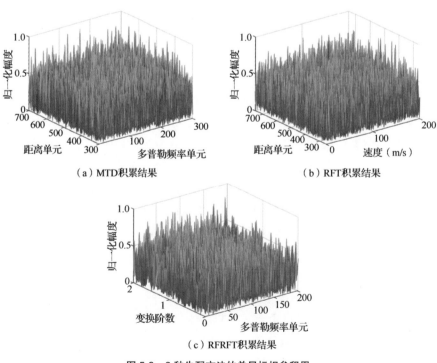

（a）MTD积累结果 （b）RFT积累结果

（c）RFRFT积累结果

图 5-3　3种失配方法的单目标相参积累

其次，我们通过仿真实验分析了 TRT-SGRFT 方法的多目标相参积累性能。目标 A 和目标 B 的运动参数如表 5-2 所示，仿真结果如图 5-4 所示。其中，图 5-4（a）所示为脉压结果。从图中可以看出，两个目标的运动轨迹都为一条曲线。图 5-4（b）所示为目标 A 和目标 B 的 TRT-SGRFT 积累结果。可以看到，两个目标的能量都得到了有效积累，在对应的 SGRFT 输出中形成了两个峰值。

表 5-2　两个高机动目标的运动参数

运动参数	目标 A	目标 B
初始径向距离	150.3km	150.0km
径向速度	100m/s	50m/s
加速度	$60m/s^2$	$40m/s^2$
加加速度	$5m/s^3$	$10m/s^3$
四阶运动分量	$1m/s^4$	$1m/s^4$
脉压后 SNR	6dB	6dB

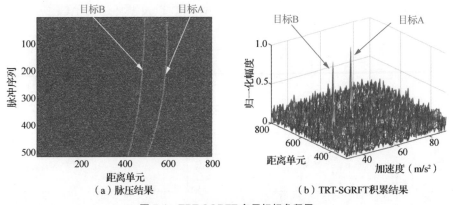

（a）脉压结果　　　（b）TRT-SGRFT积累结果

图 5-4　TRT-SGRFT 多目标相参积累

再次，通过蒙特卡洛实验对比分析 TRT-SGRFT、循环迭代 ACCF、GRFT、RFRFT、RFT 以及 MTD 这 6 种方法的目标检测性能，如图 5-5 所示。

（1）与 MTD、RFT、RFRFT 这 3 种失配方法相比，TRT-SGRFT 以及循环迭代 ACCF 由于可以补偿去除目标复杂运动带来的三阶距离走动和多普勒走动，因而可以获得更优的目标检测性能。

（2）低 SNR 下，GRFT 的目标检测性能优于 TRT-SGRFT 和循环迭代 ACCF，原因在于：GRFT 利用五维搜索同时校正与补偿距离走动和多普勒走动；而 TRT-SGRFT 和循环迭代 ACCF 是分步校正与补偿距离走动和多普勒走动的，因此低 SNR 下两者的积累增益要低于 GRFT。

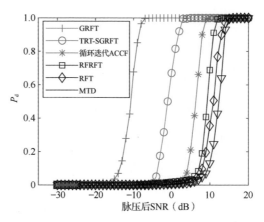

图 5-5　6 种方法的目标检测性能曲线（ $P_f = 10^{-4}$ ）

最后，对 TRT-SGRFT、循环迭代 ACCF 以及 GRFT 这 3 种方法的参数估计性能进行仿真分析。输入 SNR 的变化范围是 0～30dB，对每一个 SNR 都进行 500 次蒙特卡洛实验。3 种方法的估计 MSE 曲线如图 5-6 所示。可以看到，当 SNR 较低时，GRFT 的参数估计性能要优于 TRT-SGRFT 以及循环迭代 ACCF；当 SNR 增加时，TRT-SGRFT 与循环迭代 ACCF 的参数估计性能逐渐接近 GRFT。

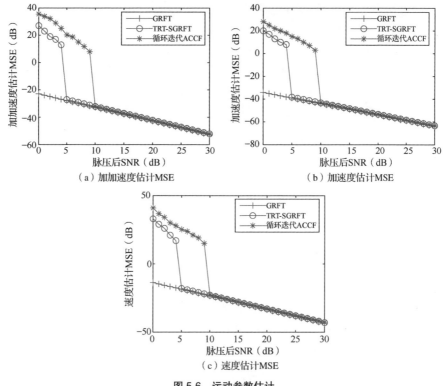

图 5-6　运动参数估计

5.5　高阶 KT 相参积累方法

本节介绍基于高阶 KT 的相参积累方法，包括高阶 KT 的定义和相参积累的流程等。

5.5.1　频域回波模型

对式（5-3）中的脉压信号进行快时间维傅里叶变换，得到频域回波信号为：

$$S_r(t,f) = A_1 \exp\left[-\mathrm{j}\frac{4\pi(f + f_c + f_d)}{c}R_0\right] \times$$
$$\exp\left[-\mathrm{j}\frac{4\pi(f + f_c + f_d)}{c}v_0 t\right] \times \qquad (5\text{-}40)$$
$$\sum_{i=2}^{P}\exp\left[-\mathrm{j}\frac{4\pi(f + f_c + f_d)}{c}a_{i-1}t^i\right]H_1(t,f)$$

其中

$$H_1(t,f) = \exp[-\mathrm{j}4\pi(f + f_c + f_d)n_k v_a t / c] \qquad (5\text{-}41)$$

5.5.2　任意高阶 KT 和 DP

1. 高阶 KT

任意 k 阶 KT（$k \geqslant 1$）的定义为[10]：

$$t_{\text{old}} = \left(\frac{f_c}{f + f_c}\right)^{1/k} t_{\text{new}} \qquad (5\text{-}42)$$

其中，t_{old} 和 t_{new} 分别为 k 阶 KT 前的慢时间与 k 阶 KT 后的慢时间。

显然，第 2 章与第 3 章中介绍的一阶 KT 以及二阶 KT 都是式（5-42）的特例：当 $k=1$ 或者 $k=2$ 时，式（5-42）分别对应于一阶 KT 和二阶 KT。

2. 高阶 DP

假设一多项式相位信号为：

$$s(t) = A\exp\left[\mathrm{j}2\pi\left(\sum_{i=0}^{q}b_i t^i\right)\right] \qquad (5\text{-}43)$$

其中，q（$q \geqslant 2$）是多项式的阶数，A 是信号幅度，$b_i(i = 0,1,2,\cdots,q)$ 为相位系数。

式（5-43）的 q（$q \geqslant 2$）阶 DP 处理为[10]：

$$\mathrm{DP}_q = \mathrm{FT}\left\{s(t)\exp\left[-\mathrm{j}2\pi\left(\sum_{i=2}^{q}c_i t^i\right)\right]\right\} \qquad (5\text{-}44)$$

其中，c_i（$i = 2,3,\cdots,q$）是搜索参数。

从式（5-44）可以看出，当搜索参数等于信号的相位系数，即 $c_i = b_i$（$i = 2, 3, \cdots, q$）时，$|\mathrm{DP}_q|$ 的幅值最大。因此，信号的相位系数 b_i（$i = 2, 3, \cdots, q$）可以估计为：

$$\left(\hat{b}_2, \hat{b}_3, \cdots, \hat{b}_q\right) = \arg\max_{c_2, c_3, \cdots, c_q} \left|\mathrm{DP}_q\right| \tag{5-45}$$

值得指出的是，DP 可以看作式（5-43）和式（5-44）的特殊情况。因此，我们称式（5-43）和式（5-44）为广义的高阶 DP 处理。

5.5.3 高阶 KT 相参积累方法的流程

高阶 KT 相参积累方法的主要步骤如下。

步骤 1 对雷达接收到的脉压回波沿快时间方向做傅里叶变换，得到频域回波信号，令 $k = P$。

步骤 2 根据雷达系统参数等确定距离的搜索范围 $[r_{\min}, r_{\max}]$ 和搜索步长 Δr、折叠因子的搜索范围 $[F_{\min}, F_{\max}]$ 和搜索步长 ΔF、运动参数 $c_i (i = 2, 3, \cdots, q)$ 的搜索范围 $[C_{i,\min}, C_{i,\max}]$ 和搜索步长 ΔC_i。

步骤 3 对频域回波信号进行 k 阶 KT，以校正目标运动参数 b_k 引起的距离走动。

步骤 4 利用搜索运动参数对 KT 处理后的回波信号进行广义 DP 处理，以补偿 k 阶相位项，并令 $p = k(k-1)$、$k = k-1$。

步骤 5 进行 k 阶 KT 处理。

步骤 6 若 $k \geq 2$，则继续执行步骤 3 与步骤 4。

步骤 7 若 $k = 1$，则利用折叠因子搜索值完成折叠因子项的步长，以校正残余的距离走动。

步骤 8 对校正补偿后的信号先沿距离频率方向做傅里叶逆变换，然后沿慢时间方向做傅里叶变换，获得积累输出。

需要指出的是，与第 4 章的 GKTGDP 方法类似，基于高阶 KT 和高阶 DP 的相参积累方法也需要同时对多个参数[距离、折叠因子、运动参数 $c_i (i = 2, 3, \cdots, q)$]进行搜索。搜索参数不同，获得的积累输出结果也不同。当搜索的参数与目标的真实运动参数相匹配时，距离走动和多普勒走动得到校正和补偿，目标能量实现相参积累，此时的积累输出达到最大值。

5.6 本章小结

本章主要研究了高阶机动目标的相参积累与运动参数估计问题，提出了循环迭代 ACCF 和 TRT-SGRFT 这两种相参积累处理方法，并通过详细的仿真实验对这两种方法的性能进行了分析。具体内容总结如下。

首先，建立了高阶机动目标的雷达回波模型，分析了 ACCF 的距离走动和多普勒走动校正性质，并在此基础上提出了基于循环迭代 ACCF 的相参积累与运动参数估计方法。由于循环迭代 ACCF 方法可通过复乘、快速傅里叶变换以及快速傅里叶逆变换实现，无须任何参数搜索过程，因此其计算复杂度小，易于工程实现。

其次，本章提出了基于 TRT-SGRFT 的目标相参积累和运动参数估计方法。TRT-SGRFT 方法首先通过时间序列翻转变换和共轭相乘，分离出目标的运动参数，然后利用 SGRFT 实现部分运动参数的估计；随后对脉压后的回波信号进行第二次 SGRFT 处理，获得剩余运动参数的估计。本章还分析了 TRT-SGRFT 方法与 GRFT 方法的计算复杂度。与需要进行 $N+1$ 维搜索的 GRFT 方法相比，TRT-SGRFT 方法只需要进行 $(N+1)/2$ 维搜索，大幅度降低了计算复杂度。此外，TRT-SGRFT 方法能够有效地去除速度与径向距离之间的耦合，解决盲速旁瓣问题。与循环迭代 ACCF 方法相比，TRT-SGRFT 方法可以获得更好的目标检测性能与更高的参数估计精度。

最后，本章给出了任意高阶 KT 和 DP 处理的定义，讨论了基于高阶 KT 和 DP 处理的相参积累方法，并给出了相参积累处理流程。

参考文献

[1] Zhao B, Qi X, Song H, et al. An accurate range model based on the fourth-order Doppler parameters for geosynchronous SAR[J]. IEEE Geoscience and Remote Sensing Letters, 2013, 11(1): 205-209.

[2] Wang Y, Jiang Y. Fourth-order complex-lag PWVD for multicomponent signals with application in ISAR imaging of maneuvering targets[J]. Circuits, Systems and Signal Processing, 2010, 29(3): 449-457.

[3] Wang P, Li H, Djurovic I, et al. Instantaneous frequency rate estimation for high-order polynomial-phase signals[J]. IEEE Signal Processing Letters, 2009, 16(9): 782-785.

[4] Li X, Cui G, Kong L, et al. Fast non-searching method for maneuvering target detection and motion parameters estimation[J]. IEEE Transactions on Signal Processing, 2016, 64(9): 2232-2244.

[5]   Li X, Cui G, Yi W, et al. A fast maneuvering target motion parameters estimation algorithm based on ACCF[J]. IEEE Signal Processing Letters, 2014, 22(3): 270-274.

[6]   Li X, Kong L, Cui G, et al. A fast detection method for maneuvering target in coherent radar[J]. IEEE Sensors Journal, 2015, 15(11): 6722-6729.

[7]   Xu J, Xia X G, Peng S B, et al. Radar maneuvering target motion estimation based on generalized Radon-Fourier transform[J]. IEEE Transactions on Signal Processing, 2012, 60(12): 6190-6201.

[8]   Xu J, Yu J, Peng Y N, et al. Radon-Fourier transform for radar target detection (I): Generalized Doppler filter bank[J]. IEEE Transactions on Aerospace and Electronic Systems, 2011, 47(2): 1186-1202.

[9]   Chen X, Guan J, Liu N, et al. Maneuvering target detection via Radon-fractional Fourier transform-based long-time coherent integration[J]. IEEE Transactions on Signal Processing, 2014, 62(4): 939-953.

[10]   Kong L, Li X, Cui G, et al. Coherent integration algorithm for a maneuvering target with high-order range migration[J]. IEEE Transactions on Signal Processing, 2015, 63(17): 4474-4486.

第6章　多模态高速目标长时间相参积累

本书第 2 章～第 5 章介绍了运动模态固定的高速目标长时间相参积累方法，其中目标的径向运动都是采用单一运动模型进行表征，即不同阶数下的多项式运动模型，包括匀速运动模型、匀加速运动模型、变加速运动模型、高阶机动运动模型，相应的目标回波信号也可以表征为关于慢时间的单分量多项式相位信号。然而，随着目标机动性的增强，探测时间内目标的运动模态很可能不再是单一、固定的，而是多模态、变化的[1]。例如，当高速目标运用跳跃、螺旋、蛇形机动、正弦、大拐角等诸多不规则方式在空间飞行时，目标会具有变模态运动特性。此时，目标回波信号在慢时间上不再是连续的单分量多项式相位信号，而是跳变的多分量多项式相位信号（不同分量对应不同运动模态）。传统单分量多项式相位信号检测方法难以实现不同运动模态间回波信号能量的有效积累和检测。

本章针对多模态高速目标长时间相参积累信号处理，介绍基于短时 GRFT（Short Time GRFT，STGRFT）的长时间相参积累方法。首先，建立多模态高速目标的回波模型；其次，介绍 STGRFT 的定义和不同窗函数下的积累性质；在此基础上，介绍基于 STGRFT 的多模态高速目标长时间相参积累方法，并给出具体的处理流程；最后，通过仿真实验分析 STGRFT 方法的相参积累处理性能。

6.1　多模态高速目标的回波模型

假设雷达探测区域内存在一个做变模态运动的目标，探测时间内该目标具有 M 个运动模态（对应 M 个运动模型）。第 i（ $i=1,2,3,\cdots,M$ ）个运动模态内，目标的瞬时径向距离满足：

$$R_i(t_m) = R_{0,i} + V_i(t_m - T_{i-1}) + A_i(t_m - T_{i-1})^2, \ t_m \in [T_{i-1}, T_i] \tag{6-1}$$

其中，$R_{0,i}$、V_i 和 A_i 分别表示运动模态 i 内目标的初始径向距离、径向速度与加速度，T_{i-1} 和 T_i 分别为目标运动模态 i 的起始时间和终止时间。

目标运动模态 i 内，雷达接收到的回波经匹配滤波处理后，可表示成：

$$s_i(t_m, \hat{t}) = \sigma \mathrm{sinc}\left\{ B\left[\hat{t} - \frac{2R_i(t_m)}{c} \right] \right\} \exp\left[-\mathrm{j}4\pi \frac{R_i(t_m)}{\lambda} \right], \ t_m \in [T_{i-1}, T_i] \tag{6-2}$$

其中，σ、c、B 和 λ 分别为脉压后的信号幅度、光速、信号带宽与波长。

整个探测时间内，脉压后的雷达回波信号为：

$$s(t_m, \hat{t}) = \sum_{i=1}^{M} \sigma w_i(t_m) \text{sinc}\left\{ B\left[\hat{t} - \frac{2R_i(t_m)}{c} \right] \right\} \exp\left[-\text{j}4\pi \frac{R_i(t_m)}{\lambda} \right]$$

$$= \sum_{i=1}^{M} w_i(t_m) s_i(t_m, \hat{t}) \tag{6-3}$$

其中，矩形窗函数 $w_i(t_m)$ 为：

$$w_i(t_m) = \text{rect}\left[\frac{t_m - 0.5(T_{i-1} + T_i)}{T_i - T_{i-1}} \right] = \begin{cases} 1, & T_{i-1} \leqslant t_m \leqslant T_i \\ 0, & \text{其他} \end{cases} \tag{6-4}$$

由式（6-3）可以看出，目标在模态 i 内的运动参数为 $(R_{0,i}, V_i, A_i)$。在时刻 T_i，目标的运动模态发生变化，其运动参数变为 $(R_{0,i+1}, V_{i+1}, A_{i+1})$。因此，有以下关系成立：

$$R_{0,i+1} = R_i(t_m)\big|_{t_m = T_i}, \quad V_{i+1} = \frac{\text{d}R_i(t_m)}{\text{d}t_m}\bigg|_{t_m = T_i} \tag{6-5}$$

6.2 STGRFT 的定义和性质

本节介绍基于 STGRFT 的多模态高速目标的长时间相参积累方法：首先给出 STGRFT 的定义，然后以模态 i 内回波信号的积累为例，重点分析 STGRFT 在不同非零长度窗函数下的积累性质。

6.2.1 STGRFT 的定义

STGRFT 的定义如下：

$$\text{STGRFT}_{g(t_m)}(r_0, v, a) = \int_{\eta_0}^{\eta_1} s\left[\frac{2r(t_m)}{c}, t_m \right] g(t_m) \exp\left[\text{j}4\pi \frac{r(t_m)}{\lambda} \right] \text{d}t_m \tag{6-6}$$

其中，$g(t_m)$ 为矩形窗函数，η_0 和 η_1 分别为窗函数非零区域的开始时间和终止时间。$g(t_m)$ 的表达式为：

$$g(t_m) = \text{rect}\left[\frac{t_m - 0.5(\eta_1 + \eta_0)}{\eta_1 - \eta_0} \right] = \begin{cases} 1, & \eta_0 \leqslant t_m \leqslant \eta_1,\ T_0 \leqslant \eta_0 \leqslant \eta_1 \leqslant T_M \\ 0, & \text{其他} \end{cases} \tag{6-7}$$

$r(t_m)$ 为由搜索运动参数 (r_0, v, a) 确定的搜索轨迹，具体形式如下：

$$r(t_m) = r_0 + v(t_m - \eta_0) + a(t_m - \eta_0)^2 \tag{6-8}$$

其中，r_0、v 和 a 分别为径向距离搜索值、速度搜索值以及加速度搜索值。

如图 6-1 所示，STGRFT 主要包括以下 4 个处理操作。

（1）基于窗函数对二维回波信号沿慢时间方向进行截取。

（2）沿搜索轨迹，在截取后的二维回波信号中抽取回波序列。

（3）利用搜索参数对抽取的回波序列进行相位对齐。

（4）对相位补偿后的回波序列进行求和，以实现积累。

为了比较，这里给出 GRFT[2] 的定义：

$$\text{GRFT}(r_0, v, a) = \int_{T_0}^{T_M} s\left\{\frac{2[r_0 + v(t_m - T_0) + a(t_m - T_0)^2]}{c}, t_m\right\} \times$$

$$\exp\left[j4\pi \frac{v(t_m - T_0) + a(t_m - T_0)^2}{\lambda}\right] dt_m \tag{6-9}$$

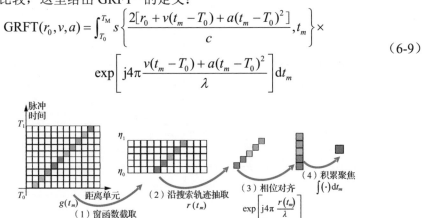

图 6-1　STGRFT 积累处理示意图

与 GRFT 相比，STGRFT 的区别和改进之处如下。

（1）GRFT 是对整个探测时间内的目标回波信号进行提取和积累，信号提取与积累的起始时间和终止时间是固定的，分别为探测时间的起始值与终止值；STGRFT 则是对部分探测时间内的目标回波信号进行提取与积累，信号提取与积累的起始时间和终止时间由窗函数的非零区域范围决定。因此，可以通过调整 STGRFT 窗函数的时间参数 η_0 和 η_1，来更好地匹配与积累机动目标不同运动模态内的回波信号。

（2）与 GRFT 相比，STGRFT 不仅能够补偿目标速度与加速度引起的相位项，还能补偿目标初始距离引起的相位项，从而能够实现不同模态间的目标回波信号的相位对齐，为后续多个模态间的目标回波信号相参积累奠定基础。

6.2.2　STGRFT 的性质

将式（6-3）代入式（6-6）得：

$$\text{STGRFT}_{g(t_m)}(r_0, v, a) = \int_{\eta_0}^{\eta_1} \sum_{i=1}^{M} \sigma \text{sinc}\left\{B\left\{\frac{2[r(t_m) - R_i(t_m)]}{c}\right\}\right\} \times$$

$$w_i(t_m)g(t_m)\exp\left[j4\pi \frac{r(t_m) - R_i(t_m)}{\lambda}\right]dt_m \tag{6-10}$$

下面以运动模态 i 内目标回波信号的积累为例，分析 STGRFT 在不同窗函数（对应不同的非零区域）下的积累输出响应。令

$$D = \{t_m \mid g(t_m) = 1\}, \quad E = \{t_m \mid w_i(t_m) = 1\} \tag{6-11}$$

其中，D 和 E 分别表示 $g(t_m)$ 和 $w_i(t_m)$ 的非零区域。

根据集合 D 与集合 E 之间的关系，运动模态 i 内的回波信号的 STGRFT 积累可以分为以下 4 种情形，如图 6-2 所示。

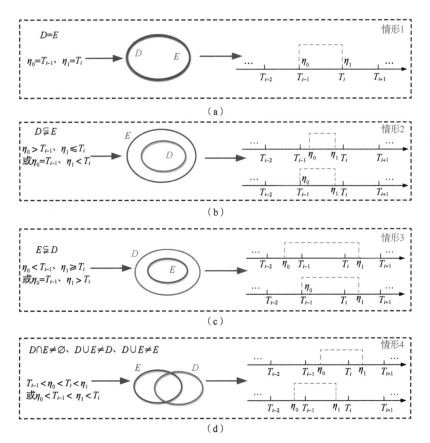

图 6-2 集合 D 和集合 E 的 4 种关系示意图

情形 1 $D = E$，如图 6-2（a）所示，则有

$$\eta_0 = T_{i-1}, \quad \eta_1 = T_i \tag{6-12}$$

相应地，可以得到：

$$g(t_m)w_i(t_m) = w_i(t_m), \ g(t_m)w_k(t_m) = 0 \ (k \neq i) \tag{6-13}$$

那么式（6-10）可以表示成：

$$
\begin{aligned}
\text{STGRFT}_{g(t_m)}(r_0, v, a) = & \int_{T_{i-1}}^{T_i} \sigma \text{sinc}\left\{ B\left\{ \frac{2[r(t_m) - R_i(t_m)]}{c} \right\}\right\} \times \\
& g(t_m)w_i(t_m)\exp\left[j4\pi \frac{r(t_m) - R_i(t_m)}{\lambda} \right]\mathrm{d}t_m + \\
& \int_{T_{i-1}}^{T_i} \sum_{k=1, k \neq i}^{M} \sigma \text{sinc}\left\{ B\left\{ \frac{2[r(t_m) - R_k(t_m)]}{c} \right\}\right\} \times \\
& g(t_m)w_k(t_m)\exp\left[j4\pi \frac{r(t_m) - R_k(t_m)}{\lambda} \right]\mathrm{d}t_m
\end{aligned}
\tag{6-14}
$$

式（6-14）中，等号右边的第一个积分项表示运动模态 i 内目标信号的 STGRFT，最后一个积分项表示其他运动模态内目标信号的 STGRFT。

将式（6-13）代入式（6-14）得：

$$
\begin{aligned}
\text{STGRFT}_{g(t_m)}(r_0,v,a) &= \int_{T_{i-1}}^{T_i} \sigma\text{sinc}\left\{ B\left\{ \frac{2[r(t_m)-R_i(t_m)]}{c} \right\} \right\} w_i(t_m) \times \\
&\quad \exp\left[j4\pi\frac{r(t_m)-R_i(t_m)}{\lambda} \right] dt_m + \int_{T_{i-1}}^{T_i} 0\,dt_m \\
&= \int_{T_{i-1}}^{T_i} \sigma\text{sinc}\left\{ B\left\{ \frac{2[r(t_m)-R_i(t_m)]}{c} \right\} \right\} \times \\
&\quad \exp\left[j4\pi\frac{r(t_m)-R_i(t_m)}{\lambda} \right] dt_m
\end{aligned}
\tag{6-15}
$$

当搜索运动参数 (r_0,v,a) 与模态 i 内的目标运动参数相匹配，即 $r_0=R_{0,i}$、$v=V_i$、$a=A_i$ 时，式（6-15）可以简化为：

$$
\text{STGRFT}_{g(t_m)}(r_0,v,a) = \int_{T_{i-1}}^{T_i} \sigma\text{sinc}(2B0t_m)\exp(j4\pi0t_m)dt_m = \sigma(T_i-T_{i-1})
\tag{6-16}
$$

由式（6-15）和式（6-16）可以看出，运动模态 i 内的目标信号被完整地提取出来，且在 STGRFT 域相参积累并形成峰值（峰值位置对应运动模态 i 内的目标运动参数），而其他运动模态内的目标信号则被全部滤除。

情形 2　$D \subsetneqq E$，如图 6-2（b）所示。此时，η_0、T_{i-1}、η_1 以及 T_i 满足：

$$
\eta_0 > T_{i-1},\quad \eta_1 \leqslant T_i \text{ 或者 } \eta_0 = T_{i-1},\quad \eta_1 < T_i
\tag{6-17}
$$

相应地，可以得到：

$$
w_i(t_m)g(t_m) = g(t_m),\ w_k(t_m)g(t_m) = 0\ (k\neq i)
\tag{6-18}
$$

结合式（6-18），式（6-10）的 STGRFT 可表示为：

$$
\begin{aligned}
\text{STGRFT}_{g(t_m)}(r_0,v,a) &= \int_{\eta_0}^{\eta_1} \sigma\text{sinc}\left\{ B\left\{ \frac{2[r(t_m)-R_i(t_m)]}{c} \right\} \right\} w_i(t_m)g(t_m) \times \\
&\quad \exp\left[j4\pi\frac{r(t_m)-R_i(t_m)}{\lambda} \right] dt_m + \\
&\quad \int_{\eta_0}^{\eta_1} \sum_{k=1,k\neq i}^{M} \sigma\text{sinc}\left\{ B\left\{ \frac{2[r(t_m)-R_k(t_m)]}{c} \right\} \right\} \times \\
&\quad w_k(t_m)g(t_m)\exp\left[j4\pi\frac{r(t_m)-R_k(t_m)}{\lambda} \right] dt_m \\
&= \int_{\eta_0}^{\eta_1} \sigma\text{sinc}\left\{ B\left\{ \frac{2[r(t_m)-R_i(t_m)]}{c} \right\} \right\} \times \\
&\quad \exp\left[j4\pi\frac{r(t_m)-R_i(t_m)}{\lambda} \right] dt_m
\end{aligned}
\tag{6-19}
$$

需要指出的是，式（6-19）中目标回波信号实现相参积累的前提是，当搜索运动参数等于目标真实运动参数，即 $r_0 = R_{0,i}$、$v = V_i$、$a = A_i$ 时，距离走动得到校正并且多普勒走动得到补偿：

$$r(t_m) - R_i(t_m) \equiv 0 \tag{6-20}$$

换言之，$r(t_m) - R_i(t_m)$ 不随慢时间 t_m 变化，而是恒等于 0。

（1）当 $\eta_0 > T_{i-1}$、$\eta_1 \leqslant T_i$ 时，若 $r_0 = R_{0,i}$、$v = V_i$、$a = A_i$，则有：

$$\begin{aligned}
r(t_m) - R_i(t_m) &= (r_0 - R_{0,i}) + (v - V_i)t_m + (a - A_i)t^2 + \\
&\quad 2(A_i T_{i-1} - a\eta_0)t_m + (a\eta_0^2 - A_i T_{i-1}^2) + (V_i T_{i-1} - v\eta_0) \\
&= 2A_i(T_{i-1} - \eta_0)t_m + A_i(\eta_0^2 - T_{i-1}^2) + V_i(T_{i-1} - \eta_0) \\
&= (T_{i-1} - \eta_0)[2A_i t_m - A_i(T_{i-1} + \eta_0) + V_i] \neq 0
\end{aligned} \tag{6-21}$$

从式（6-21）中可以看出：当 $r_0 = R_{0,i}$、$v = V_i$、$a = A_i$ 时，$r(t_m) - R_i(t_m)$ 仍然随慢时间 t_m 的变化而变化，而不会恒等于 0。此时，运动模态 i 内的目标回波信号无法通过 STGRFT 实现相参积累。

特别地，根据柯西不等式，我们可以得到运动模态 i 内目标回波信号 STGRFT 积累输出幅值的上界为：

$$\left| \int_{\eta_0}^{\eta_1} \sigma \mathrm{sinc}\left\{ B\left\{ \frac{2[r(t_m) - R_i(t_m)]}{c} \right\} \right\} \exp\left[\mathrm{j}4\pi \frac{r(t_m) - R_i(t_m)}{\lambda} \right] \mathrm{d}t_m \right|$$

$$\leqslant \left\{ \int_{\eta_0}^{\eta_1} \left| \sigma \mathrm{sinc}\left\{ B\left\{ \frac{2[r(t_m) - R_i(t_m)]}{c} \right\} \right\} \right|^2 \mathrm{d}t_m \right\}^{0.5} \times$$

$$\left\{ \int_{\eta_0}^{\eta_1} \left| \exp\left[\mathrm{j}4\pi \frac{r(t_m) - R_i(t_m)}{\lambda} \right] \right|^2 \mathrm{d}t_m \right\}^{0.5} \tag{6-22}$$

$$< \sqrt{[\sigma^2(\eta_1 - \eta_0)](\eta_1 - \eta_0)} < \sigma(\eta_1 - \eta_0) < \sigma(T_i - T_{i-1})$$

此时，STGRFT 积累峰值小于情形 1 中的积累峰值。

（2）当 $\eta_0 = T_{i-1}$、$\eta_1 < T_i$ 时，若 $r_0 = R_{0,i}$、$v = V_i$、$a = A_i$，则有：

$$r(t_m) - R_i(t_m) = 2A_i(T_{i-1} - \eta_0)t_m + A_i(\eta_0^2 - T_{i-1}^2) + V_i(T_{i-1} - \eta_0) \equiv 0 \tag{6-23}$$

那么，式（6-19）的 STGRFT 积累结果为：

$$\begin{aligned}
\mathrm{STGRFT}_{g(t_m)}(r_0, v, a) &= \int_{\eta_0}^{\eta_1} \sigma \mathrm{sinc}\left\{ B\left\{ \frac{2[r(t_m) - R_i(t_m)]}{c} \right\} \right\} \times \\
&\quad \exp\left[\mathrm{j}4\pi \frac{r(t_m) - R_i(t_m)}{\lambda} \right] \mathrm{d}t_m \\
&= \sigma(\eta_1 - \eta_0) < \sigma(T_i - T_{i-1})
\end{aligned} \tag{6-24}$$

由式（6-24）可以看出，此时的 STGRFT 积累峰值仍然小于情形 1 中的

STGRFT 积累峰值。原因在于：此时只是提取并相参积累了运动模态 i 内目标的部分回波信号，而在情形 1 中，整个运动模态 i 内目标的回波信号都被提取并相参积累。

情形 3　$E \subsetneq D$，则有：

$$\eta_0 < T_{i-1}, \quad \eta_1 \geqslant T_i \ \text{或者}\ \eta_0 = T_{i-1}, \quad \eta_1 > T_i \tag{6-25}$$

那么

$$w_i(t_m)g(t_m) = w_i(t_m) \tag{6-26}$$

为便于分析，不妨考虑图 6-2（c）中的场景，则式（6-10）的 STGRFT 可以表示为：

$$
\begin{aligned}
\text{STGRFT}_{g(t_m)}(r_0, v, a) = &\int_{T_{i-1}}^{T_i} \sigma \operatorname{sinc}\left\{ B\left\{ \frac{2[r(t_m) - R_i(t_m)]}{c} \right\} \right\} \times \\
&\exp\left[j4\pi \frac{r(t_m) - R_i(t_m)}{\lambda} \right] dt_m + \\
&\int_{\eta_0}^{T_{i-1}} \sigma \operatorname{sinc}\left\{ B\left\{ \frac{2[r(t_m) - R_{i-1}(t_m)]}{c} \right\} \right\} \times \\
&\exp\left[j4\pi \frac{r(t_m) - R_{i-1}(t_m)}{\lambda} \right] dt_m + \\
&\int_{T_i}^{\eta_1} \sigma \operatorname{sinc}\left\{ B\left\{ \frac{2[r(t_m) - R_{i+1}(t_m)]}{c} \right\} \right\} \times \\
&\exp\left[j4\pi \frac{r(t_m) - R_{i+1}(t_m)}{\lambda} \right] dt_m
\end{aligned}
\tag{6-27}
$$

其中，等号右边的第 1 个积分项表示运动模态 i 内目标回波信号的 STGRFT，第 2 个积分项表示运动模态 $i-1$ 内目标回波信号的 STGRFT，第 3 个积分项则表示运动模态 $i+1$ 内目标回波信号的 STGRFT。

（1）当 $\eta_0 < T_{i-1}$、$\eta_1 \geqslant T$ 时，若 $r_0 = R_{0,i}$、$v = V_i$、$a = A_i$，则有：

$$r(t_m) - R_i(t_m) = 2A_i(T_{i-1} - \eta_0)t_m + A_i(\eta_0^2 - T_{i-1}^2) + V_i(T_{i-1} - \eta_0) \neq 0 \tag{6-28}$$

因此，运动模态 i 内目标的距离走动与多普勒走动不能被完全地校正与补偿，导致运动模态 i 内目标回波信号的相参积累不能实现。

事实上，根据柯西不等式，可以得到 STGRFT 积累幅值的上限为：

$$\left| \int_{T_{i-1}}^{T_i} \sigma \mathrm{sinc} \left\{ B \left\{ \frac{2[r(t_m) - R_i(t_m)]}{c} \right\} \right\} \exp \left[\mathrm{j}4\pi \frac{r(t_m) - R_i(t_m)}{\lambda} \right] \mathrm{d}t_m \right|$$

$$\leqslant \left\{ \int_{T_{i-1}}^{T_i} \left| \sigma \mathrm{sinc} \left\{ B \left\{ \frac{2[r(t_m) - R_i(t_m)]}{c} \right\} \right\} \right|^2 \mathrm{d}t_m \right\}^{0.5} \times$$

$$\left\{ \int_{T_{i-1}}^{T_i} \left| \exp \left[\mathrm{j}4\pi \frac{r(t_m) - R_i(t_m)}{\lambda} \right] \right|^2 \mathrm{d}t_m \right\}^{0.5} \tag{6-29}$$

$$< \sqrt{[\sigma^2 (T_i - T_{i-1})](T_i - T_{i-1})} < \sigma(T_i - T_{i-1})$$

此时，STGRFT 积累峰值小于情形 1 的 STGRFT 积累峰值。

（2）当 $\eta_0 = T_{i-1}$、$\eta_1 > T_i$ 时，式（6-27）可以表示成：

$$\mathrm{STGRFT}_{g(t_m)}(r_0, v, a) = \int_{T_{i-1}}^{T_i} \sigma \mathrm{sinc} \left\{ B \left\{ \frac{2[r(t_m) - R_i(t_m)]}{c} \right\} \right\} \times$$

$$\exp \left[\mathrm{j}4\pi \frac{r(t_m) - R_i(t_m)}{\lambda} \right] \mathrm{d}t_m +$$

$$\int_{T_i}^{\eta_1} \sigma \mathrm{sinc} \left\{ B \left\{ \frac{2[r(t_m) - R_{i+1}(t_m)]}{c} \right\} \right\} \times \tag{6-30}$$

$$\exp \left[\mathrm{j}4\pi \frac{r(t_m) - R_{i+1}(t_m)}{\lambda} \right] \mathrm{d}t_m$$

若 $r_0 = R_{0,i}$、$v = V_i$、$a = A_i$，则有：

$$r(t_m) - R_i(t_m) = 2 A_i(T_{i-1} - \eta_0) t_m + A_i(\eta_0^2 - T_{i-1}^2) + V_i(T_{i-1} - \eta_0) \equiv 0 \tag{6-31}$$

因此，此时通过 STGRFT 可以实现运动模态 i 内目标回波信号的相参积累。然而，不仅运动模态 i 内的目标回波信号被提取，还有模态 $i+1$ 内的部分目标回波信号也被提取并积累[对应式（6-30）的第 2 个积分项]。由于目标在不同运动模态内的运动参数不同，因此模态 $i+1$ 内部分信号的积累对于模态 i 内目标信号的积累没有助益。更重要的是，模态 $i+1$ 内部分目标信号的提取与积累意味着无法再通过其他 STGRFT 处理过程实现对模态 $i+1$ 内所有目标回波信号的提取与积累，不利于整个探测时间内多个运动模态目标回波信号的相参积累。

情形 4 $D \cap E \neq \varnothing$、$D \cup E \neq D$、$D \cup E \neq E$，则有：

$$T_{i-1} < \eta_0 < T_i < \eta_1 \text{ 或者 } \eta_0 < T_{i-1} < \eta_1 < T_i \tag{6-32}$$

为便于分析，考虑图 6-2（d）所示的情形。

（1）当 $T_{i-1} < \eta_0 < T_i < \eta_1$ 时，式（6-10）的 STGRFT 可以进一步简化为：

$$\begin{aligned}
\mathrm{STGRFT}_{g(t_m)}(r_0, v, a) = &\int_{\eta_0}^{T_i} \sigma \mathrm{sinc}\left\{ B\left\{ \frac{2[r(t_m) - R_i(t_m)]}{c} \right\} \right\} \times \\
&\exp\left[\mathrm{j}4\pi \frac{r(t_m) - R_i(t_m)}{\lambda} \right] \mathrm{d}t_m + \\
&\int_{T_i}^{\eta_1} \sigma \mathrm{sinc}\left\{ B\left\{ \frac{2[r(t_m) - R_{i+1}(t_m)]}{c} \right\} \right\} \times \\
&\exp\left[\mathrm{j}4\pi \frac{r(t_m) - R_{i+1}(t_m)}{\lambda} \right] \mathrm{d}t_m
\end{aligned} \tag{6-33}$$

式（6-33）中，等号右边的第 1 个积分项是运动模态 i 内目标回波信号的 STGRFT，第 2 个积分项则是运动模态 $i+1$ 内目标回波信号的 STGRFT。由式（6-33）可知，运动模态 i 内只有部分信号被提取并积累。

若 $r_0 = R_{0,i}$、$v = V_i$、$a = A_i$，则有：

$$r(t_m) - R_i(t_m) = 2A_i(T_{i-1} - \eta_0)t_m + A_i(\eta_0^2 - T_{i-1}^2) + V_i(T_{i-1} - \eta_0) \neq 0 \tag{6-34}$$

因此，运动模态 i 内提取出的目标回波信号无法通过 STGRFT 实现相参积累。利用柯西不等式，可以得到运动模态 i 内提取出的目标回波信号 STGRFT 积累峰值的上限：

$$\begin{aligned}
&\left| \int_{\eta_0}^{T_i} \sigma \mathrm{sinc}\left\{ B\left\{ \frac{2[r(t_m) - R_i(t_m)]}{c} \right\} \right\} \exp\left[\mathrm{j}4\pi \frac{r(t) - R_i(t)}{\lambda} \right] \mathrm{d}t_m \right| \\
\leqslant &\left\{ \int_{\eta_0}^{T_i} \left| \sigma \mathrm{sinc}\left\{ B\left\{ \frac{2[r(t_m) - R_i(t_m)]}{c} \right\} \right\} \right|^2 \mathrm{d}t_m \right\}^{0.5} \times \\
&\left\{ \int_{\eta_0}^{T_i} \left| \exp\left[\mathrm{j}4\pi \frac{r(t_m) - R_i(t_m)}{\lambda} \right] \right|^2 \mathrm{d}t_m \right\}^{0.5} \\
< &\sqrt{[\sigma^2(T_i - \eta_0)](T_i - \eta_0)} < \sigma(T_i - T_{i-1})
\end{aligned} \tag{6-35}$$

由此可见，此时运动模态 i 内目标回波信号的 STGRFT 积累峰值小于情形 1 中的积累峰值。

（2）当 $\eta_0 < T_{i-1} < \eta_1 < T_i$ 时，式（6-10）的 STGRFT 可以进一步表示为：

$$\begin{aligned}
\mathrm{STGRFT}_{g(t_m)}(r_0, v, a) = &\int_{T_{i-1}}^{\eta_1} \sigma \mathrm{sinc}\left\{ B\left\{ \frac{2[r(t_m) - R_i(t_m)]}{c} \right\} \right\} \times \\
&\exp\left[\mathrm{j}4\pi \frac{r(t_m) - R_i(t_m)}{\lambda} \right] \mathrm{d}t_m + \\
&\int_{\eta_0}^{T_{i-1}} \sigma \mathrm{sinc}\left\{ B\left\{ \frac{2[r(t_m) - R_{i-1}(t_m)]}{c} \right\} \right\} \times \\
&\exp\left[\mathrm{j}4\pi \frac{r(t_m) - R_{i-1}(t_m)}{\lambda} \right] \mathrm{d}t_m
\end{aligned} \tag{6-36}$$

式（6-36）中，等号右边的第 1 个积分项是运动模态 i 内目标回波信号的 STGRFT，第 2 个积分项则是运动模态 $i-1$ 内目标回波信号的 STGRFT。由式（6-36）可知，运动模态 i 内只有部分信号被提取并积累。

当 $r_0 = R_{0,i}$、$v = V_i$、$a = A_i$ 时，有：

$$r(t_m) - R_i(t_m) = 2A_i(T_{i-1} - \eta_0)t_m + A_i(\eta_0^2 - T_{i-1}^2) + V_i(T_{i-1} - \eta_0) \neq 0 \qquad (6\text{-}37)$$

因此，运动模态 i 内提取出的目标回波信号无法通过 STGRFT 实现相参积累。利用柯西不等式，可以得到此时运动模态 i 内提取出的目标回波信号的 STGRFT 峰值上限：

$$\left| \int_{T_{i-1}}^{\eta_1} \sigma \mathrm{sinc}\left\{ B\left\{ \frac{2[r(t_m) - R_i(t_m)]}{c} \right\} \right\} \exp\left[\mathrm{j}4\pi \frac{r(t_m) - R_i(t_m)}{\lambda} \right] \mathrm{d}t_m \right|$$

$$\leqslant \left\{ \int_{T_{i-1}}^{\eta_1} \left| \sigma \mathrm{sinc}\left\{ B\left\{ \frac{2[r(t_m) - R_i(t_m)]}{c} \right\} \right\} \right|^2 \mathrm{d}t_m \right\}^{0.5} \times \qquad (6\text{-}38)$$

$$\left\{ \int_{T_{i-1}}^{\eta_1} \left| \exp\left[\mathrm{j}4\pi \frac{r(t_m) - R_i(t_m)}{\lambda} \right] \right|^2 \mathrm{d}t_m \right\}^{0.5}$$

$$< \sqrt{[\sigma^2(\eta_1 - T_{i-1})](\eta_1 - T_{i-1})} < \sigma(T_i - T_{i-1})$$

通过对以上 4 种情形的讨论和分析，可以得到如下结论：不同的窗函数下，运动模态 i 内目标回波信号的 STGRFT 具有不同的积累输出。只有当 STGRFT 的窗函数与运动模态 i 内的目标回波信号相匹配时 $[g(t) = w_i(t)]$，运动模态 i 内的目标回波信号才会被全部提取并相参积累形成峰值，同时不会影响其他运动模态内目标信号的提取与积累。

下面通过一个仿真实验来说明 STGRFT 在不同窗函数（对应上述 4 种情形）下的积累输出结果。表 6-1 中给出了 4 种不同情形下的窗函数。雷达参数设置为：载波频率 $f_c = 0.15\mathrm{GHz}$，带宽 $B = 10\mathrm{MHz}$，采样频率 $f_s = 50\mathrm{MHz}$，脉冲持续时间 $T_p = 10\mu\mathrm{s}$，脉冲重复频率 $f_p = 200\mathrm{Hz}$，积累时间 $T = 3.825\mathrm{s}$，脉冲数为 765。积累时间内，目标具有 3 个运动模态，其中模态 1 内（0～1.275s）目标做匀速运动（初始距离单元为 600，径向速度 $V_1 = 100\mathrm{m/s}$）；模态 2 内（1.275～2.55s）目标做匀加速运动，加速度为 $A_2 = 60\mathrm{m/s}^2$；模态 3 内（2.55～3.825s）目标做匀减速运动，加速度 $A_3 = -30\mathrm{m/s}^2$。

表 6-1　不同情形下的窗函数设置

图编号	窗函数
图 6-3（b）	$g(t_m) = \begin{cases} 1, & t_m \in [1.28\mathrm{s}, 2.55\mathrm{s}] \\ 0, & \text{其他} \end{cases}$

图编号	窗函数
图 6-3（c）	$g(t_m) = \begin{cases} 1, & t_m \in [1.325\text{s}, 2.5\text{s}] \\ 0, & \text{其他} \end{cases}$
图 6-3（d）	$g(t_m) = \begin{cases} 1, & t_m \in [1.28\text{s}, 2\text{s}] \\ 0, & \text{其他} \end{cases}$
图 6-3（e）	$g(t_m) = \begin{cases} 1, & t_m \in [1.25\text{s}, 2.575\text{s}] \\ 0, & \text{其他} \end{cases}$
图 6-3（f）	$g(t_m) = \begin{cases} 1, & t_m \in [1.28\text{s}, 2.8\text{s}] \\ 0, & \text{其他} \end{cases}$
图 6-3（g）	$g(t_m) = \begin{cases} 1, & t_m \in [1.325\text{s}, 2.575\text{s}] \\ 0, & \text{其他} \end{cases}$
图 6-3（h）	$g(t_m) = \begin{cases} 1, & t_m \in [1.25\text{s}, 2.5\text{s}] \\ 0, & \text{其他} \end{cases}$

仿真结果如图 6-3 所示，其中图 6-3（a）所示为脉压后的回波信号。从图中可以看出，目标有 3 个运动模态（模态 1 内目标做匀速运动，模态 2 内目标做匀加速运动，模态 3 内目标做匀减速运动）。图 6-3（b）～图 6-3（h）分别展示了 4 种情形下的 STGRFT 积累结果，由此可以得到以下结论。

（1）情形 1 时，STGRFT 的窗函数与模态 2 内目标回波信号的起始时间以及终止时间相匹配。STGRFT 处理后，模态 2 内的目标回波信号被完全提取出并相参积累，积累后的峰值位置对应模态 2 内目标的运动参数，如图 6-3（b）所示。

（2）情形 2 时，若 $\eta_0 > T_{i-1}$、$\eta_1 \leq T_i$ [对应图 6-3（c）]，则模态 2 内目标回波信号的距离走动与多普勒走动不能得到完全校正与匹配补偿，导致 STGRFT 不能对提取出的模态 2 内目标回波信号进行相参积累。因此，图 6-3（c）中的 STGRFT 积累峰值小于图 6-3（b）中的峰值。若 $\eta_0 = T_{i-1}$、$\eta_1 < T_i$ [对应图 6-3（d）]，则提取出的模态 2 内目标回波信号的距离走动与多普勒走动会得到匹配校正与补偿。然而，此时模态 2 内只有部分回波信号被提取出并积累，致使图 6-3(d)中的 STGRFT 积累峰值仍小于图 6-3（b）中峰值。

（3）情形 3 时，若 $\eta_0 < T_{i-1}$、$\eta_1 \geq T_i$ [对应图 6-3（e）]，则模态 2 内目标回波信号的距离走动与多普勒走动不能得到完全校正与匹配补偿，STGRFT 难以完成模态 2 内目标回波信号的相参积累，致使图 6-3（e）中的 STGRFT 积累峰值小于图 6-3（b）中的峰值。若 $\eta_0 = T_{i-1}$、$\eta_1 > T_i$ [对应图 6-3（f）]，则模态 2 内的目标信号会被完全提取出并相参积累，因此图 6-3（f）中的 STGRFT 积累峰值与图 6-3（b）中的峰值相近。然而，需要指出的是，此时模态 3 内也有部分目标回波信号被提取，导致无法同时通过另外的 STGRFT 实现模态 3 内目标所有回波信号的相参积累。

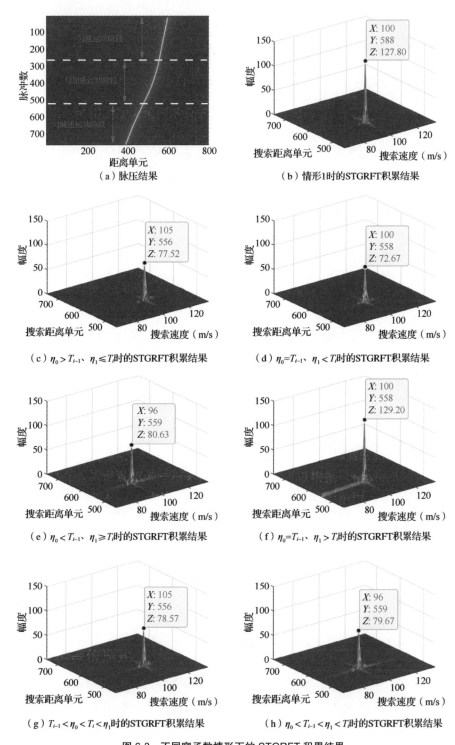

图 6-3　不同窗函数情形下的 STGRFT 积累结果

（4）情形 4 时，由图 6-3（g）和图 6-3（h）可知，无论是 $T_{i-1} < \eta_0 < T_i < \eta_1$，还是 $\eta_0 < T_{i-1} < \eta_1 < T_i$，STGRFT 的窗函数都与模态 2 内目标回波信号的起始时间与终止时间不匹配，距离走动与多普勒走动也都无法得到校正与匹配补偿，提取出的回波信号也难以实现相参积累，导致图 6-3（g）和图 6-3（h）中的 STGRFT 积累峰值小于情形 1 中的积累峰值。

表 6-2 列出了图 6-3 中 STGRFT 积累峰值的幅度与位置。

表 6-2　STGRFT 积累后峰值幅度与位置

图编号	峰值幅度	峰值位置
图 6-3（b）	127.80	(100,588)
图 6-3（c）	77.52	(105,556)
图 6-3（d）	72.67	(100,558)
图 6-3（e）	80.63	(96,559)
图 6-3（f）	129.20	(100,558)
图 6-3（g）	78.57	(105,556)
图 6-3（h）	79.67	(96,559)

6.3　STGRFT 相参积累方法

根据 STGRFT 在不同窗函数下的积累输出特性，本节提出基于 STGRFT 的多模态运动目标长时间相参积累方法。

6.3.1　STGRFT 方法的原理

对于具有 M 个运动模态的目标回波信号［式（6-3）］，基于 STGRFT 的长时间相参积累处理可表示为：

$$\mathrm{LTCI}(\boldsymbol{\eta}_0, \boldsymbol{\eta}_1, \boldsymbol{r}, \boldsymbol{v}, \boldsymbol{a}) = \sum_{k=1}^{M} \mathrm{STGRFT}_{g_k(t_m)}(r_{0,k}, v_k, a_k) \tag{6-39}$$

其中

$$\boldsymbol{\eta}_0 = \begin{bmatrix} \eta_{1,0} & \eta_{2,0} & \cdots & \eta_{M,0} \end{bmatrix} \tag{6-40}$$

$$\boldsymbol{\eta}_1 = \begin{bmatrix} \eta_{1,1} & \eta_{2,1} & \cdots & \eta_{M,1} \end{bmatrix} \tag{6-41}$$

$$\boldsymbol{r} = \begin{bmatrix} r_{0,1} & r_{0,2} & \cdots & r_{0,M} \end{bmatrix} \tag{6-42}$$

$$\boldsymbol{v} = \begin{bmatrix} v_1 & v_2 & \cdots & v_M \end{bmatrix} \tag{6-43}$$

$$\boldsymbol{a} = \begin{bmatrix} a_1 & a_2 & \cdots & a_M \end{bmatrix} \tag{6-44}$$

$\text{STGRFT}_{g_k(t_m)}(r_{0,k}, v_k, a_k)$ 表示窗函数 $g_k(t_m)$ 下的 STGRFT，具体形式为：

$$\text{STGRFT}_{g_k(t_m)}(r_{0,k}, v_k, a_k) = \int_{\eta_{k,0}}^{\eta_{k,1}} s\left(\frac{2r_k(t_m)}{c}, t\right) g_k(t_m) \times$$

$$\exp\left[j4\pi\frac{r_k(t_m)}{\lambda}\right] dt_m \quad (6\text{-}45)$$

$$g_k(t_m) = \text{rect}\left[\frac{t_m - 0.5(\eta_{k,1}+\eta_{k,0})}{\eta_{k,1}-\eta_{k,0}}\right] = \begin{cases} 1, & \eta_{k,0} \leq t_m \leq \eta_{k,1} \\ 0, & \text{其他} \end{cases} \quad (6\text{-}46)$$

$$r_k(t_m) = r_{0,k} + v_k(t_m - \eta_{k,0}) + a_k(t_m - \eta_{k,0})^2 \quad (6\text{-}47)$$

其中，$r_{0,k}$、v_k 和 a_k 分别为 $\text{STGRFT}_{g_k(t_m)}(r_{0,k}, v_k, a_k)$ 中的搜索径向距离、搜索径向速度以及搜索径向加速度。$\eta_{k,0}$ 和 $\eta_{k,1}$ 分别是窗函数 $g_k(t_m)$ 非零区域的起始时间与终止时间。

不同的搜索参数下，式（6-39）会获得不同的长时间积累输出结果。只有当搜索参数与目标实际参数相匹配时（$\eta_{k,0} = T_{i-1}$、$\eta_{k,1} = T_i$、$r_{0,k} = R_{0,i}$、$v_k = V_i$、$a_k = A_i$），目标分布在多个运动模态（对应不同的运动模型）内的回波信号能量才可以被全部提取并相参积累。

具体而言，当 $\eta_{k,0} = T_{i-1}$、$\eta_{k,1} = T_i$ 时，式（6-39）的 $\text{LTCI}(\boldsymbol{\eta}_0, \boldsymbol{\eta}_1, \boldsymbol{r}, \boldsymbol{v}, \boldsymbol{a})$ 可以表示为：

$$\begin{aligned}
\text{LTCI}(\boldsymbol{\eta}_0, \boldsymbol{\eta}_1, \boldsymbol{r}, \boldsymbol{v}, \boldsymbol{a}) &= \sum_{k=1}^{M} \int_{\eta_{k,0}}^{\eta_{k,1}} s\left(\frac{2r_k(t_m)}{c}, t_m\right) g_k(t_m) \times \\
&\quad \exp\left[j4\pi\frac{r_k(t_m)}{\lambda}\right] dt_m \\
&= \sum_{k=1}^{M} \int_{\eta_{k,0}}^{\eta_{k,1}} \sigma \text{sinc}\left\{B\left\{\frac{2[r_k(t_m) - R_i(t_m)]}{c}\right\}\right\} \times \\
&\quad \exp\left[j4\pi\frac{r_k(t_m) - R_i(t_m)}{\lambda}\right] dt_m
\end{aligned} \quad (6\text{-}48)$$

此时，若 $r_{0,k} = R_{0,i}$、$v_k = V_i$、$a_k = A_i$，则 $r_k(t_m) - R_i(t_m) \equiv 0$，模态 i 内目标回波信号的距离走动与多普勒走动都会得到匹配校正与补偿，并通过窗函数 $g_k(t)$ 下的 STGRFT 实现相参积累。此时，式（6-48）可以简化为：

$$\begin{aligned}
\text{LTCI}(\boldsymbol{\eta}_0, \boldsymbol{\eta}_1, \boldsymbol{r}, \boldsymbol{v}, \boldsymbol{a}) &= \sum_{k=1}^{M} \int_{\eta_{k,0}}^{\eta_{k,1}} \sigma \text{sinc}(2B0t_m) \exp(j4\pi 0 t_m) dt_m \\
&= \sum_{k=1}^{M} \sigma(\eta_{k,1} - \eta_{k,0}) = \sigma(T_M - T_0)
\end{aligned} \quad (6\text{-}49)$$

从式（6-49）可以看出，M 个运动模态内的目标回波信号通过 M 个匹配

STGRFT 实现相参积累，有助于回波 SNR 的提升以及后续目标检测性能的改善。

6.3.2　窗函数约束

（1）所有窗函数的非零区域长度之和应等于积累时间内的目标回波信号长度：

$$\sum_{k=1}^{M}(\eta_{k,1}-\eta_{k,0})=\sum_{i=1}^{M}(T_i-T_{i-1}) \tag{6-50}$$

（2）任意两个不同窗函数$[$如 $g_k(t_m)$ 和 $g_p(t_m)$，$k \neq p$ $]$的非零区域都不应重叠：

$$\int_{T_0}^{T_M} g_k(t_m)g_p(t_m)\mathrm{d}t_m = 0 \tag{6-51}$$

6.3.3　STGRFT 方法的流程

图 6-4 所示为基于 STGRFT 的多模态目标长时间相参积累处理示意图，其具体步骤如下。

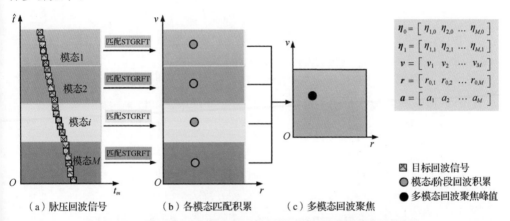

（a）脉压回波信号　　　（b）各模态匹配积累　　　（c）多模态回波聚焦

图 6-4　基于 STGRFT 的多模态运动高速目标长时间相参积累处理示意图

步骤 1　STGRFT 长时间相参积累处理的相关参数设置。

根据探测时间、探测目标的种类与状态等信息，可以预先确定目标运动模态数、径向距离搜索范围、径向速度搜索范围以及径向加速度搜索范围，分别记为 M、$[R_{\min},R_{\max}]$、$[V_{\min},V_{\max}]$ 以及 $[A_{\min},A_{\max}]$。窗函数 $g_k(t_m)$ 的起始时间设为 $\eta_{k,0}$，终止时间设为 $\eta_{k,1}$，相应的搜索步长为 $\Delta\eta$。待搜索的目标运动参数设为 $(r_{0,k},v_k,a_k)$，其中 $k=1,2,3,\cdots,M$。

步骤 2　确定运动参数 $(r_{0,k},v_k,a_k)$ 的搜索步长和离散取值。

根据雷达系统参数，初始径向距离、径向速度和径向加速度的搜索步长（分别记为 ΔR、ΔV 和 ΔA）可设置为：

$$\Delta R = \frac{c}{2B} \qquad (6-52)$$

$$\Delta V = \frac{\lambda}{2(T_M - T_0)} \qquad (6-53)$$

$$\Delta A = \frac{\lambda}{2(T_M - T_0)^2} \qquad (6-54)$$

则初始径向距离、径向速度以及径向加速度的离散搜索值分别为：

$$r_{0,k} = R_{\min} : \Delta R : R_{\max} \qquad (6-55)$$

$$v_k = V_{\min} : \Delta V : V_{\max} \qquad (6-56)$$

$$a_k = A_{\min} : \Delta A : A_{\max} \qquad (6-57)$$

步骤3 确定窗函数开始时间、终止时间的搜索步长和离散取值。

首先，因为目标模态 1 的开始时间为 T_0，运动模态 M 的终止时间为 T_M，因此模态 1 的开始时间搜索值、模态 M 的终止时间搜索值可以分别为：

$$\eta_{1,0} = T_0, \quad \eta_{M,1} = T_M \qquad (6-58)$$

其次，目标的运动模态 k 和运动模态 $k+1$ 是相邻的。换言之，运动模态 k 的终止时间与运动模态 $k+1$ 的开始时间相差一个脉冲时间。因此，窗函数的起止时间与终止时间的搜索步长可设置为 $\Delta\eta = T_r$，其中 T_r 为脉冲重复时间。此外，在 STGRFT 窗函数的起始时间与终止时间的搜索过程中，可以采用如下关系：

$$\eta_{k,1} = \eta_{k+1,0} - T_r, \quad k = 1,2,3,\cdots,M-1 \qquad (6-59)$$

$$\Delta\eta = T_r \qquad (6-60)$$

相应地，窗函数的起止时间与终止时间的离散搜索值为：

$$\eta_{1,1} = T_0 : \Delta\eta : T_M \qquad (6-61)$$

$$\eta_{k,0} = \eta_{k-1,1} + T_r : \Delta\eta : T_M - T_r, \quad k = 2,3,\cdots,M-1 \qquad (6-62)$$

$$\eta_{M,0} = \eta_{M-1,1} + T_r : \Delta\eta : T_M \qquad (6-63)$$

结合式（6-57）～式（6-62），可以得到 $\eta_{k,0}$ 和 $\eta_{k,1}$（$k=1,2,\cdots,M$）的搜索值。

最后，注意到运动模态 k 终止时刻目标的瞬时径向距离就是运动模态 $k+1$ 起始时刻目标的径向距离。同时，运动模态 k 终止时刻目标的瞬时径向速度就是运动模态 $k+1$ 起始时刻目标的径向速度。因此，在运动参数搜索过程中，可以采用如下设置：

$$r_{0,k+1} = r_{0,k} + v_k(\eta_{k,1} - \eta_{k,0}) + a_k(\eta_{k,1} - \eta_{k,0})^2 \qquad (6-64)$$

$$v_{k+1} = v_k + 2a_k(\eta_{k,1} - \eta_{k,0}), k = 1,2,\cdots,M-1 \qquad (6-65)$$

步骤4 利用 STGRFT 实现多个运动模态间目标回波信号的长时间相参积累。

首先，根据步骤1～步骤3中的搜索参数，确定窗函数和待搜索运动轨迹：

$$g_k(t_m) = \text{rect}\left[\frac{t_m - 0.5(\eta_{k,1} + \eta_{k,0})}{\eta_{k,1} - \eta_{k,0}}\right] \tag{6-66}$$

$$r_k(t_m) = r_{0,k} + v_k(t_m - \eta_{k,0}) + a_k(t_m - \eta_{k,0})^2 \tag{6-67}$$

其次，根据式（6-66）和式（6-67）中的窗函数以及待搜索运动轨迹，对脉压后的回波信号进行 STGRFT，以获得各模态内目标回波信号能量的积累：

$$\text{STGRFT}_{g_k(t_m)}(r_{0,k}, v_k, a_k) = \int_{\eta_{k,0}}^{\eta_{k,1}} s\left(\frac{2r_k(t_m)}{c}, t_m\right) g_k(t_m) \exp\left[j4\pi\frac{r_k(t_m)}{\lambda}\right] dt_m \tag{6-68}$$

接着，通过加法运算实现不同运动模态间回波信号能量的相参积累：

$$\text{LTCI}(\boldsymbol{\eta}_0, \boldsymbol{\eta}_1, \boldsymbol{r}, \boldsymbol{v}, \boldsymbol{a}) = \sum_{k=1}^{M} \text{STGRFT}_{g_k(t)}(r_{0,k}, v_k, a_k) \tag{6-69}$$

当 $\text{STGRFT}_{g_k(t)}(r_{0,k}, v_k, a_k)$ 与运动模态 i 内目标的回波信号相匹配时，窗函数的起始时间、终止时间等于回波信号的起始时间、终止时间、搜索运动参数等于模态 i 内目标的运动参数，也就是如下关系成立：

$$\eta_{k,0} = T_{i-1}, \quad \eta_{k,1} = T_i \tag{6-70}$$

$$r_{0,k} = R_{0,i}, \quad v_k = V_i, \quad a_k = A_i \tag{6-71}$$

那么分布在不同运动模态内的目标回波信号通过 STGRFT 可以实现相参积累，相应的 $\text{LTCI}(\boldsymbol{\eta}_0, \boldsymbol{\eta}_1, \boldsymbol{r}, \boldsymbol{v}, \boldsymbol{a})$ 输出幅值达到最大。因此，目标的时间参数（起始时间与终止时间）和运动参数（径向距离、速度、加速度）也可以估计为：

$$(\hat{\boldsymbol{\eta}}_0, \hat{\boldsymbol{\eta}}_1, \hat{\boldsymbol{r}}, \hat{\boldsymbol{v}}, \hat{\boldsymbol{a}}) = \underset{(\boldsymbol{\eta}_0, \boldsymbol{\eta}_1, \boldsymbol{r}, \boldsymbol{v}, \boldsymbol{a})}{\arg\max} |\text{LTCI}(\boldsymbol{\eta}_0, \boldsymbol{\eta}_1, \boldsymbol{r}, \boldsymbol{v}, \boldsymbol{a})| \tag{6-72}$$

其中，$\hat{\boldsymbol{\eta}}_1 = [\hat{\eta}_{1,1} \quad \hat{\eta}_{2,1} \quad \cdots \quad \hat{\eta}_{M,1}]$，$\hat{\boldsymbol{r}} = [\hat{r}_{0,1} \quad \hat{r}_{0,2} \quad \cdots \quad \hat{r}_{0,M}]$，$\hat{\boldsymbol{v}} = [\hat{v}_1 \quad \hat{v}_2 \quad \cdots \quad \hat{v}_M]$，$\hat{\boldsymbol{a}} = [\hat{a}_1 \quad \hat{a}_2 \quad \cdots \quad \hat{a}_M]$。

步骤 5　基于 STGRFT 相参积累结果，进行恒虚警率（CFAR）检测。

具体而言，就是将步骤 4 中的多模态间目标回波信号积累输出的幅值作为检测统计量，与给定虚警概率下的检测门限阈值进行比较：

$$|\text{LTCI}(\boldsymbol{\eta}_0, \boldsymbol{\eta}_1, \boldsymbol{r}, \boldsymbol{v}, \boldsymbol{a})| \underset{H_0}{\overset{H_1}{\underset{<}{>}}} \gamma \tag{6-73}$$

其中，检测门限阈值 γ 可以通过 STGRFT 长时间相参积累处理后的输出参考单元计算得到。如果检测统计量大于阈值，则目标被检测到。

6.3.4　计算复杂度分析

基于 STGRFT 的多模态高速目标长时间相参积累处理过程中，主要涉及 $5M$

个参数的搜索，即 $\eta_{k,0}$、$\eta_{k,1}$、$r_{0,k}$、v_k、$a_k(k=1,2,\cdots,M)$。然而，根据式（6-57）～式（6-64）所示的关系可以发现：我们仅需搜索 $2M+1$ 个参数，即 $a_k(k=1,2,\cdots,M)$、$\eta_{k,0}(k=2,3,\cdots,M)$、$r_{0,1}$ 以及 v_1。其他 $3M-1$ 个参数（$\eta_{1,0}$、$\eta_{1,1}$、$\eta_{k,1}$、$r_{0,k}$ 以及 v_k，$k=2,3,\cdots,M$）则可以通过式（6-57）～式（6-64）计算得到。

令 N 和 N_{a_k} 分别表示脉冲数目以及参数 $a_k(k=1,2,\cdots,M)$ 的搜索数目，$N_{\eta_{k,0}}$ 为起始时间 $\eta_{k,0}(k=2,\cdots,M)$ 的搜索数目，$N_{r_{0,1}}$ 和 N_{v_1} 分别为运动参数 $r_{0,1}$ 与 v_1 的搜索数目，则 STGRFT 方法所需的复乘操作和复加操作次数分别为 $(N+4)N_{a_1}N_{r_{0,1}}N_{v_1}\prod\limits_{k=2}^{M}N_{a_k}N_{\eta_{k,0}}$ 和 $(N+6)N_{a_1}N_{r_{0,1}}N_{v_1}\prod\limits_{k=2}^{M}N_{a_k}N_{\eta_{k,0}}$。因此，STGRFT 方法的计算复杂度要远高于 GRFT。实际应用中，可以利用智能优化技术，如粒子群优化（PSO）[3]，来实现 STGRFT 积累处理中的多维搜索，以节省计算时间；此外，还可以充分利用目标的相关先验信息来尽可能地缩小参数的搜索范围，以快速实现 STGRFT 多模态积累。

6.4　仿真验证

为了验证本章提出的基于 STGRFT 的多模态高速目标长时间相参积累方法的性能，本节对该方法进行仿真，主要分析 STGRFT 方法的单目标积累性能、多目标积累性能以及目标检测性能。

6.4.1　不同 SNR 下的相参积累

首先，仿真分析不同 SNR 下 STGRFT 方法的性能。积累时间内，目标具有两个不同运动模态：模态 1 内（$0\sim1.275\mathrm{s}$）目标做匀加速运动，径向速度为 $100\mathrm{m/s}$，径向加速度为 $60\mathrm{m/s^2}$；模态 2 内（$1.275\sim2.55\mathrm{s}$）目标做匀速运动。表 6-3 给出了雷达系统参数。

表 6-3　雷达系统参数

参数名称	取值
载频	1.5GHz
带宽	20MHz
采样频率	100MHz
脉冲重复频率	200Hz
脉冲持续时间	10μs
脉冲数	510

（1）SNR = 6dB：脉压后回波 SNR 为 6dB，脉压后的回波信号如图 6-5（a）所示。基于 STGRFT 的多模态回波信号长时间相参积累结果如图 6-5（b）～图 6-5（f）所示。其中，图 6-5（b）所示为模态 1 内径向距离-径向速度域的投影结果，其积累峰值位置对应模态 1 内目标的初始距离单元和径向速度。图 6-5（c）所示为模态 1 内径向速度-径向加速度域的投影结果，其积累峰值位置对应模态 1 内目标的径向速度与径向加速度。图 6-5（d）所示为模态 1 内径向加速度-模态 1 终止时间域的投影结果，其积累峰值位置对应模态 1 目标的径向加速度与终止时间。图 6-5（e）所示为模态 1 的终止时间-模态 2 内目标径向加速度域的投影结果，其积累峰值位置对应于模态 1 的终止时间与模态 2 内目标径向加速度。图 6-5（f）所示为模态 2 内目标径向加速度-模态 1 内目标初始径向距离域的投影结果，其积累峰值位置对应模态 2 内的目标径向加速度以及模态 1 内目标的初始径向距离。结合图 6-5（b）～图 6-5（f），可以得到目标两个模态内的时间参数和运动参数估计值。

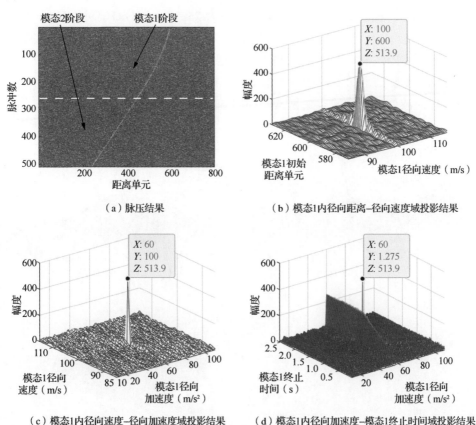

（a）脉压结果　　　　　（b）模态1内径向距离–径向速度域投影结果

（c）模态1内径向速度–径向加速度域投影结果　　　（d）模态1内径向加速度–模态1终止时间域投影结果

图 6-5　SNR=6dB 时基于 STGRFT 的多模态回波信号相参积累

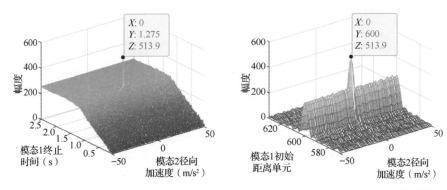

（e）模态1终止时间–模态2目标径向加速度域投影结果　　（f）模态2径向加速度–模态1距离域投影结果

图 6-5　SNR=6dB 时基于 STGRFT 的多模态回波信号相参积累（续）

为了比较，图 6-6 给出了 GRFT、KT-MFP[4]、RFT[5]和 MTD 方法的积累结果。从图 6-6（a）和图 6-6（b）可以看出，GRFT 和 KT-MFP 的积累峰值约为 STGRFT 的一半。这是因为 GRFT 和 KT-MFP 只能实现模态 1 内（0～1.275s）目标回波信号的相参积累，有效积累脉冲数为 255，而 STGRFT 可以实现两个模态内（0～2.55s）目标回波信号的相参积累，有效积累脉冲数为 510。因此，STGRFT 可以获得比 GRFT 和 KT-MFP 更高的积累增益。此外，积累时间内的目标发生的距离走动、多普勒走动以及运动模态变化，导致 RFT 和 MTD 方法均失效，无法实现目标回波信号能量的有效积累，如图 6-6（c）和图 6-6（d）所示。

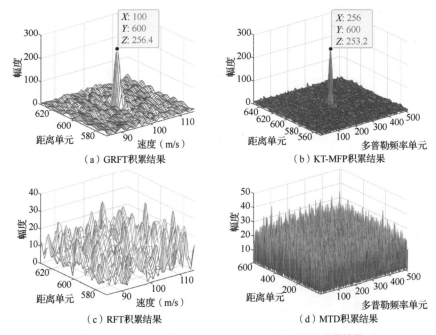

（a）GRFT积累结果　　　　　　　　（b）KT-MFP积累结果

（c）RFT积累结果　　　　　　　　（d）MTD积累结果

图 6-6　SNR=6dB 时 GRFT、KT-MFP、RFT、MTD 积累结果

（2）SNR = 0dB：脉压后回波 SNR 为 0dB，脉压后的回波信号如图 6-7（a）所示。可以看出，由于 SNR 低，目标信号几乎被噪声掩盖，运动轨迹难以确定。基于 STGRFT 的多模态回波信号相参积累结果如图 6-7（b）～图 6-7（f）所示。其中，图 6-7（b）所示为模态 1 内径向距离-径向速度域的投影结果，图 6-7（c）所示为模态 1 内径向速度-径向加速度域的投影结果，图 6-5（d）所示为模态 1 内径向加速度-模态 1 终止时间域的投影结果，图 6-7（e）所示为模态 1 的终止时间-模态 2 内目标径向加速度域的投影结果，图 6-7（f）所示为模态 2 内目标径向加速度-模态 1 内目标初始径向距离域的投影结果，其积累峰值位置对应模态 2 内的目标径向加速度以及模态 1 内目标的初始径向距离。得益于 STGRFT 相参积累处理后的 SNR 增益，目标能量增强，清楚地出现在积累输出结果中。

为了对比，图 6-8 给出了 GRFT、KT-MFP、RFT 和 MTD 的积累结果。从图 6-8（a）和图 6-8（b）可以看出，GRFT 和 KTMPF 的积累峰值大约是 STGRFT 的一半，这意味着 GRFT 和 KT-MFP 的积累增益比 STGRFT 小 3dB。另外，RFT 和 MTD 均失效，无法实现目标回波信号的相参积累。因此，在图 6-8（c）和图 6-8（d）中，目标能量仍未聚焦。

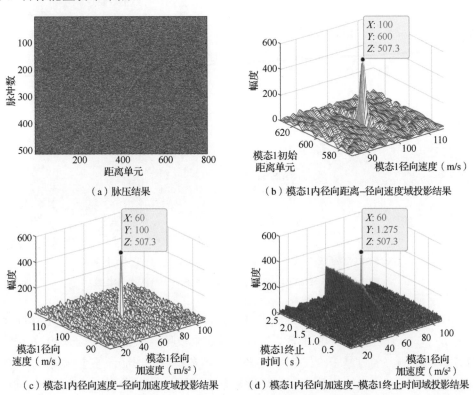

（a）脉压结果　　　（b）模态1内径向距离-径向速度域投影结果

（c）模态1内径向速度-径向加速度域投影结果　　　（d）模态1内径向加速度-模态1终止时间域投影结果

图 6-7　SNR=0dB 时基于 STGRFT 的多模态回波信号相参积累

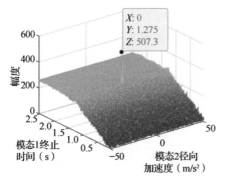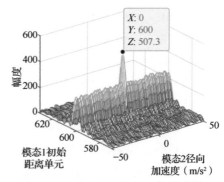

（e）模态1终止时间–模态2目标径向加速度域投影结果 （f）模态2径向加速度–模态1距离域投影结果

图 6-7　SNR=0dB 时基于 STGRFT 的多模态回波信号相参积累（续）

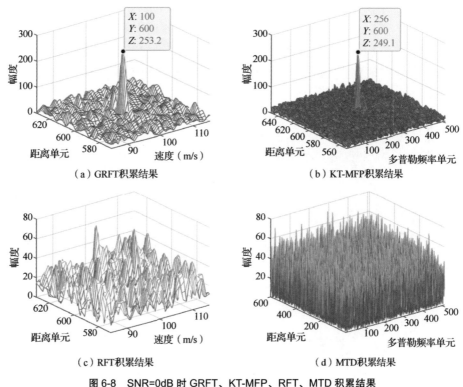

（a）GRFT积累结果 （b）KT-MFP积累结果

（c）RFT积累结果 （d）MTD积累结果

图 6-8　SNR=0dB 时 GRFT、KT-MFP、RFT、MTD 积累结果

（3）SNR＝−13dB：脉压后回波 SNR 为-13dB，脉压后的回波信号如图 6-9（a）所示。可以看到，由于 SNR 极低，目标信号完全被噪声掩盖，难以通过图 6-9（a）进行目标检测。通过基于 STGRFT 的长时间相参积累处理后，整个探测时间内目标分布在不同运动模态中的回波信号被相参积累，形成明显峰值，如图 6-9（b）~图 6-9（f）所示。随后，基于相参积累结果，可以完成目标检测。为了对比，

图 6-10（a）～图 6-10（d）给出了 GRFT、KT-MFP、RFT 以及 MTD 方法的积累结果。由于 SNR 极低，经 RLVD 或 GRFT 或 KT-MFP 处理后，目标信号仍处于噪声中，难以通过图 6-10（a）、图 6-10（b）或图 6-10（c）实现目标检测。

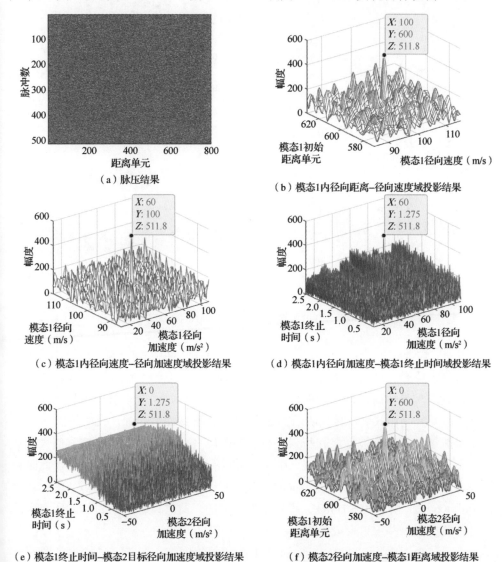

（a）脉压结果

（b）模态1内径向距离–径向速度域投影结果

（c）模态1内径向速度–径向加速度域投影结果

（d）模态1内径向加速度–模态1终止时间域投影结果

（e）模态1终止时间–模态2目标径向加速度域投影结果

（f）模态2径向加速度–模态1距离域投影结果

图 6-9　SNR=−13dB 时基于 STGRFT 的多模态回波信号相参积累

图 6-5～图 6-10 所示的实验结果表明：对于具有多个运动模态的目标，基于 STGRFT 的长时间相参积累方法可以获得比 GRFT、KT-MFP、RFT 以及 MTD 更高的积累增益，并可以提高低 SNR 下的目标积累与检测性能。

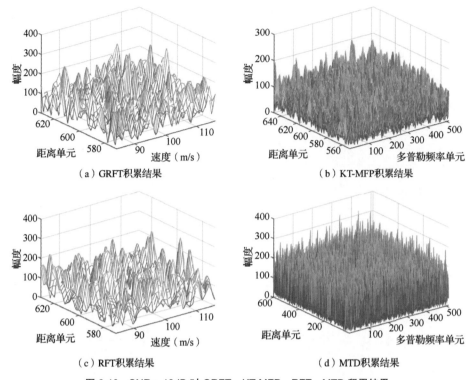

图 6-10　SNR=-13dB 时 GRFT、KT-MFP、RFT、MTD 积累结果

　　此外，需要指出的是：图 6-5（d）[或图 6-7（d）]和图 6-5（f）[或图 6-7（f）]中各有一条桥脊，这两条桥脊是由式（6-24）和式（6-30）所示的 STGRFT 积累特性造成的。具体而言，桥脊的前半部分（对应终止时间搜索值小于目标模态 1 的终止时间）是由式（6-24）所示的 STGRFT 积累特性引起的，此时模态 1 内目标信号能量只有部分被提取并积累；桥脊的后段（对应终止时间的搜索值大于目标模态 1 的终止时间）则是由式（6-30）所示的 STGRFT 积累特性引起，此时目标模态 1 内的所有回波信号都被提取并积累。图 6-5（f）或图 6-7（f）中的桥脊是由式（6-30）所示的 STGRFT 积累特性造成的，此时模态 1 内目标的所有回波信号都被提取出并积累形成桥脊。

　　为了清楚地比较不同 SNR 下 STGRFT 方法的积累性能，表 6-4 给出了图 6-5、图 6-7、图 6-9 中的峰值-噪声比、峰值-桥脊比。具体而言，STGRFT 积累后的峰值-桥脊比计算如下：

$$\Gamma_1 = 10\lg(P_s^2 / P_r^2) \tag{6-74}$$

其中，P_s 为目标回波信号 STGRFT 积累后的峰值幅度，P_r 为桥脊的最大幅度。

　　同时，STGRFT 积累后的峰值-噪声比为：

$$\Gamma_2 = 10\lg(P_{\mathrm{s}}^2 / \xi^2) \qquad\qquad (6\text{-}75)$$

其中，ξ^2 为 STGRFT 积累处理后的噪声功率。

由表 6-4 的结果可知：不同 SNR 下，STGRFT 积累处理后的峰值-桥脊比是稳定的，而峰值-噪声比则随输入 SNR 的减小而下降。然而，图 6-5、图 6-7 以及图 6-9 中的积累处理 SNR 增益（Γ_2 与输入 SNR 的差值）都约等于 27dB，与 510 个脉冲积累获得的 SNR 增益相近。

表 6-4　不同输入 SNR 下 STGRFT 积累处理后的峰值-桥脊比和峰值-噪声比

图编号	输入 SNR（dB）	Γ_1（dB）	Γ_2（dB）	SNR 增益（dB）
图 6-3	6	6.08	33.05	27.05
图 6-5	0	6.05	27.02	27.02
图 6-7	−13	6.04	13.96	26.96

6.4.2　多目标情形下的 STGRFT 方法

其次，仿真分析多目标情形下 STGRFT 方法的积累性能。8 个机动目标（分别记为目标 1、目标 2、目标 3、目标 4、目标 5、目标 6、目标 7、目标 8）在相参积累时间内均具有两个运动模态，脉压后的回波信号 SNR 均为 6dB，具体目标参数如表 6-5 所示，相参积累结果如图 6-11 所示。

（1）考虑目标 1 和目标 2：两个目标在运动模态 1 内的初始径向距离和径向速度都不同。脉压后的回波信号如图 6-11（a）所示，目标 1 和目标 2 的 STGRFT 相参积累结果（模态 1 内初始距离-模态 1 内速度域投影）如图 6-11（b）所示。

（2）考虑目标 3 和目标 4：两个目标在模态 1 内的径向速度和加速度都不同。脉压后的回波信号如图 6-11（c）所示，STGRFT 相参积累处理后的结果（模态 1 内速度-模态 1 内加速度域投影）如图 6-11（d）所示。

（3）考虑目标 5 和目标 6：两个目标在模态 1 内具有不同的终止时间和加速度。脉压后的回波信号如图 6-11（e）所示，STGRFT 相参积累处理结果（模态 1 内加速度-模态 1 终止时间域投影）如图 6-11（f）所示。

（4）考虑目标 7 和目标 8：它们在模态 1 内的终止时间和模态 2 内的加速度都不同。图 6-11（g）所示为脉压后的回波信号，由于目标 7 和目标 8 在模态 1 内的初始径向距离、径向速度以及加速度都相同，因此两个目标的运动轨迹有部分重叠。图 6-11（h）所示为目标 7 和目标 8 的 STGRFT 相参积累结果（模态 1 终止时间-模态 2 加速度域投影）。

图 6-11 的仿真实验结果表明：STGRFT 方法可以有效地实现多个具有不同运动模态目标的长时间相参积累。

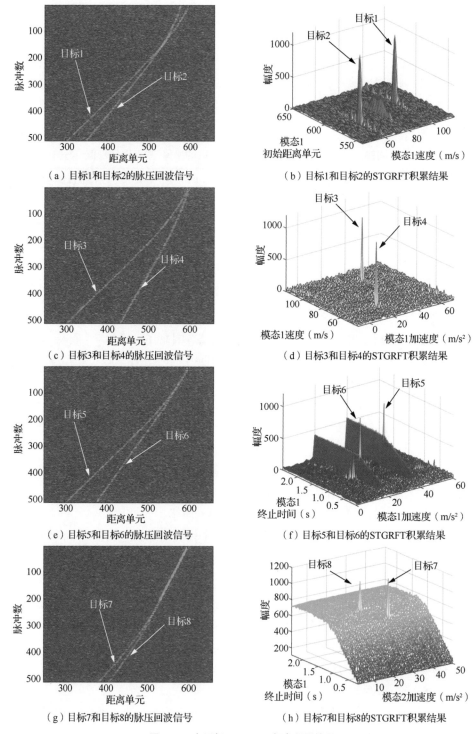

（a）目标1和目标2的脉压回波信号

（b）目标1和目标2的STGRFT积累结果

（c）目标3和目标4的脉压回波信号

（d）目标3和目标4的STGRFT积累结果

（e）目标5和目标6的脉压回波信号

（f）目标5和目标6的STGRFT积累结果

（g）目标7和目标8的脉压回波信号

（h）目标7和目标8的STGRFT积累结果

图 6-11　多目标 STGRFT 相参积累结果

表 6-5　多目标运动参数设置

目标	初始距离单元	模态 1持续时间（s）	模态 1 运动	模态 2持续时间（s）	模态 2 运动
目标 1	600	0~1.275	100m/s，38m/s²	1.275~2.55	匀速运动
目标 2	580	0~1.275	60m/s，38 m/s²	1.275~2.55	匀速运动
目标 3	603	0~1.250	100m/s，40m/s²	1.250~2.55	匀速运动
目标 4	603	0~1.250	60m/s，20m/s²	1.250~2.55	匀速运动
目标 5	601	0~1.270	100m/s，41m/s²	1.270~2.55	匀速运动
目标 6	601	0~1.000	100m/s，20m/s²	1.000~2.55	匀速运动
目标 7	600	0~1.275	100m/s	1.275~2.55	30m/s²
目标 8	600	0~1.000	100m/s	1.000~2.55	20m/s²

6.4.3　抗噪声性能分析

最后，仿真分析 STGRFT 方法的输入输出 SNR 性能与目标检测性能。在输入输出 SNR 分析实验中，输入 SNR 的变化范围为-30~20dB，步长为 1dB。每一个输入 SNR 都进行了 1000 次的蒙特卡洛实验。STGRFT、GRFT 和 KT-MFP 的输入输出 SNR 曲线如图 6-12（a）所示。为了对比，图 6-12（a）还给出了理想 MTD 的输入输出 SNR 结果（假设探测时间内目标的距离走动与多普勒走动被完全校正和补偿，目标信号实现最优相参积累）。目标检测性能分析实验中，虚警概率为 $P_f = 10^{-4}$，不同 SNR 下的检测概率通过 10^6 次蒙特卡洛实验得到，结果如图 6-12（b）所示。理想 MTD 的目标检测性能也在图 6-12（b）中给出。图 6-12 所示的结果如下。

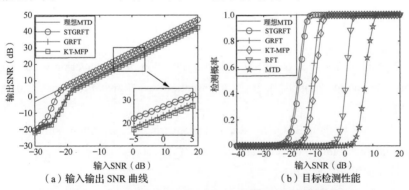

（a）输入输出 SNR 曲线　　　　（b）目标检测性能

图 6-12　STGRFT 方法的输入输出 SNR 性能与目标检测性能

（1）STGRFT 方法可以获得与理想 MTD 相近的输入输出 SNR 性能和目标检测性能。

（2）与 KT-MFP 和 GRFT 相比，STGRFT 方法可以获得更好的输入输出 SNR 性能（3dB 以上）和目标检测性能。这是因为 STGRFT 方法能够实现整个探测时间（包括模态 1 和模态 2）内目标回波信号的相参积累，而 GRFT 和 KT-MFP 只能实现模态 1 内目标回波信号的相参积累。相应地，STGRFT 方法的有效相参积累脉冲数为 510，而 GRFT 和 KT-MFP 的有效相参积累脉冲数仅为 255。

（3）与 STGRFT 方法相比，RFT 具有约 16dB 的检测性能损失。原因在于：RFT 只能用于仅发生距离走动的匀速运动高速目标（积累时间内运动模态固定不变）的相参积累，不能补偿加速运动高速目标的多普勒走动，更不能应用于具有多个运动模态目标的长时间相参积累。

（4）与 MTD 相比，STGRFT 方法具有更好的目标检测能力（增益为 23dB）。这是因为 MTD 无法校正和补偿距离走动与多普勒走动，只能在相同距离单元和多普勒频率单元内实现目标信号的相参积累。因此，对于具有距离走动与多普勒走动的多模态运动高速目标，MTD 的积累检测性能损失严重。

6.5 本章小结

本章研究了基于短时 GRFT（STGRFT）的多模态运动高速目标长时间相参积累方法，并对 STGRFT 方法的信号积累能力、目标检测性能、计算代价、输入输出 SNR 进行了分析。STGRFT 方法不仅可以处理距离走动和多普勒走动，还可以得到模型变化点的估计值，并实现目标信号分布在不同运动阶段（对应不同运动模型）的长时间相参积累。仿真结果表明，与现有的典型长时间相参积累方法（RFT、KT-MFP、GRFT）相比，STGRFT 方法可以获得更高的积累增益和输入输出 SNR 性能，具有更好的目标检测能力。

参考文献

[1] Li X, Sun Z, Yeo T S, et al. STGRFT for detection of maneuvering weak target with multiple motion models[J]. IEEE Transactions on Signal Processing, 2019, 67(7): 1902-1917.

[2] Xu J, Xia X G, Peng S B, et al. Radar maneuvering target motion estimation based on generalized Radon-Fourier transform[J]. IEEE Transactions on Signal Processing, 2012, 60(12): 6190-6201.

[3] Qian L C, Xu J, Xia X G, et al. Fast implementation of generalised Radon-Fourier transform for manoeuvring radar target detection[J]. Electronics Letters, 2012, 48(22): 1427-1428.

[4] Sun Z, Li X, Yi W, et al. Detection of weak maneuvering target based on keystone transform and matched filtering process[J]. Signal Processing, 2017, 140: 127-138.

[5] Xu J, Yu J, Peng Y N, et al. Radon-Fourier transform for radar target detection（Ⅰ）: Generalized Doppler filter bank[J]. IEEE Transactions on Aerospace and Electronic Systems, 2011, 47(2): 1186-1202.

第7章　变尺度高速目标长时间相参积累

随着宇航技术的进步，高超声速飞行器近年来得到了长足发展，典型的高超声速飞行器有美国的 X-37B、X-51 等[1]。这类超高速飞行目标的速度往往远超声速（高于 5 马赫，甚至高达 20 马赫）。如何通过长时间相参积累处理提高雷达对这类超高速飞行目标的探测能力，也成为亟待解决的问题。

此外，随着高分辨成像与远距离探测等需求的提升，具有大时宽带宽积（高平均功率）的雷达得到广泛应用[2-3]。在大时宽带宽积的条件下，目标的超高速运动会导致回波信号出现变尺度效应[4]，传统"停走"回波模型难以准确地表征目标的脉内运动和脉间运动引起的回波幅相变化特性。此时，适用于传统"停走"回波模型的相参积累处理算法会出现脉压失配、脉冲间积累性能下降以及峰值偏移。

本章研究大时宽带宽积下雷达对超高速目标的长时间相参处理问题：首先建立大时宽带宽积下的超高速目标的变尺度回波（包括脉内与脉间回波）模型；随后提出基于尺度 Radon 傅里叶变换（Scaled Radon Fourier Transform，SCRFT）的相参积累方法。通过距离-速度域的二维搜索，SCRFT 能够在完成脉内信号匹配压缩处理的同时，实现多脉冲间回波信号能量的相参积累，从而提高相参处理性能。与适用于"停走"回波模型的传统相参处理算法（如 RFT）相比，SCRFT 能够在不显著增加计算代价的前提下，有效地提升相参积累增益，在低 SNR 下具有更好的检测性能。最后，本章通过仿真实验验证 SCRFT 的有效性。

7.1　变尺度回波模型

假设目标以速度 v 远离雷达做匀速运动，雷达与目标之间的初始径向距离为 r_0。如图 7-1 所示，目标运动过程中，雷达不断发射脉冲信号。同时考虑目标的脉内运动与脉间运动，在雷达发射第 m 个脉冲前，目标已运动了 $\hat{t} + t_m$ 的时间。随后，发射脉冲在运动 $\tau/2$（τ 是时延）的时间后击中目标，此时可以得到：

$$\frac{c\tau}{2} = r_0 + v\hat{t} + vt_m + \frac{v\tau}{2} \tag{7-1}$$

其中，c 为光速。

根据式（7-1）可得，目标的瞬时径向距离为：

$$r(t_m, \hat{t}) = r_0 + v(\hat{t} + t_m) \tag{7-2}$$

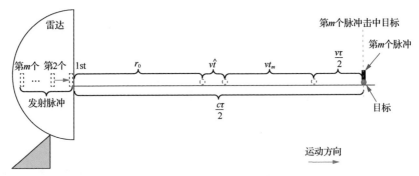

图 7-1　目标和脉冲运动示意图

由式（7-1）和式（7-2）可知，目标时延为：

$$\tau = \frac{2r\left(t_m, \hat{t}\right)}{c - v} \tag{7-3}$$

解调后变尺度回波信号表达式为：

$$s_{\mathrm{r}}\left(t_m, \hat{t}\right) = A_1 \operatorname{rect}\left[\frac{\rho\left(\hat{t} - \tau_m\right)}{T_p}\right] \exp\left[\mathrm{j}\pi\mu\rho^2\left(\hat{t} - \tau_m\right)^2\right] \times$$
$$\exp\left(-\mathrm{j}2\pi f_c \rho\tau_m\right)\exp\left(-\mathrm{j}2\pi\alpha\hat{t}\right) \tag{7-4}$$

其中，A_1 是回波信号的复幅度，$\rho = (c - 3v)/(c - v)$ 为尺度因子，$\alpha = 2vf_c/(c - v)$，$\tau_m = 2(r_0 + vt_m)/(c - 3v)$ 为脉间时延。

对式（7-4）沿快时间方向做傅里叶变换，根据驻定相位原理（Principle of Stationary Phase，PSP）可得距离频率域的变尺度回波信号为：

$$S_{\mathrm{r}}\left(t_m, f\right) = A_2 \operatorname{rect}\left(\frac{f + \alpha}{\rho B}\right) \exp\left(-\mathrm{j}\pi\frac{f^2}{\mu\rho^2}\right) \exp\left(-\mathrm{j}2\pi\frac{f\alpha}{\mu\rho^2}\right) \times$$
$$\exp\left(-\mathrm{j}\pi\frac{\alpha^2}{\mu\rho^2}\right) \exp\left[-\mathrm{j}2\pi\left(f + f_c\right)\tau_m\right] \tag{7-5}$$

其中，f 表示关于 $\hat{t}$ 的距离频率，A_2 为傅里叶变换后回波信号的复幅度。

式（7-4）、式（7-5）就是高超声速目标的时域、频域变尺度回波模型，其同时考虑了目标的脉内与脉间运动。为了对比，这里给出传统的"停走"回波模型（只考虑目标脉间运动，忽略目标脉内运动）的时域和频域表达式。其中，时域回波信号表达式为：

$$s_{\mathrm{r, SG}}\left(t_m, \hat{t}\right) = A_0 \operatorname{rect}\left(\frac{\hat{t} - \tau_{m,\mathrm{SG}}}{T_p}\right) \exp\left[\mathrm{j}\pi\mu\left(\hat{t} - \tau_{m,\mathrm{SG}}\right)^2\right] \times$$
$$\exp\left(-\mathrm{j}2\pi f_c \tau_{m,\mathrm{SG}}\right) \tag{7-6}$$

其中，$\tau_{m,\mathrm{SG}} = 2(r_0 + vt_m)/c$ 为"停走"模型的时延。

传统"停走"模型的频域回波信号表达式为：

$$S_{\mathrm{r,SG}}\left(t_m,f\right) = A_{\mathrm{c}}\mathrm{rect}\left(\frac{f}{B}\right)\exp\left(-\mathrm{j}\pi\frac{f^2}{\mu}\right)\exp\left[-\mathrm{j}2\pi\left(f+f_{\mathrm{c}}\right)\tau_{m,\mathrm{SG}}\right] \tag{7-7}$$

对比式（7-4）和式（7-6）中的两个时域回波模型可知：当 $v \ll c$ 时，有 $\rho \approx 1$、$\alpha \approx 0$、$\tau_m \approx 2\left(r_0+vt_m\right)/c = \tau_{m,\mathrm{SG}}$，式（7-4）中的时域变尺度回波模型退化为式（7-6）中的时域"停走"回波模型。相应地，式（7-5）中的频域变尺度回波模型也退化为式（7-7）中的频域"停走"回波模型。因此，变尺度模型可以看作传统"停走"回波模型的广义形式。

由于同时考虑了目标的脉内运动和脉间运动，变尺度回波模型中的目标时延和相位都含有尺度因子 ρ 的调制，本章称之为尺度效应。尺度效应会影响回波信号的传统脉压处理性能，造成脉内能量的积累损失。第 7.2 节会详细分析尺度效应对传统脉压性能的影响。

7.2　尺度效应的影响

传统脉压在频域上的实现方式可以表示为[5-7]：

$$X_{\mathrm{c}}\left(t_m,\hat{t}\right) = \underset{f}{\mathrm{IFT}}\left[S_{\mathrm{r}}\left(t_m,f\right)H_t\left(f\right)\right] \tag{7-8}$$

其中

$$H_t\left(f\right) = \mathrm{rect}\left(\frac{f}{B}\right)\exp\left(\mathrm{j}\pi\frac{f^2}{\mu}\right) \tag{7-9}$$

将式（7-5）和式（7-9）代入式（7-8），可得时域脉压结果为：

$$
\begin{aligned}
X_{\mathrm{c}}\left(t_m,\hat{t}\right) &= \int_{-\infty}^{+\infty} A_2\exp\left(-\mathrm{j}\pi\frac{\alpha^2}{\mu\rho^2}\right)\exp\left(-\mathrm{j}2\pi f_{\mathrm{c}}\tau_m\right)\times \\
&\quad \mathrm{rect}\left(\frac{f+\alpha}{\rho B}\right)\mathrm{rect}\left(\frac{f}{B}\right)\exp\left[\mathrm{j}\pi\frac{f^2}{\mu}\left(1-\frac{1}{\rho^2}\right)\right]\times \\
&\quad \exp\left(-\mathrm{j}2\pi f\tau_m\right)\exp\left(-\mathrm{j}2\pi\frac{f\alpha}{\mu\rho^2}\right)\exp\left(\mathrm{j}2\pi f\hat{t}\right)\mathrm{d}f \\
&= \begin{cases} A_{x_1}\chi_1^*, & \rho^2 < 1 \\ A_{x_1}\chi_2, & \rho^2 > 1 \end{cases}
\end{aligned}
\tag{7-10}
$$

其中

$$
\begin{aligned}
A_{x_1} &= A_2\sqrt{\frac{1}{2\left|\mu\Delta q\right|}}\exp\left(-\mathrm{j}2\pi\frac{f\alpha}{\mu\rho^2}\right)\exp\left(-\mathrm{j}2\pi f_{\mathrm{c}}\tau_m\right)\times \\
&\quad \exp\left\{-\mathrm{j}\pi\left[\frac{1}{\mu\Delta q}\left(\hat{t}-\frac{\alpha}{\mu\rho^2}-\tau_m\right)\right]^2\right\}
\end{aligned}
\tag{7-11}
$$

$\Delta q = \left(1 - 1/\rho^2\right)\big/\mu^2$，$\chi_1^*$ 和 χ_2 均是菲涅耳积分。式（7-10）的推导过程（包括 χ_1^* 和 χ_2 的具体表达式）见第 7.8.1 小节。

式（7-10）中，$\exp\left[\mathrm{j}\pi f^2\left(1-1/\rho^2\right)\big/\mu^2\right]$ 会导致包络峰值下降和主瓣展宽，$\exp\left[-\mathrm{j}2\pi f\alpha\big/\left(\mu\rho^2\right)\right]$ 将导致包络中心偏移。因此，对变尺度回波信号进行传统脉压处理后，其输出结果是菲涅耳积分的组合，而不再是辛格函数。

下面通过 3 个仿真实验分析尺度效应对传统脉压的影响、尺度效应和目标速度以及雷达系统参数（如时宽带宽积）之间的关系。雷达系统参数如表 7-1 所示。

表 7-1　雷达系统参数

参数名称	取值
雷达载波频率	1.5GHz
带宽	200MHz
采样频率	400MHz
脉冲重复频率	250Hz
脉冲持续时间	1.5ms
积累脉冲数	256

首先，仿真分析尺度效应对传统脉压的影响。目标运动参数设置：初始距离单元为 300（对应初始径向距离为 300 km），目标速度为 3400 m/s，仿真结果如图 7-2 所示。图 7-2（a）和图 7-2（b）分别展示了单个脉冲回波的理想脉压结果和尺度效应发生时的传统脉压结果。可以看到，由于尺度效应的影响，传统脉压后的回波信号的包络不再呈辛格状分布，造成明显的包络峰值下降、主瓣展宽以及中心位置偏移。

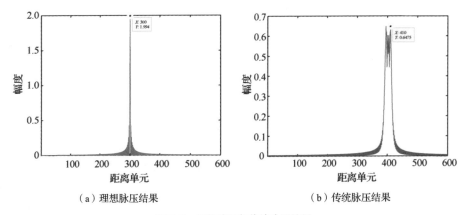

（a）理想脉压结果　　　　　　　　　（b）传统脉压结果

图 7-2　理想脉压与传统脉压结果

其次，我们仿真分析了尺度效应与目标速度间的变化关系。考虑不同速度下的运动目标（速度分别为 0、2.5、5、7.5、10、12.5、15，单位为马赫）。图 7-3 展示了不同速度下的传统脉压结果。

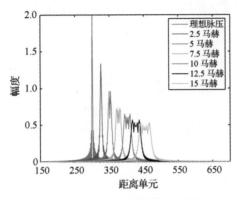

图 7-3　不同速度下的传统脉压结果

由仿真实验结果可知，随着目标速度的增加，传统脉压性能逐渐恶化：包络峰值下降、主瓣展宽以及中心位置偏移更加明显。因此，目标的速度越高，脉压后回波信号尺度效应造成的性能损失越严重。

最后，仿真分析不同时宽带宽积下传统脉压处理性能（SNR）损失随目标速度的变化情况。雷达的时宽带宽积的表达式为 $D = BT_p$，定义尺度效应出现的条件为脉压损失不小于 3dB。不同时宽带宽积下传统脉压 SNR 损失随速度的变化如图 7-4 所示。由仿真实验结果可知：当 $D = 5.2 \times 10^4$ 时，若目标速度 $v \geqslant 5000\text{m/s}$，尺度效应带来的传统脉压 SNR 损失不小于 3dB，必须考虑尺度效应；类似地，当 $D = 2.6 \times 10^6$ 时，若目标速度 $v \geqslant 100\text{m/s}$，则尺度效应带来的传统脉压 SNR 损失不小于 3dB；当目标速度在 $[100, 5000]$ 范围（单位为 m/s）内变化时，若目标速度与时宽带宽积的乘积满足 $Dv \geqslant 2.6 \times 10^8\,\text{m/s}$，脉压 SNR 损失不小于 3dB，必须考虑尺度效应的影响。尺度效应出现的典型参数值如表 7-2 所示。

表 7-2　尺度效应出现的典型参数值（发生 3dB 脉压 SNR 损失）

雷达时宽带宽积	最小速度（m/s）
2.6×10^6	100
5.0×10^5	520
4.0×10^5	650
3.0×10^5	867
2.0×10^5	1300
1.0×10^5	2000
5.2×10^4	5000

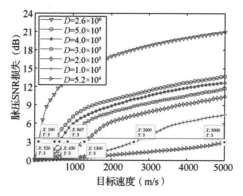

图 7-4　不同时宽带宽积下传统脉压 SNR 损失随速度的变化

7.3　SCRFT 相参积累方法

本节提出基于 SCRFT 的相参积累方法，以实现具有尺度效应和一阶距离走动的临近空间高速目标回波信号的匹配脉压与能量积累。下面首先介绍单目标情形下的 SCRFT 方法，随后分析和讨论多目标情形下的 SCRFT 方法，最后给出处理流程。

7.3.1　单目标情形下的 SCRFT 方法

式（7-5）中回波信号的 SCRFT 定义为：

$$S_{\mathrm{SCRFT}}\left(r', v'\right) = \int_{0}^{\mathrm{CPI}} s_{\mathrm{c}}\left(t_m, \frac{2r'}{c-3v'}\right) H_2\left(t_m, v'\right) \mathrm{d}t_m \tag{7-12}$$
$$r' \in [r'_{\min}, r'_{\max}], \quad v' \in [v'_{\min}, v'_{\max}]$$

其中，$r' = \left(c-3v'\right)\hat{t}/2$，$\mathrm{CPI} = NT_{\mathrm{r}}$，

$$s_{\mathrm{c}}\left(t_m, \frac{2r'}{c-3v'}\right) = \underset{f}{\mathrm{IFT}}\left[S_{\mathrm{r}}\left(t_m, f\right) H_1\left(v', f\right)\right] \tag{7-13}$$

$$H_1\left(v', f\right) = \mathrm{rect}\left(\frac{f+\alpha'}{\rho' B}\right) \exp\left(\mathrm{j}\pi \frac{f^2}{\mu \rho'^2}\right) \times$$
$$\exp\left(\mathrm{j}2\pi \frac{f\alpha'}{\mu \rho'^2}\right) \exp\left(\mathrm{j}\pi \frac{\alpha'^2}{\mu \rho'^2}\right) \tag{7-14}$$

$$H_2\left(t_m, v'\right) = \exp\left(\mathrm{j}4\pi f_{\mathrm{c}} \frac{v' t_m}{c-3v'}\right) \tag{7-15}$$

r' 和 v' 分别为搜索径向距离和搜索径向速度，其搜索范围分别为 $[r'_{\min}, r'_{\max}]$ 和 $[v'_{\min}, v'_{\max}]$，$\rho' = \left(c-3v'\right)/\left(c-v'\right)$ 是搜索尺度因子，$\alpha' = 2v'f_{\mathrm{c}}/\left(c-v'\right)$。

如式（7-12）~式（7-15）所示，SCRFT 主要包括匹配脉压处理、抽取回波信

号的相位补偿以及积分求和。其中，式（7-13）和式（7-14）表征的是匹配脉压处理，式（7-15）表示抽取回波信号的相位补偿函数。式（7-12）中的积分运算表征的则是对相位补偿后回波信号的叠加。下面详细介绍单目标情形下 SCRFT 的处理过程。

1．匹配脉压处理

匹配脉压处理是通过速度的匹配搜索实现脉内能量的有效积累，如式（7-13）所示。将式（7-14）代入式（7-13），有：

$$
\begin{aligned}
s_c\left(t_m, \frac{2r'}{c-3v'}\right) &= \underset{f}{\mathrm{IFT}}\left[S_r\left(t_m, f\right)H_1\left(v', f\right)\right] \\
&= \int_{-\infty}^{+\infty} A_2 \operatorname{rect}\left(\frac{f+\alpha}{\rho B}\right)\operatorname{rect}\left(\frac{f+\alpha'}{\rho' B}\right)\exp\left[\frac{-\mathrm{j}\pi f^2}{\mu}\left(\frac{1}{\rho^2}-\frac{1}{\rho'^2}\right)\right] \times \\
&\quad \exp\left[\frac{-\mathrm{j}2\pi f}{\mu}\left(\frac{\alpha}{\rho^2}-\frac{\alpha'}{\rho'^2}\right)\right]\exp\left[\frac{-\mathrm{j}\pi}{\mu}\left(\frac{\alpha^2}{\rho^2}-\frac{\alpha'^2}{\rho'^2}\right)\right] \times \\
&\quad \exp\left[-\mathrm{j}4\pi\left(f+f_c\right)\tau_m\right]\exp\left(\mathrm{j}\pi f\frac{4r'}{c-3v'}\right)\mathrm{d}f
\end{aligned}
\tag{7-16}
$$

$$
=\begin{cases}
A_{z_1}\chi_3^*, & v' < v \\
A_3\operatorname{sinc}\left\{\dfrac{2\pi B}{c-v}\left[\left(r'-r_0\right)-vt_m\right]\right\}\exp\left(-\mathrm{j}4\pi f_c\dfrac{r_0+vt_m}{c-3v}\right), & v' = v \\
A_{z_1}\chi_4, & v' > v
\end{cases}
$$

其中

$$
\begin{aligned}
A_{z_1} &= A_2\sqrt{\frac{1}{\left|2\mu\Delta q_0\right|}}\exp\left(-\mathrm{j}\pi\mu\Delta q_2\right)\exp\left(-\mathrm{j}2\pi f_c\tau_m\right) \times \\
&\quad \exp\left\{-\mathrm{j}\pi\left[\frac{1}{\mu\Delta q_0}\left(\hat{t}-\mu\Delta q_1-\tau_m\right)\right]^2\right\}
\end{aligned}
\tag{7-17}
$$

$$
\Delta q_0 = \frac{1}{\mu^2\rho'^2}-\frac{1}{\mu^2\rho^2}
\tag{7-18}
$$

$$
\Delta q_1 = \frac{\alpha}{\mu^2\rho^2}-\frac{\alpha'}{\mu^2\rho'^2}
\tag{7-19}
$$

$$
\Delta q_2 = \frac{\alpha^2}{\mu^2\rho^2}-\frac{\alpha'^2}{\mu^2\rho'^2}
\tag{7-20}
$$

χ_3^* 和 χ_4 分别表示 $v' < v$ 和 $v' > v$ 条件下的菲涅耳积分。式（7-16）的推导过程（包括 χ_3^* 和 χ_4 的具体表达式）见第 7.7.2 小节。

在式（7-16）中，当搜索速度与目标速度相等（$v' = v$）时，可获得回波信号的匹配脉压结果：

$$s_{\text{cmatch}}\left(t_m, \frac{2r'}{c-3v'}\right) = A_3 \text{sinc}\left\{\frac{2\pi B}{c-v}\left[(r'-r_0)-vt_m\right]\right\}\exp\left(-j4\pi f_c \frac{r_0+vt_m}{c-3v}\right) \quad (7\text{-}21)$$

由式（7-21）可知：匹配脉压处理后，目标回波脉内能量得到有效积累，其积累输出呈辛格函数状。

2. 抽取与积累过程

在通过匹配脉压处理获得目标回波信号脉内积累的同时，SCRFT 还能通过距离-速度的搜索提取并积累脉压后多脉冲回波信号能量。将匹配脉压处理后的结果[式（7-21）]代入式（7-12）可得：

$$
\begin{aligned}
S_{\text{SCRFT}}\left(r', v'\right) &= \int_0^{\text{CPI}} A_3 \text{sinc}\left\{\frac{2\pi B}{c-v}\left[(r'-r_0)+(v'-v)t_m\right]\right\} \times \\
&\quad \exp\left(-j4\pi f_c \frac{vt_m}{c-3v}\right)\exp\left(j4\pi f_c \frac{v't_m}{c-3v'}\right) \times \\
&\quad \exp\left(-j4\pi f_c \frac{r_0}{c-3v}\right)\mathrm{d}t_m \\
&= \begin{cases} A_3\text{CPIsinc}\left[\dfrac{2\pi B}{c-v}(r'-r_0)\right] \times \\[2mm] \text{sinc}\left[2\pi f_c\text{CPI}\left(\dfrac{v'}{c-3v'}-\dfrac{v}{c-3v}\right)\right] \times \\[2mm] \text{rect}\left[\dfrac{2B\text{CPI}}{c-v}(v'-v)\right], & v'=v \text{ 或 } r'=r_0 \\[2mm] 0, & v'\neq v \text{ 且 } r'\neq r_0 \end{cases}
\end{aligned}
\quad (7\text{-}22)
$$

由式（7-22）可知，当 $v'=v$ 且 $r'=r_0$ 时，目标回波信号能量能够实现有效积累并形成峰值。

7.3.2 多目标情形下的 SCRFT 方法

假设雷达探测区域有 P 个匀速运动目标。与单目标情形类似，多个目标的变尺度频域回波信号可以表示成：

$$
\begin{aligned}
S_{tP}\left(t_m, f\right) &= \sum_{p=1}^{P} A_{2p}\text{rect}\left(\frac{f+\alpha_p}{\rho_p B}\right)\exp\left(-j\pi\frac{f^2}{\mu\rho_p^2}\right) \times \\
&\quad \exp\left(-j2\pi\frac{f\alpha_p}{\mu\rho_p^2}\right)\exp\left(-j\pi\frac{\alpha_p^2}{\mu\rho_p^2}\right) \times \\
&\quad \exp\left[-j2\pi\left(f+f_c\right)\tau_{mp}\right]
\end{aligned}
\quad (7\text{-}23)
$$

其中，A_{2p} 是 FT 后第 p 个目标的回波信号复振幅，$\rho_p = (c-3v_p)/(c-v_p)$ 为第 p 个

目标的尺度因子，$\tau_{mp} = 2\left(r_{0p} + v_p t_m\right)\big/\left(c - 3v_p\right)$ 表示第 p 个目标的脉间时延，r_{0p} 和 v_p 分别是第 p 个目标的初始径向距离和速度，$\alpha_p = 2v_p f_c\big/\left(c - v_p\right)$。

P 个目标的 SCRFT 结果可以写为：

$$S_{\text{SCRFT}}\left(r_p', v_p'\right) = \int_0^{\text{CPI}} s_{cP}\left(t_m, \frac{2r_p'}{c - 3v_p}\right) H_{2p}\left(t_m, v_p'\right) \mathrm{d}t_m \tag{7-24}$$

其中 $r_p' = \left(c - 3v_p'\right)\hat{t}\big/2$，

$$s_{cP}\left(t_m, \frac{2r_p'}{c - 3v_p'}\right) = \underset{f}{\text{IFT}}\left[S_{\text{r}P}\left(t_m, f\right) H_{1P}\left(v_p', f\right)\right] \tag{7-25}$$

$$H_{1p}\left(v_p', f\right) = \text{rect}\left(\frac{f + \alpha_p'}{\rho_p' B}\right)\exp\left(\mathrm{j}\pi\frac{f^2}{\mu\rho_p'^2}\right) \times$$
$$\exp\left(\mathrm{j}2\pi\frac{f\alpha_p'}{\mu\rho_p'^2}\right)\exp\left(\mathrm{j}\pi\frac{\alpha_p'^2}{\mu\rho_p'^2}\right) \tag{7-26}$$

$$H_{2p}\left(t_m, v_p'\right) = \exp\left(\mathrm{j}4\pi f_c\frac{v_p' t_m}{c - 3v_p'}\right) \tag{7-27}$$

r_{0p}' 和 v_p' 分别表示第 p 个目标距离搜索值和速度搜索值，$\alpha_p' = 2v_p' f_c\big/\left(c - v_p'\right)$，$\rho_p' = \left(c - 3v_p'\right)\big/\left(c - v_p'\right)$ 是第 p 个目标的尺度因子搜索值。

由式（7-24）可知，当速度和距离的搜索值与第 p 个目标的运动参数值匹配时，可以获得第 p 个目标的匹配脉压和多脉冲相参积累。多目标时，根据不同目标间运动参数的差异，其 SCRFT 积累有以下 3 种情况。

情况 1：P 个目标的径向速度和初始距离都不相同。在此情况下，P 个目标的匹配脉压结果对应不同的搜索速度，并且 P 个目标的 SCRFT 的积累峰值位置也不同，每个目标的峰值位置在搜索速度和距离两个维度上均不同。此时，P 个目标的 SCRFT 积累峰值可以在搜索距离或者搜索速度上进行区分。

情况 2：P 个目标的初始距离相同，但速度不同。在此情况下，P 个目标的匹配脉压结果也对应不同的搜索速度；P 个目标的 SCRFT 积累峰值位置则仅在搜索速度方向上不同，而在搜索距离方向上相同。此时，P 个目标的 SCRFT 积累结果可以在搜索速度方向上进行区分。

情况 3：P 个目标的速度相同，但初始距离不同。在此情况下，P 个目标的匹配脉压对应相同的搜索速度；P 个目标的 SCRFT 积累峰值位置仅在搜索距离维度上不同，而在搜索速度维度上是相同的。此时，P 个目标的 SCRFT 积累结果可以在搜索距离方向上进行区分。

为了验证上述 3 种情况中的结论，本节给出了仿真示例 7-1。

仿真示例 7-1 回波信号脉冲数设置为 128，其他雷达参数设置与表 7-1 中相同。3 个目标（目标 A、目标 B 和目标 C）的运动参数如表 7-3 所示，脉压前回波信号 SNR 为 –49 dB，3 种情况下的多目标 SCRFT 结果如图 7-5 所示。

表 7-3 3 个目标的运动参数

目标名称	初始距离单元数	径向速度（m/s）
目标 A	120	3000
目标 B	240	3000
目标 C	240	2800

（1）考虑目标 A 和目标 C：两者具有不同的初始径向距离和速度。SCRFT 积累结果如图 7-5（a）所示。可以看到，由于目标 A 和目标 C 的初始径向距离和速度都不相同，因此目标 A 和目标 C 积累后的峰值位置在搜索速度和搜索距离两个维度上都不相同，容易被区分。

（2）考虑目标 B 和目标 C：两者具有相同的初始径向距离和不同的速度。图 7-5（b）给出了目标 B 和目标 C 的 SCRFT 相参积累结果。我们可以看到，虽然目标 B 和目标 C 的峰值位置在搜索距离方向上相同，但在搜索速度方向上不同，因此可以通过积累后速度维的差异区分两个目标。

（3）考虑目标 A 和目标 B：两者具有不同的初始径向距离和相同的速度。目标 A 和目标 B 的 SCRFT 积累结果如图 7-5（c）所示。因为目标 A 和目标 B 的径向速度相同，SCRFT 积累后难以在搜索速度方向进行区分，但可以通过搜索距离方向上的差异进行区分。

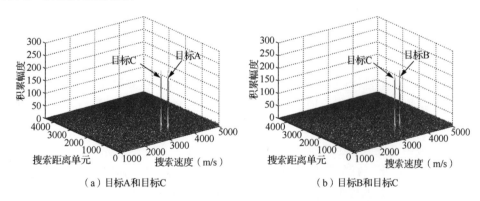

（a）目标A和目标C   （b）目标B和目标C

图 7-5 3 种情况下多目标的 SCRFT 相参积累结果

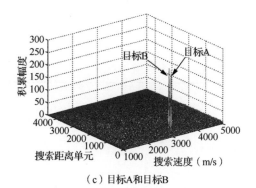

（c）目标A和目标B

图 7-5　3 种情况下多目标的 SCRFT 相参积累结果（续）

7.3.3　SCRFT 方法的流程

SCRFT 方法的主要步骤总结如下。

步骤 1　雷达发射 LFM 信号为 $s\left(t_m,\hat{t}\right)$，解调后的回波信号为 $s_{\mathrm{r}}\left(t_m,\hat{t}\right)$。

步骤 2　对回波信号 $s_{\mathrm{r}}\left(t_m,\hat{t}\right)$ 做快时间维傅里叶变换，得到距离频率域的回波信号 $S_{\mathrm{r}}\left(t_m,f\right)$。

步骤 3　将搜索距离 r' 与搜索速度 v' 的搜索范围分别设置为 $[r'_{\min},r'_{\max}]$ 和 $[v'_{\min},v'_{\max}]$，并将目标的搜索距离步长与搜索速度步长分别设置为 $\Delta r'$ 与 $\Delta v'$。

步骤 4　根据式（7-14）和式（7-15）分别构造匹配滤波函数 H_1 和补偿函数 H_2。

步骤 5　遍历所有的参数搜索，并对 $S_{\mathrm{r}}\left(t_m,f\right)$ 进行 SCRFT 处理，获得相应的 SCRFT 积累输出。

SCRFT 方法的详细处理流程如表 7-4 及图 7-6 所示。

表 7-4　SCRFT 方法详细处理流程

---

1. **输入**：发射 LFM 信号 $s\left(t_m,\hat{t}\right)$。

2. **信号解调与快时间维傅里叶变换**：对接收到的回波信号做信号解调可得 $s_{\mathrm{r}}\left(t_m,\hat{t}\right)$，如式（7-4）所示。随后对 $s_{\mathrm{r}}\left(t_m,\hat{t}\right)$ 做快时间维傅里叶变换，得到频域信号 $S_{\mathrm{r}}\left(t_m,f\right)$，如式（7-5）所示。

3. **设置 r' 与 v' 的搜索范围**：设置 r' 与 v' 的参数搜索范围分别为 $[r'_{\min},r'_{\max}]$ 和 $[v'_{\min},v'_{\max}]$，并设置其搜索步长分别为 $\Delta r'$ 与 $\Delta v'$。

4. **构造 H_1 与 H_2**：通过式（7-14）和式（7-15）分别构造匹配滤波函数 H_1 与补偿函数 H_2。

5. **SCRFT 操作**：以 $\Delta r'$ 的搜索步长遍历搜索 $[r'_{\min},r'_{\max}]$ 中的每个 r' 的值，并以 $\Delta v'$ 的搜索步长遍历搜索 $[v'_{\min},v'_{\max}]$ 中的每个 v' 的值，完成 SCRFT 操作，具体如下：

   for　$r'=r'_{\min}:\Delta r':r'_{\max}$ **do**

   for　$v'=v'_{\min}:\Delta v':v'_{\max}$ **do**

   将匹配滤波函数 $H_1\left(v',f\right)$ 与 $S_{\mathrm{r}}\left(t_m,f\right)$ 相乘并沿距离-频率方向做傅里叶逆变换；

   先将补偿函数 $H_2\left(t_m,v'\right)$ 与傅里叶逆变换的结果相乘，然后沿着慢时间方向进行相参积累；

end
      end

6. 输出：$S_{\text{SCRFT}}\left(r', v'\right)$ 的相参积累结果。

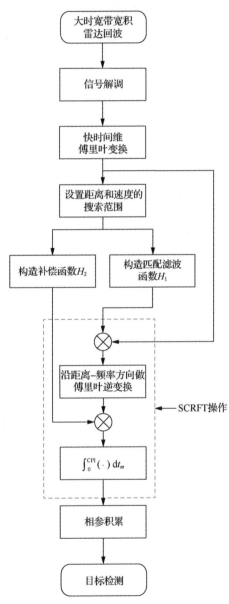

图 7-6　SCRFT 方法的流程

7.4　计算复杂度分析

令 K、K_θ、K_v 和 N 分别表示搜索距离单元、搜索旋转角、搜索速度和脉冲的数目。SCRFT 方法需要搜索目标的速度和距离，连续实现匹配脉压和相参积累，其计算复杂度为 $O(K_v NK)$。MLRT 方法[8]则需要通过旋转回波信号坐标位置校正距离走动，并通过慢时间维傅里叶变换实现相参积累，其计算复杂度为 $O(K_\theta NK)$。与 SCRFT 方法类似，RFT 方法也需要在距离-速度域中进行二维搜索并积累能量，其计算复杂度为 $O(K_v NK)$[9]。SCIFT 方法的计算复杂度为 $O(N^2 K)$[10]。4 种方法的计算复杂度如表 7-5 所示。

表 7-5　4 种方法的计算复杂度

方法名称	计算复杂度
RFT	$O(K_v NK)$
MLRT	$O(K_\theta NK)$
SCIFT	$O(N^2 K)$
SCRFT	$O(K_v NK)$

令 $N = K = K_\theta = K_v$，则 SCRFT、RFT、MLRT 以及 SCIFT 这 4 种方法的计算复杂度均在同一数量级 $\left[O(N^3) \right]$。基于第 7.2 节仿真实验的参数，我们仿真对比了 4 种方法的处理时间，结果如表 7-6 所示。可以看出，这 4 种方法的处理时间接近。

表 7-6　4 种方法相参积累所需时间

方法名称	处理时间（s）
RFT	120.6562
MLRT	119.3235
SCIFT	110.4215
SCRFT	125.0364

7.5　关于 SCRFT 方法的讨论

本节首先讨论 SCRFT 方法相参积累性能的改善（与 RFT 方法相比），随后分析速度失配对 SCRFT 方法的影响，最后分析 SCRFT 方法的 4 种等价形式。

7.5.1　积累性能的改善

RFT 在对回波信号进行传统脉压处理[式（7-10）]后，利用距离-速度的二维搜索实现多脉冲回波信号的能量积累。式（7-10）所示的 RFT 结果可以表示成：

$$S_{\mathrm{RFT}}\left(r',v'\right)=\begin{cases}\displaystyle\int_0^{\mathrm{CPI}}A_{x_1}\chi_1^*\exp\left(\frac{\mathrm{j}4\pi v't_m}{\lambda}\right)\mathrm{d}t_m,\ \rho^2<1\\[4mm]\displaystyle\int_0^{\mathrm{CPI}}A_{x_1}\chi_2\exp\left(\frac{\mathrm{j}4\pi v't_m}{\lambda}\right)\mathrm{d}t_m,\ \rho^2>1\end{cases}\tag{7-28}$$

如式（7-28）所示，RFT 的相参积累峰值可以写成：

$$\left|S_{\mathrm{RFT}}\left(r',v'\right)\right|=\begin{cases}\left|A_{x_1}\right|\mathrm{CPI}\left|\chi_1^*\right|,\ \rho^2<1\\[3mm]\left|A_{x_1}\right|\mathrm{CPI}\left|\chi_2\right|,\ \rho^2>1\end{cases}\tag{7-29}$$

将式（7-11）代入式（7-29），则 RFT 的积累幅度峰值可以进一步写成：

$$\left|S_{\mathrm{RFT}}\left(r',v'\right)\right|_{\max}=\begin{cases}A_2\sqrt{\dfrac{1}{2\mu|\Delta q|}}\mathrm{CPI}\left|\chi_1^*\right|,\ \rho^2<1\\[5mm]A_2\sqrt{\dfrac{1}{2\mu|\Delta q|}}\mathrm{CPI}\left|\chi_2\right|,\ \rho^2>1\end{cases}\tag{7-30}$$

此外，由式（7-22）可以看到，SCRFT 相参处理后的积累峰值为：

$$\left|S_{\mathrm{SCRFT}}\left(r',v'\right)\right|_{\max}=A_3\mathrm{CPI}\tag{7-31}$$

结合式（7-30）和式（7-31）可得，SCRFT 和 RFT 两种方法积累峰值的比值为：

$$\Delta A_{\mathrm{imp1}}=\frac{\left|S_{\mathrm{SCRFT}}\left(r',v'\right)\right|}{\left|S_{\mathrm{RFT}}\left(r',v'\right)\right|}=\begin{cases}\dfrac{A_3\sqrt{2\mu|\Delta q|}}{A_2\left|\chi_1^*\right|},\ \rho^2<1\\[5mm]\dfrac{A_3\sqrt{2\mu|\Delta q|}}{A_2\left|\chi_2\right|},\ \rho^2>1\end{cases}\tag{7-32}$$

仿真示例 7-2　为了分析 SCRFT 的相参积累性能改善情况（与 RFT 相比），进行仿真实验。雷达系统参数如表 7-1 所示，目标运动参数设置与第 7.2 节中的仿真实验相同，不考虑噪声的仿真结果如图 7-7 所示。其中，图 7-7（a）所示为 SCRFT 的脉压结果。可以看到，经过匹配脉压后，回波信号能量在脉内时间中得到较好的积累。图 7-7（b）所示为 RFT 的脉压结果。由于尺度效应的影响，传统脉压后回波信号能量在脉内时间中扩散。图 7-7（c）和图 7-7（d）分别展示了 SCRFT 和 RFT 的相参积累结果，两种方法对应的积累峰值分别为 506.6 和 126.2。因此，SCRFT 的相参积累幅度是 RFT 的 4 倍以上，积累性能得到提升。图 7-7（e）和图 7-7（f）分别展示了 SCRFT 和 RFT 相参积累结果的距离单元切面。可以看到，由于受到尺度效应的影响，搜索距离方向上的 RFT 积累结果不再是辛格包络。

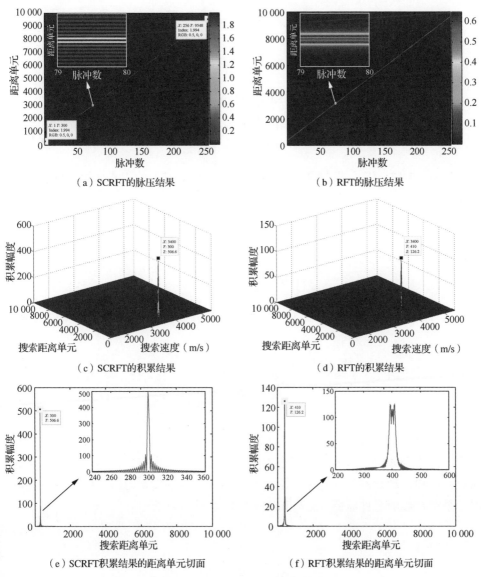

（a）SCRFT的脉压结果　　　　　　　　　　　（b）RFT的脉压结果

（c）SCRFT的积累结果　　　　　　　　　　　（d）RFT的积累结果

（e）SCRFT积累结果的距离单元切面　　　　　（f）RFT积累结果的距离单元切面

图 7-7　SCRFT 和 RFT 相参积累

7.5.2　速度失配的影响

SCRFT 处理过程中，需要搜索目标的速度。当搜索速度与目标真实速度不匹配（$v' < v$ 或 $v' > v$）时（速度失配），搜索速度与目标真实速度之间存在的误差，会影响回波信号的相参积累性能。

如式（7-16）所示，当 $v' < v$ 或 $v' > v$ 时，SCRFT 的积累结果可以表示成：

$$S_{\mathrm{SCRFT}_{\mathrm{mis}}}\left(r',v'\right) = \begin{cases} \displaystyle\int_0^{\mathrm{CPI}} A_{z_1} \chi_3^* \exp\!\left(\mathrm{j}4\pi f_{\mathrm{c}} \frac{v't_m}{c-3v'} \right) \mathrm{d}t_m, & v' < v \\[4mm] \displaystyle\int_0^{\mathrm{CPI}} A_{z_1} \chi_4 \exp\!\left(\mathrm{j}4\pi f_{\mathrm{c}} \frac{v't_m}{c-3v'} \right) \mathrm{d}t_m, & v' > v \end{cases} \tag{7-33}$$

相应地，可得速度失配时 SCRFT 的积累幅度为：

$$\left| S_{\mathrm{SCRFT}_{\mathrm{mis}}}\left(r',v'\right) \right| = \begin{cases} \left| A_{z_1} \right| \mathrm{CPI} \left| \chi_3^* \right|, & v' < v \\[3mm] \left| A_{z_1} \right| \mathrm{CPI} \left| \chi_4 \right|, & v' > v \end{cases} \tag{7-34}$$

将式（7-17）代入式（7-34），则速度失配时 SCRFT 的积累峰值可以进一步表示成：

$$\left| S_{\mathrm{SCRFT}_{\mathrm{mis}}}\left(r',v'\right) \right|_{\max} = \begin{cases} A_2 \mathrm{CPI} \sqrt{\dfrac{1}{\left|2\mu\Delta q_0\right|}} \left| \chi_3^* \right|, & v' < v \\[5mm] A_2 \mathrm{CPI} \sqrt{\dfrac{1}{\left|2\mu\Delta q_0\right|}} \left| \chi_4 \right|, & v' > v \end{cases} \tag{7-35}$$

结合式（7-31），可得速度失配与匹配两种情形下的 SCRFT 积累幅度比值为：

$$\Delta A_{\mathrm{imp2}} = \frac{\left| S_{\mathrm{SCRFT}}\left(r',v'\right) \right|_{\max}}{\left| S_{\mathrm{SCRFT}_{\mathrm{mis}}}\left(r',v'\right) \right|_{\max}} \begin{cases} \dfrac{A_3 \sqrt{2\mu \left|\Delta q_0\right|}}{A_2 \left| \chi_3^* \right|}, & v' < v \\[5mm] \dfrac{A_3 \sqrt{2\mu \left|\Delta q_0\right|}}{A_2 \left| \chi_4 \right|}, & v' > v \end{cases} \tag{7-36}$$

速度失配误差越大，SCRFT 的相参积累损失越严重。为获得良好的相参积累性能，需要合理地设置范围与搜索间隔。首先，可以根据目标的先验信息（如目标的种类和运动状态等）设置初始径向距离和速度的搜索范围。此外，还需根据雷达系统参数确定目标径向距离和速度的搜索间隔：

$$\Delta r' = \frac{c}{2f_{\mathrm{s}}} \tag{7-37}$$

$$\Delta v' = \frac{\lambda}{2\mathrm{CPI}} \tag{7-38}$$

其中，$\lambda = c/f_{\mathrm{c}}$ 表示波长，f_{s} 为雷达采样频率。

7.5.3　4 种等价形式

与 RFT 方法相似，SCRFT 方法在进行二维参数搜索时，直角坐标系下的距离-速度可以用极坐标系下的极径-极角来表示。相应地，基于不同的搜索参数组合，SCRFT 方法也具有 4 种不同的等价形式。

由式（7-1）可知，在平面 $\left(r', \hat{t}, t_m\right)$ 上，目标运动方程 $r\left(t_m, \hat{t}\right)$ 对应的轨迹为一条斜线，如图 7-8（a）所示。图 7-8（b）给出了 $r\left(t_m, \hat{t}\right)$ 在平面 $\left(r', t_m\right)$ 的投影轨迹，该投影轨迹为关于慢时间 t_m 的斜线：

$$r\left(t_m\right) = r_0 + v t_m \tag{7-39}$$

图 7-8（c）和图 7-8（d）分别为目标远离雷达运动（$v > 0$）与朝向雷达运动（$v < 0$）时，距离–速度 $\left(r_0, v\right)$ 和极径–极角 $\left(d, \phi\right)$ 的几何关系。其中，极径 d 表示目标轨迹到平面 $\left(r', t_m\right)$ 原点的垂直距离，极角 ϕ 为从 t_m 轴到目标轨迹的逆时针方向角。

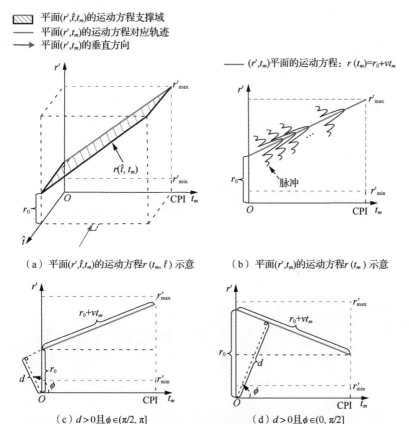

（a）平面 $(r', \hat{t}, t_m)$ 的运动方程 $r\left(t_m, \hat{t}\right)$ 示意　　（b）平面 (r', t_m) 的运动方程 $r\left(t_m\right)$ 示意

（c）$d > 0$ 且 $\phi \in (\pi/2, \pi]$　　　　　（d）$d > 0$ 且 $\phi \in (0, \pi/2]$

图 7-8　目标运动方程与数据抽取示意图

由图 7-8（c）和图 7-8（d）可知，r_0 与 d 之间的对应关系为 $r_0 = d/\sin\phi$，v 与 ϕ 之间的对应关系为 $v = -\cot\phi$。在实际应用中，需要二维搜索极径和极角以抽取信号：

$$r' = \frac{d'}{\sin \phi'} \tag{7-40}$$

$$v' = -\cot \phi' \tag{7-41}$$

其中，d' 和 ϕ' 分别为极径与极角的搜索值。

将式（7-41）代入式（7-15）可得，与 ϕ' 对应的相位补偿方程为：

$$H_3\left(t_m, -\cot \phi'\right) = \exp\left(-\mathrm{j}4\pi f_{\mathrm{c}} \frac{\cot \phi' t_m}{c + 3\cot \phi'}\right) \tag{7-42}$$

随后，将式（7-40）和式（7-41）代入 r' 与 v' 的搜索范围（$[r'_{\min}, r'_{\max}]$ 与 $[v'_{\min}, v'_{\max}]$）可得，d' 与 ϕ' 的搜索距离分别为 $d' \in \left[r'_{\min} \middle/ \sqrt{1 + v'^2_{\min}}, r'_{\max} \middle/ \sqrt{1 + v'^2_{\max}}\right]$ 与 $\phi' \in \left[\operatorname{arccot}\left(-v'_{\min}\right), \operatorname{arccot}\left(-v'_{\max}\right)\right]$。

因此，根据式（7-40）与式（7-41）中的 (d', ϕ') 与 (r', v') 的对应关系，可以得到与式（7-42）类似的相位补偿方程。SCRFT 的相参积累过程可以在 4 种不同的参数域实现，分别是 d'-ϕ'、d'-v'、r'-ϕ' 以及 r'-v'，相应的 SCRFT 表示形式如下。

（1）在 d'-ϕ' 域，SCRFT 的表达式为：

$$S_{\mathrm{SCRFT}}\left(d', \phi'\right) = \int_0^{\mathrm{CPI}} s_{\mathrm{c}}\left(t_m, \frac{\dfrac{2d'}{\sin \phi'}}{c + 3\cot \phi'}\right) H_3\left(t_m, -\cot \phi'\right) \mathrm{d}t_m$$

$$d' \in \left[\frac{r'_{\min}}{\sqrt{1 + v'^2_{\min}}}, \frac{r'_{\max}}{\sqrt{1 + v'^2_{\max}}}\right] \tag{7-43}$$

$$\phi' \in \left[\operatorname{arccot}\left(-v'_{\min}\right), \operatorname{arccot}\left(-v'_{\max}\right)\right]$$

（2）在 d'-v' 域，SCRFT 的表达式为：

$$S_{\mathrm{SCRFT}}\left(d', v'\right) = \int_0^{\mathrm{CPI}} s_{\mathrm{c}}\left(t_m, \frac{2d'\sqrt{1 + v'^2}}{c - 3v'}\right) H_2\left(t_m, v'\right) \mathrm{d}t_m$$

$$d' \in \left[\frac{r'_{\min}}{\sqrt{1 + v'^2_{\min}}}, \frac{r'_{\max}}{\sqrt{1 + v'^2_{\max}}}\right] \tag{7-44}$$

$$v' \in \left[v'_{\min}, v'_{\max}\right]$$

（3）在 r'-ϕ' 域，SCRFT 的表达式为：

$$S_{\mathrm{SCRFT}}\left(r', \phi'\right) = \int_0^{\mathrm{CPI}} s_{\mathrm{c}}\left(t_m, \frac{2r'}{c + 3\cot \phi'}\right) H_3\left(t_m, -\cot \phi'\right) \mathrm{d}t_m$$

$$r' \in \left[r'_{\min}, r'_{\max}\right] \tag{7-45}$$

$$\phi' \in \left[\operatorname{arccot}\left(-v'_{\min}\right), \operatorname{arccot}\left(-v'_{\max}\right)\right]$$

（4）在 $r'\text{-}v'$ 域，SCRFT 的表达式如式（7-12）所示。

根据式（7-43）～式（7-45）以及式（7-12）可知，SCRFT 可以通过搜索不同的参数实现相参积累。当参数的搜索值与真实值相等时，目标能量能够被有效地积累。因此，式（7-43）～式（7-45）以及式（7-12）在目标回波信号幅值的积累上是等价的。

仿真示例 7-3　为了验证 SCRFT 的 4 种积累形式的等价性，进行本次仿真实验。回波信号脉冲数设置为 50，其他雷达系统参数设置与表 7-1 中相同。目标运动参数设置：目标速度为 3000m/s，初始径向距离单元为 200（对应径向距离为 200km）。不考虑噪声，SCRFT 的 4 种积累形式的相参处理结果如图 7-9 所示。图 7-9（a）～图 7-9（d）分别为与式（7-43）～式（7-45）、式（7-12）对应的相参积累结果。在 4 种积累处理下，SCRFT 的相参积累峰值都为 99.5995。

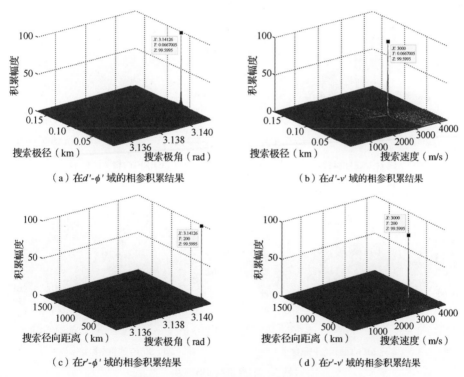

（a）在 $d'\text{-}\phi'$ 域的相参积累结果　　　（b）在 $d'\text{-}v'$ 域的相参积累结果

（c）在 $r'\text{-}\phi'$ 域的相参积累结果　　　（d）在 $r'\text{-}v'$ 域的相参积累结果

图 7-9　SCRFT 的 4 种积累形式的相参积累

7.6　仿真验证

本节通过仿真实验验证 SCRFT 方法的有效性，包括单目标相参积累、多目标相参积累、目标检测性能和速度估计性能。

7.6.1 单目标相参积累

雷达系统参数如表 7-1 所示，目标运动参数与第 5.2 节中的仿真实验相同，脉压前的回波 SNR 为-49dB，仿真结果如图 7-10 所示。其中，图 7-10（a）所示为 SCRFT 的相参积累结果，可以看到目标能量得到有效积累。RFT[9]、MLRT[8] 和 SCIFT[10] 的相参积累结果分别如图 7-10（b）、图 7-10（c）和图 7-10（d）所示。图 7-10 表明：SCRFT 的相参积累性能优于 MLRT、RFT 和 SCIFT。原因在于，SCRFT 能够匹配实现目标变尺度回波信号的脉压和多脉冲回波信号能量的积累，而其他 3 种方法采用的传统脉压处理会导致积累性能损失。4 种方法相参积累后的输出 SNR 如表 7-7 所示。与 RFT、MLRT 以及 SCIFT 相比，SCRFT 的输出 SNR 分别改善约 10.2dB、11dB 以及 21dB。

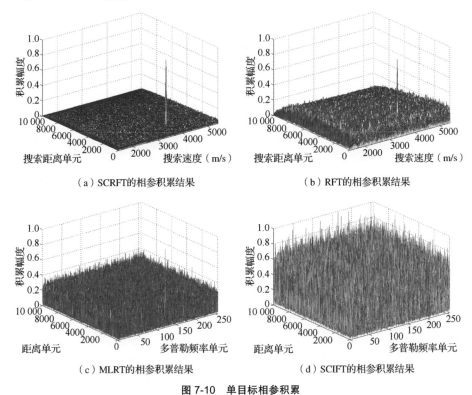

（a）SCRFT的相参积累结果   （b）RFT的相参积累结果

（c）MLRT的相参积累结果   （d）SCIFT的相参积累结果

图 7-10 单目标相参积累

表 7-7 4 种方法相参积累后的输出 SNR

方法名称	相参积累后的输出 SNR（dB）
SCRFT	29.8114
RFT	19.6223
MLRT	18.7967
SCIFT	8.7887

7.6.2 多目标相参积累

考虑 3 个目标（目标 D、目标 E 和目标 F），其运动参数如表 7-8 所示，3 个目标具有不同的径向速度。雷达系统参数与仿真示例 7-1 相同，仿真结果如图 7-11 所示。其中，图 7-11（a）所示为目标 D 速度匹配时的脉压结果。为了清楚地显示目标 D 速度匹配时 3 个目标的运动轨迹，图 7-11（b）展示了无噪声时的脉压结果[与图 7-11（a）对应，只是没有噪声]。由图 7-11（b）可以看到，此时仅目标 D 的回波信号能量在脉内时间中得到积累，实现了匹配脉压；而目标 E 和目标 F 未能实现匹配脉压。类似地，图 7-11（c）和图 7-11（d）分别展示了有噪声和无噪声时目标 E 速度匹配时的脉压结果；图 7-11（e）和图 7-11（f）则分别展示了有噪声和无噪声时目标 F 速度匹配时的脉压结果。为了更好地展示速度失配对目标脉压幅值的影响，表 7-9 展示了图 7-11（b）、图 7-11（d）、图 7-11（f）中 3 个目标第 59 个脉冲的幅度峰值。表 7-9 中的结果说明，速度匹配时，目标实现匹配脉压，相应的脉压回波信号能量峰值（1.994）高于速度不匹配时脉压回波的能量峰值。目标 D、目标 E、目标 F 的 SCRFT 相参积累结果如图 7-11（g）所示。可以看到，3 个目标的回波信号能量得到有效积累并形成 3 个峰值，有利于后续的多目标检测与参数估计。

表 7-8　目标 D、目标 E 和目标 F 的运动参数

目标名称	初始距离单元	径向速度（m/s）	输入 SNR（dB）
目标 D	300	1000	-49.2
目标 E	200	2000	-49.4
目标 F	100	3000	-49.0

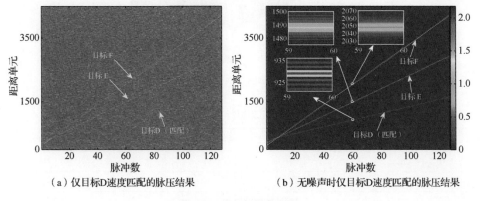

（a）仅目标 D 速度匹配的脉压结果　　（b）无噪声时仅目标 D 速度匹配的脉压结果

图 7-11　多目标相参积累

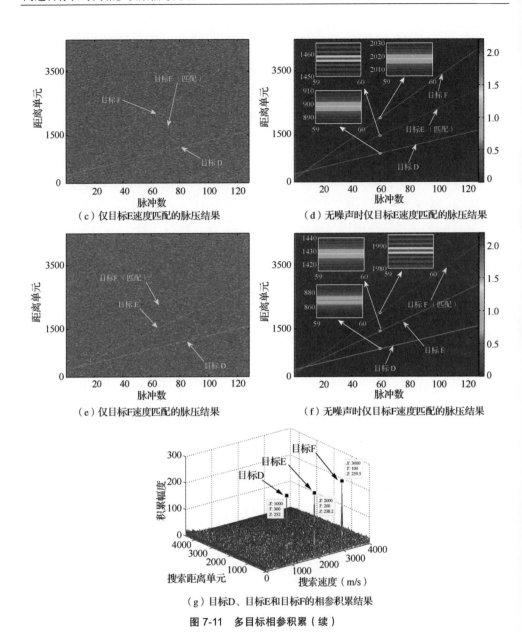

（c）仅目标E速度匹配的脉压结果

（d）无噪声时仅目标E速度匹配的脉压结果

（e）仅目标F速度匹配的脉压结果

（f）无噪声时仅目标F速度匹配的脉压结果

（g）目标D、目标E和目标F的相参积累结果

图 7-11　多目标相参积累（续）

表 7-9　目标 D、目标 E 和目标 F 第 59 个脉冲的幅度峰值

仿真图形	目标 D 幅度峰值	目标 E 幅度峰值	目标 F 幅度峰值
图 7-11（b）	1.994	1.255	0.593
图 7-11（d）	1.255	1.994	1.254
图 7-11（f）	0.592	1.255	1.994

7.6.3 目标检测性能

本小节通过蒙特卡洛仿真实验分析 MTD、SCIFT、MLRT、RFT 以及 SCRFT 这 5 种方法的目标检测性能。雷达系统参数如表 7-1 所示，运动参数与第 7.2 节中的仿真实验相同，输入 SNR 的变化范围为 $[-75:1:-25]$（单位为 dB）。5 种方法的检测性能曲线如图 7-12 所示。实验结果表明，SCRFT 的检测性能优于其他 4 种方法（传统 MTD、SCIFT、MLRT 和 RFT）：在检测概率为 0.8 的情况下，SCRFT 所需的 SNR 分别比 MTD、SCIFT、MLRT 以及 RFT 低 21.2dB、16.4dB、9.1dB 和 7.9dB。SCRFT 性能更优的原因在于：SCIFT、MLRT 和 RFT 虽然能够能校正一阶距离走动，但无法实现变尺度回波的匹配脉压，这会导致相参积累性能损失；而传统 MTD 既无法实现变尺度回波的匹配脉压，也不能校正高速目标的一阶距离走动，因此积累检测性能最差。

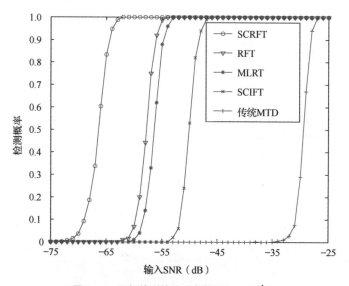

图 7-12 目标检测性能（虚警概率为 10^{-4}）

7.6.4 速度估计性能

本小节通过蒙特卡洛仿真实验对比分析 SCRFT 与其他 3 种方法（RFT、MLRT 和 SCIFT）的速度估计性能。雷达系统参数如表 7-1 所示，目标运动参数与第 7.2 节中的仿真实验相同。4 种方法的速度估计性能如图 7-13 所示。由实验结果可知：当输入 SNR 在 $(-75,-64)$（单位为 dB）范围内时，SCRFT 的速度估计性能优于其他 3 种方法；随着输入 SNR 的不断增大，RFT、MLRT 和 SCIFT 的速度估计性能逐渐逼近 SCRFT。

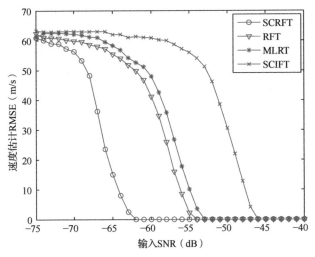

图 7-13　速度估计性能

7.7　部分公式证明

7.7.1　对式（7-10）的证明

考虑脉内运动和尺度效应，式（7-8）的结果有两种情况：$\rho^2 < 1$ 和 $\rho^2 > 1$。令 $\Delta q = \dfrac{1}{\mu^2}\left(1 - \dfrac{1}{\rho^2}\right)$，则式（7-8）可以重新写成：

$$X_c\left(t_m, \hat{t}\right) = \int_{-\infty}^{+\infty} A_{x_0} \, \mathrm{rect}\left(\frac{f + \alpha}{\rho B}\right) \mathrm{rect}\left(\frac{f}{B}\right) \times$$
$$\exp\left\{ \mathrm{j}\pi\mu\Delta q\left[f + \frac{1}{\mu\Delta q}\left(\hat{t} - \frac{\alpha}{\mu\rho^2} - \tau_m\right)\right]^2 \right\} \mathrm{d}f \tag{7-46}$$

其中

$$A_{x_0} = A_2 \exp\left(-2\pi \frac{f\alpha}{\mu\Delta q}\right) \exp\left(-\mathrm{j}2\pi f_c \tau_m\right) \times$$
$$\exp\left\{ -\mathrm{j}\pi\left[\frac{1}{\mu\Delta q}\left(\hat{t} - \frac{\alpha}{\mu\rho^2} - \tau_m\right)\right]^2 \right\} \tag{7-47}$$

令

$$N(f) = \exp\left\{ \mathrm{j}\pi\mu\Delta q\left[f + \frac{1}{\mu\Delta q}\left(\hat{t} - \frac{\alpha}{\mu\rho^2} - \tau_m\right)\right]^2 \right\} \tag{7-48}$$

那么，式（7-46）可以重新写成：

$$X_c\left(t_m,\hat{t}\right)=\int_{-\infty}^{+\infty}A_{x_0}\operatorname{rect}\left(\frac{f+\alpha}{\rho B}\right)\operatorname{rect}\left(\frac{f}{B}\right)N\left(f\right)\mathrm{d}f \tag{7-49}$$

情况 1：当 $\rho^2<1$ 时，式（7-49）可以写成：

$$X_c\left(t_m,\hat{t}\right)=A_{x_0}\operatorname{rect}\left(\frac{\hat{t}+\alpha}{\rho B}\right)\int_{-\alpha-\frac{\rho B}{2}}^{-\alpha+\frac{\rho B}{2}}N\left(f\right)\mathrm{d}f+$$

$$\operatorname{rect}\left[\frac{\hat{t}+\dfrac{(\rho-1)B}{4}-\dfrac{\alpha}{2}}{-\alpha+\dfrac{(\rho+1)B}{2}}\right]\int_{\frac{B}{2}}^{-\alpha+\frac{\rho B}{2}}N\left(f\right)\mathrm{d}f \tag{7-50}$$

令

$$y=\sqrt{-2\mu\Delta q}\left[f+\frac{1}{\mu\Delta q}\left(\hat{t}-\frac{\alpha}{\mu\rho^2}-\tau_m\right)\right] \tag{7-51}$$

随后，可以得到：

$$\int_{-\alpha-\frac{\rho B}{2}}^{-\alpha+\frac{\rho B}{2}}N\left(f\right)\mathrm{d}f=\sqrt{-\frac{1}{2\mu\Delta q}}\int_{\omega_2}^{\omega_1}\exp\left(-\mathrm{j}\cdot\frac{\pi y^2}{2}\right)\mathrm{d}y$$

$$=\sqrt{-\frac{1}{2\Delta q}}\chi^*\left(\omega_1,\omega_2\right) \tag{7-52}$$

其中，$\chi(\cdot)$ 是菲涅耳积分，其表达式如下：

$$\chi\left(u,v\right)=\chi_{\exp}\left(u\right)-\chi_{\exp}\left(v\right) \tag{7-53}$$

$$\chi_{\exp}\left(z\right)=\int_0^z\exp\left(\frac{\mathrm{j}\pi y^2}{2}\right)\mathrm{d}y=\chi_{\cos}\left(z\right)+\mathrm{j}\chi_{\sin}\left(z\right) \tag{7-54}$$

$$\omega_1=\sqrt{-2\mu\Delta q}\left[-\alpha+\frac{\rho B}{2}+\frac{1}{\mu\Delta q}\left(\hat{t}-\frac{\alpha}{\mu\rho^2}-\tau_m\right)\right]$$

$$=\sqrt{2\mu\left|\Delta q\right|}\left(-\alpha+\frac{\rho B}{2}+\frac{\hat{t}-\dfrac{\alpha}{\mu\rho^2}-\tau_m}{\mu\Delta q}\right) \tag{7-55}$$

$$\omega_2=\sqrt{2\mu\left|\Delta q\right|}\left(-\alpha-\frac{\rho B}{2}+\frac{\hat{t}-\dfrac{\alpha}{\mu\rho^2}-\tau_m}{\mu\Delta q}\right) \tag{7-56}$$

类似地，可以得到：

$$\int_{\frac{B}{2}}^{-\alpha+\frac{\rho B}{2}}N\left(f\right)\mathrm{d}f=\sqrt{-\frac{1}{2\mu\Delta q}}\chi^*\left(\omega_1,\omega_3\right) \tag{7-57}$$

其中

$$\omega_3 = \sqrt{2\mu|\Delta q|}\left(-\frac{B}{2} + \frac{\hat{t} - \dfrac{\alpha}{\mu\rho^2} - \tau_m}{\mu\Delta q}\right) \qquad (7\text{-}58)$$

因此，式（7-50）可以进一步写成：

$$X_c\left(t_m,\hat{t}\right) = A_{x_1}\chi_1^* \qquad (7\text{-}59)$$

其中

$$\chi_1^* = \left\{\text{rect}\left(\frac{\hat{t}+\alpha}{\rho B}\right)\chi^*\left(\omega_1,\omega_2\right) + \text{rect}\left[\frac{\hat{t} + \dfrac{(\rho-1)B}{4} - \dfrac{\alpha}{2}}{-\alpha + \dfrac{(\rho+1)B}{2}}\right]\chi^*\left(\omega_1,\omega_2\right)\right\} \qquad (7\text{-}60a)$$

$$A_{x_1} = A_{x_0}\sqrt{\frac{1}{2|\mu\Delta q|}} \qquad (7\text{-}60b)$$

情况 2：当 $\rho^2 > 1$ 时，式（7-49）可以写成：

$$X_c\left(t_m,\hat{t}\right) = A_{x_1}\chi_2 \qquad (7\text{-}61)$$

其中

$$\chi_2 = \left\{\text{rect}\left(\frac{\hat{t}}{B}\right)\chi\left(\omega_4,\omega_2\right) + \text{rect}\left[\frac{\hat{t} + \dfrac{(\rho-1)B}{4} + \dfrac{\alpha}{2}}{\alpha + \dfrac{(\rho+1)B}{2}}\right]\chi\left(\omega_4,\omega_3\right)\right\} \qquad (7\text{-}62)$$

$$\omega_4 = \sqrt{2\mu|\Delta q|}\left(\frac{B}{2} + \frac{\hat{t} - \dfrac{\alpha}{\mu\rho^2} - \tau_m}{\mu\Delta q}\right) \qquad (7\text{-}63)$$

7.7.2 对式（7-16）的证明

式（7-16）的输出可以分为 3 种情况：$v' < v$、$v' = v$ 和 $v' > v$。下面给出式（7-16）的详细推导过程。

令 $\Delta q_0 = 1/(\mu^2\rho'^2) - 1/(\mu^2\rho^2)$、$\Delta q_1 = \alpha/(\mu^2\rho^2) - \alpha'/(\mu^2\rho'^2)$ 以及 $\Delta q_2 = \alpha^2/(\mu^2\rho^2) - \alpha'^2/(\mu^2\rho'^2)$。那么，式（7-16）可以进一步写成：

$$s_c\left(t_m,\hat{t}\right) = \int_{-\infty}^{+\infty} A_{z_0}\,\text{rect}\left(\frac{f+\alpha}{\rho B}\right)\text{rect}\left(\frac{f+\alpha'}{\rho' B}\right) \times$$

$$\exp\left\{j\pi\mu\Delta q\left[f + \frac{1}{\mu\Delta q_0}\left(\hat{t} - \mu\Delta q_1 - \tau_m\right)\right]^2\right\}df \qquad (7\text{-}64)$$

其中

$$A_{z_0} = A_2 \exp\left(-\mathrm{j}\pi\mu\Delta q_2\right)\exp\left(-\mathrm{j}2\pi f_{\mathrm{c}}\tau_m\right)\exp\left\{-\mathrm{j}\pi\left[\frac{1}{\mu\Delta q_0}\left(\hat{t}-\mu\Delta q_1-\tau_m\right)\right]^2\right\} \quad (7\text{-}65)$$

令

$$L(f) = \exp\left\{\mathrm{j}\pi\mu\Delta q_0\left[f+\frac{1}{\mu\Delta q_0}\left(\hat{t}-\mu\Delta q_1-\tau_m\right)\right]^2\right\} \quad (7\text{-}66)$$

式（7-64）可以被重写为：

$$s_{\mathrm{c}}\left(t_m,\hat{t}\right) = \int_{-\infty}^{+\infty} A_{z_0}\,\mathrm{rect}\left(\frac{f+\alpha}{\rho B}\right)\mathrm{rect}\left(\frac{f+\alpha'}{\rho'B}\right)L(f)\mathrm{d}f \quad (7\text{-}67)$$

情况 1：当 $v' < v$ 时，考虑到实际的参数设置，可以得到 $\alpha' < \alpha$、$\rho' < \rho$ 和 $\Delta q_0 < 0$。在此情况下，式（7-67）可以被重新写为：

$$X_{\mathrm{c}}\left(t_m,\hat{t}\right) = A_{z_0}\,\mathrm{rect}\left(\frac{\hat{t}+\alpha}{\rho B}\right)\int_{-\alpha-\frac{\rho B}{2}}^{-\alpha+\frac{\rho B}{2}} L(f)\,\mathrm{d}f +$$

$$\mathrm{rect}\left[\frac{\hat{t}+\alpha+\dfrac{\alpha'+\alpha}{2}+\dfrac{\left(\rho'-\rho\right)B}{4}}{\alpha'+\alpha+\dfrac{\left(\rho'+\rho\right)B}{2}}\right]\times \quad (7\text{-}68)$$

$$\int_{-\alpha'-\frac{\rho'B}{2}}^{-\alpha+\frac{\rho B}{2}} L(f)\mathrm{d}f$$

令

$$\eta = \sqrt{-2\mu\Delta q_0}\left[f+\frac{1}{\mu\Delta q_0}\left(\hat{t}-\mu\Delta q_1-\tau_m\right)\right] \quad (7\text{-}69)$$

可以得到：

$$\int_{-\alpha-\frac{\rho B}{2}}^{-\alpha+\frac{\rho B}{2}} L(f)\,\mathrm{d}f = \sqrt{-\frac{1}{2\gamma\Delta q_0}}\int_{\vartheta_2}^{\vartheta_1}\exp\left(-\mathrm{j}\frac{\pi\eta^2}{2}\right)\mathrm{d}\eta$$

$$= \sqrt{-\frac{1}{2\Delta q_0}}\chi^*\left(\vartheta_1,\vartheta_2\right) \quad (7\text{-}70)$$

其中

$$\vartheta_1 = \sqrt{2\mu\left|\Delta q_0\right|}\left(-\alpha+\frac{\rho B}{2}+\frac{\hat{t}-\mu\Delta q_1-\tau_m}{\mu\Delta q_0}\right) \quad (7\text{-}71)$$

$$\vartheta_2 = \sqrt{2\mu\left|\Delta q_0\right|}\left(-\alpha-\frac{\rho B}{2}+\frac{\hat{t}-\mu\Delta q_1-\tau_m}{\mu\Delta q_0}\right) \quad (7\text{-}72)$$

类似地，有：

$$\int_{-\alpha'-\frac{\rho'B}{2}}^{-\alpha+\frac{\rho B}{2}} L(f)\,\mathrm{d}f = \sqrt{-\frac{1}{2\mu\Delta q_0}}\,\chi^*(\vartheta_1,\vartheta_3) \tag{7-73}$$

其中

$$\vartheta_3 = \sqrt{2\mu|\Delta q_0|}\left(-\alpha'-\frac{\rho'B}{2}+\frac{\hat{t}-\mu\Delta q_1-\tau_m}{\mu\Delta q_0}\right) \tag{7-74}$$

因此，式（7-67）可以重新表示为：

$$s_c\left(t_m,\hat{t}\right) = A_{z_1}\chi_3^* \tag{7-75}$$

其中

$$\chi_3^* = \left\{\mathrm{rect}\left(\frac{\hat{t}+\alpha}{\rho B}\right)\chi^*(\vartheta_1,\vartheta_2) + \mathrm{rect}\left[\frac{\hat{t}+\frac{\alpha+\alpha'}{2}+\frac{(\rho'-\rho)B}{4}}{\alpha'-\alpha+\frac{(\rho'+\rho)B}{2}}\right]\chi^*(\vartheta_1,\vartheta_3)\right\} \tag{7-76a}$$

$$A_{z_1} = A_{z_0}\sqrt{\frac{1}{2|\mu\Delta q_0|}} \tag{7-76b}$$

利用 $\hat{t}=2r'/(c-3v)$，可以得到 χ_1^* 的另一种形式：

$$\chi_3^* = \left\{\mathrm{rect}\left[\frac{\frac{2r'}{c-3v}+\alpha}{\rho B}\right]\chi^*(\vartheta_1,\vartheta_2) + \right.$$

$$\left.\mathrm{rect}\left[\frac{\frac{2r'}{c-3v}+\frac{\alpha+\alpha'}{2}+\frac{(\rho'-\rho)B}{4}}{\alpha'-\alpha+\frac{(\rho'+\rho)}{2}}\right]\chi^*(\vartheta_1,\vartheta_3)\right\} \tag{7-77}$$

情况 2：当 $v'=v$ 时，可以得到 $\rho'=\rho$ 和 $\alpha'=\alpha$。另外，还可以得到 $\Delta q_0=0$、$\Delta q_1=0$ 和 $\Delta q_2=0$。此时，可以实现匹配脉压，其形式为：

$$s_c\left(t_m,\hat{t}\right) = A_3\mathrm{sinc}\left[2\pi B\left(\hat{t}-\frac{2r_0}{c-v}-\frac{2vt_m}{c-v}\right)\right]\exp(-\mathrm{j}2\pi f_c\tau_m)$$

$$= A_3\mathrm{sinc}\left\{\frac{2\pi B}{c-v}\left[(r'-r_0)-vt_m\right]\right\}\exp\left[-\mathrm{j}4\pi f_c\frac{(r_0+v)t_m}{c-3v}\right] \tag{7-78}$$

其中，A_3 是匹配脉压的复幅度。

情况 3：当 $v'>v$ 时，与情况 1 类似。可以得到：

$$s_c\left(t_m,\hat{t}\right) = A_{z_1}\chi_4 \tag{7-79}$$

其中

$$\chi_4 = \left\{ \mathrm{rect}\left[\frac{\hat{t} + \alpha'}{\rho' B} \right] \chi(\vartheta_4, \vartheta_3) + \right.$$

$$\left. \mathrm{rect}\left[\frac{\hat{t} + \dfrac{\alpha + \alpha'}{2} + \dfrac{(\rho' - \rho)B}{4}}{\alpha' - \alpha + \dfrac{(\rho' + \rho)B}{2}} \right] \chi(\vartheta_4, \vartheta_2) \right\} \qquad (7\text{-}80)$$

$$\vartheta_4 = \sqrt{2\mu|\Delta q_0|} \left(-\alpha' + \frac{\rho' B}{2} + \frac{\hat{t} - \mu\Delta q_1 - \tau_m}{\mu\Delta q_0} \right) \qquad (7\text{-}81)$$

类似地，利用 $\hat{t} = 2r'/(c - 3v)$，式（7-80）可以重新写成：

$$\chi_4 = \left\{ \mathrm{rect}\left[\frac{\dfrac{2r'}{c - 3v} + \alpha'}{\rho' B} \right] \chi(\vartheta_4, \vartheta_3) + \right.$$

$$\left. \mathrm{rect}\left[\frac{\dfrac{2r'}{c - 3v} + \dfrac{\alpha + \alpha'}{2} + \dfrac{(\rho' - \rho)B}{4}}{\alpha' - \alpha + \dfrac{(\rho' + \rho)B}{2}} \right] \chi(\vartheta_4, \vartheta_2) \right\} \qquad (7\text{-}82)$$

7.8　本章小结

　　针对大时宽带宽积下的变尺度高速目标长时间相参积累处理问题，本章首先建立了超高速运动目标的变尺度回波模型（同时考虑目标脉内运动和脉间运动对回波幅度和相位的调制影响），随后研究了基于 SCRFT 的相参积累方法。SCRFT 方法通过距离-速度域的二维搜索，在完成脉内信号匹配脉压处理的同时，实现了多脉冲间回波信号能量的相参积累。与传统"停走"回波模型下的相参积累处理方法（如 RFT）相比，SCRFT 方法能够在不增加计算复杂度的情况下提高相参积累增益，从而提高目标检测与速度估计性能。最后，本章通过仿真实验验证了 SCRFT 方法的有效性。

参考文献

[1]　李小龙. 高速机动目标长时间相参积累算法研究[D]. 成都: 电子科技大学, 2017.

[2]　Qian L C, Xu J, Xia X G, et al. Wideband-scaled Radon-Fourier transform for high-speed radar target detection[J]. IET Radar, Sonar & Navigation, 2014, 8(5): 501-512.

[3]   Skolnik M, Linde G, Meads K. Senrad: An advanced wideband air-surveillance radar[J]. IEEE Transactions on Aerospace and Electronic Systems, 2001, 37(4): 1163-1175.

[4]   Sun Z, Li X, Cui G, et al. Hypersonic target detection and velocity estimation in coherent radar system based on scaled Radon Fourier transform[J]. IEEE Transactions on Vehicular Technology, 2020, 69(6): 6525-6540.

[5]   Cumming I G, and Wong F H. Digital processing of synthetic aperture radar data algorithms and implementation[M]. Artech House, Boston, MA, USA, 2005.

[6]   Bao Z, Xing M, Wang T. Radar imaging technology[M]. Beijing: Publishing House of Electronics Industry, 2005.

[7]   Sun Z, Li X, Yi W, et al. Detection of weak maneuvering target based on keystone transform and matched filtering process[J]. Signal Processing, 2017, 140: 127-138.

[8]   Sun Z, Li X, Yi W, et al. A coherent detection and velocity estimation algorithm for the high-speed target based on the modified location rotation transform[J]. IEEE Journal of Selected Topics in Applied Earth Observations and Remote Sensing, 2018, 11(7): 2346-2361.

[9]   Xu J, Yu J, Peng Y N, et al. Radon-Fourier transform for radar target detection (I): Generalized Doppler filter bank[J]. IEEE Transactions on Aerospace and Electronic Systems, 2011, 47(2): 1186-1202.

[10]   Zheng J, Su T, Zhu W, et al. Radar high-speed target detection based on the scaled inverse Fourier transform[J]. IEEE Journal of Selected Topics in Applied Earth Observations and Remote Sensing, 2014, 8(3): 1108-1119.

第8章 时间信息未知高速目标长时间相参积累

雷达探测过程中，在目标检测和参数估计完成之前，目标进入和离开雷达探测区域的时间往往是未知的[1]。比如，战场非合作环境下，敌方运动目标何时进入某空域、何时离开某空域，都是需要我们通过雷达探测获取的信息，而这些目标的时间参数信息在雷达探测前通常是未知的[2]。然而，现有的长时间相参积累方法往往都假设目标的时间参数信息（目标进入和离开雷达探测区域的时间）是已知的。当该假设不再成立时，基于目标时间信息已知的长时间相参积累方法就很可能遭受巨大性能损失甚至完全失效。

本章针对时间信息未知高速目标长时间相参积累问题，首先建立时间信息未知高速目标的回波信号模型；然后，研究 WRFRFT 相参积累方法，具体包括定义、性质、原理、流程和计算复杂度分析等，并讨论起始时间和终止时间对 WRFRFT 积累处理性能的影响；接着，为了降低计算代价，本章介绍 EGRFT-WFRFT 相参积累方法，分析 EGRFT-WFRFT 方法在不同起始时间下的积累响应，并给出 EGRFT-WFRFT 方法的流程。最后，本章通过仿真实验分析上述方法的性能。

8.1 时间信息未知高速目标的回波信号模型

假设雷达探测时间为 T_0 时刻至 T_1 时刻，期间某一运动目标在 T_b 时刻进入雷达探测区域，并于 T_e 时刻离开雷达探测区域。在 T_b 时刻，目标与雷达之间的瞬时径向距离记为 R_0，则目标与雷达之间的径向距离可表示为：

$$R(t_m) = R_0 + V(t_m - T_b) + A(t_m - T_b)^2, \ t_m \in [T_b, T_e] \tag{8-1}$$

其中，t_m 为慢时间，V 和 A 分别为目标的径向速度与加速度。需要注意的是，T_b 和 T_e（$T_0 \leqslant T_b < T_e \leqslant T_1$）分别表示目标回波信号的起始时间与终止时间，两者都是未知的。

经过匹配滤波处理后，回波信号可以表示为：

$$s(t_m, \hat{t}) = w(t_m)\sigma_0 \mathrm{sinc}\left\{B\left[\hat{t} - \frac{2R(t_m)}{c}\right]\right\}\exp\left[-\mathrm{j}4\pi\frac{R(t_m)}{\lambda}\right] + n_s(t_m, \hat{t}) \tag{8-2}$$

其中

$$w(t_m) = \mathrm{rect}\left[\frac{t_m - 0.5(T_b + T_e)}{T_e - T_b}\right] = \begin{cases} 1, & T_b \leqslant t_m \leqslant T_e \\ 0, & \text{其他} \end{cases} \tag{8-3}$$

σ_0、c、B 以及 λ 分别表示脉压后的信号幅度、光速、信号带宽以及波长；$n_s(t_m, \hat{t})$ 为脉压后的噪声。

由式（8-2）可以看出，接收到的雷达回波只在时间段 $[T_b, T_e]$ 内包含目标信号，而在其他时间段内只含有噪声。雷达回波示意图如图 8-1 所示。

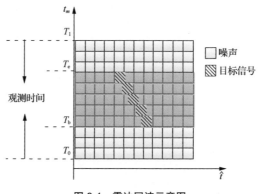

图 8-1　雷达回波示意图

8.2　WRFRFT 相参积累方法

本节介绍基于 WRFRFT 的时间信息未知高速目标的长时间相参积累方法。首先给出 WRFRFT 方法的定义和相关重要性质，然后介绍 WRFRFT 方法的相参积累处理原理，并给出详细的处理流程，随后分析该方法的计算复杂度，最后进行仿真实验。

8.2.1　WRFRFT 方法的定义

WRFRFT 的定义如下：

$$\begin{aligned} WR_{g(t_m)}(\alpha, u) &= F_\alpha\left[g(t_m)s\left(t_m, \frac{2r(t_m)}{c}\right)\right](u) \\ &= \int_{-\infty}^{+\infty} g(t_m)s\left(t_m, \frac{2r(t_m)}{c}\right)K_\alpha(t_m, u)\mathrm{d}t_m \end{aligned} \tag{8-4}$$

其中，$r(t_m)$ 表示搜索轨迹，$g(t_m)$ 为矩形窗函数，具体表达式为：

$$r(t_m) = r_0 + v(t_m - \eta_0) + a(t_m - \eta_0)^2 \tag{8-5}$$

$$g(t_m) = \mathrm{rect}\left[\frac{t_m - 0.5(\eta_1 + \eta_0)}{\eta_1 - \eta_0}\right] = \begin{cases} 1, & \eta_0 \leqslant t_m \leqslant \eta_1 \\ 0, & \text{其他} \end{cases} \tag{8-6}$$

$$T_0 \leqslant \eta_0 \leqslant \eta_1 \leqslant T_1$$

η_0 和 η_1 分别是窗函数非零区域的起始时间与终止时间，(r_0, v, a) 为搜索的运动参数集合（搜索径向距离、搜索径向速度和搜索径向加速度），$\alpha = \pi p / 2$ 为旋转角，p 是分数阶数，F_α 表示分数阶傅里叶变换操作。变换核 $K_\alpha(t, u)$ 为：

$$K_\alpha(t_m, u) = \begin{cases} A_\alpha \exp\left[j(0.5 t_m^2 \cot\alpha - u t_m \csc\alpha + 0.5 u^2 \cot\alpha)\right], & \alpha \neq n\pi \\ \delta[u - (-1)^n t_m], & \alpha = n\pi \end{cases} \tag{8-7}$$

其中，$A_\alpha = \sqrt{(1 - j\cot\alpha)/2\pi}$。

将式（8-6）代入式（8-4）可得：

$$\mathrm{WR}_{g(t_m)}(\alpha, u) = \int_{\eta_0}^{\eta_1} g(t_m) s\left(t_m, \frac{2r(t_m)}{c}\right) K_\alpha(t_m, u) \mathrm{d}t_m \tag{8-8}$$

由 WRFRFT 的定义可知：WRFRFT 可以看作目标回波信号在 FRFT 域的变换映射。具体而言，该变换映射包含 3 个主要步骤：首先，基于窗函数 $g(t_m)$，对脉压后的二维回波信号沿慢时间方向进行截取，信号截取的起始时间和终止时间由 $g(t_m)$ 的非零区域确定；其次，基于搜索运动参数 (r_0, v, a)，对截取后的回波信号按照搜索轨迹 $r(t_m)$ 进行信号提取；最后，对提取出的信号进行 FRFT，以实现信号的相参积累。

为了比较，这里给出 RFRFT 的定义[3]：

$$\begin{aligned}
\mathrm{RFRFT}(\alpha, u) &= F_\alpha\left[s\left(t_m, \frac{2r(t_m)}{c}\right)\right](u) \\
&= \int_{-\infty}^{+\infty} s\left(t_m, \frac{2r(t_m)}{c}\right) K_\alpha(t_m, u) \mathrm{d}t_m \\
&= \int_{T_0}^{T_1} s\left(t_m, \frac{2r(t_m)}{c}\right) K_\alpha(t_m, u) \mathrm{d}t_m
\end{aligned} \tag{8-9}$$

从式（8-4）和式（8-9）可以看出，WRFRFT 和 RFRFT 都是沿着目标运动轨迹提取信号，并通过 FRFT 进行提取信号的积累。两者的主要区别在于：RFRFT 是在整个探测时间内进行信号的提取和积累，也就是说，RFRFT 的信号提取及积累的起始时间和终止时间是固定的；而 WRFRFT 的信号提取及积累的起始时间和终止时间都是可调的（分别由 η_0 和 η_1 决定），从而可以更好地匹配和积累时间信息未知（起始时间与终止时间未知）高速目标的回波。此外，RFRFT 可以看作 WRFRFT 的一个特例（当 $\eta_0 = T_0$、$\eta_1 = T_1$ 时）。

8.2.2　WRFRFT 方法的性质

WRFRFT 方法具有如下性质。

（1）旋转可加性。WRFRFT 的核具有旋转可加性：

$$\int_{-\infty}^{+\infty} K_\alpha(t_m, u) K_\beta(u, z) \mathrm{d}u = K_{\alpha+\beta}(t_m, z) \tag{8-10}$$

因此，可以很容易地得到 WRFRFT 的旋转可加性：

$$\text{WR}_{g(t)}(\alpha+\beta,z) = F_\beta\left[\text{WR}_{g(t_m)}(\alpha,u)\right](z)$$

$$= \int_{-\infty}^{+\infty} K_\beta(u,z)\int_{-\infty}^{+\infty} g(t_m)s\left(t_m,\frac{2r(t_m)}{c}\right)K_\alpha(t_m,u)\mathrm{d}t_m\mathrm{d}u$$

$$= \int_{-\infty}^{+\infty} g(t_m)s\left(t_m,\frac{2r(t_m)}{c}\right)\int_{-\infty}^{+\infty} K_\alpha(t_m,u)K_\beta(u,z)\mathrm{d}u\mathrm{d}t_m \qquad (8\text{-}11)$$

$$= \int_{-\infty}^{+\infty} g(t_m)s\left(t_m,\frac{2r(t_m)}{c}\right)K_{\alpha+\beta}(t_m,z)\mathrm{d}t_m$$

$$= F_{\alpha+\beta}\left[g(t_m)s\left(t_m,\frac{2r(t_m)}{c}\right)\right](z)$$

式（8-11）中的旋转可加性为计算不同变换角度下的 WRFRFT 提供了求解方法。也就是说，积累处理过程中，只需要计算一遍所有旋转角度的 WRFRFT，这对计算效率的提升非常有帮助。

（2）逆 WRFRFT（Inverse WRFRFT，IWRFRFT）。根据上述旋转可加性，可以得出旋转角 $-\alpha$ 下的 WRFRFT 是旋转角 α 下 WRFRFT 的逆。这是因为 $F_{-\alpha}(F_\alpha)=F_{\alpha-\alpha}=F_0=I$。IWRFRFT 可以表示为：

$$g(t_m)s\left(t_m,\frac{2r(t_m)}{c}\right) = \int_{-\infty}^{+\infty}\text{WR}_{g(t_m)}(\alpha,u)K_{-\alpha}(t_m,u)\mathrm{d}u \qquad (8\text{-}12)$$

（3）线性可加性。令 ε_1 和 ε_2 分别表示两个常系数，则有：

$$F_\alpha\left[\varepsilon_1 x_1 + \varepsilon_1 x_2\right](u) = \varepsilon_1 F_\alpha[x_1](u) + \varepsilon_1 F_\alpha[x_2](u) \qquad (8\text{-}13)$$

这一性质表明 WRFRFT 满足叠加原理，有助于 WRFRFT 对多分量信号的分析。

（4）索引交换性。在两个不同旋转角度下依次进行式（8-4），可得：

$$F_\beta\left[F_\alpha\left[g(t_m)s\left(t_m,\frac{2r(t_m)}{c}\right)\right](z)\right]$$

$$= \int_{-\infty}^{+\infty} K_\beta(u,z)\int_{-\infty}^{+\infty} g(t_m)s\left(t_m,\frac{2r(t_m)}{c}\right)K_\alpha(t_m,u)\mathrm{d}t_m\mathrm{d}u$$

$$= \int_{-\infty}^{+\infty} K_\alpha(t_m,u)\left[\int_{-\infty}^{+\infty} g(t_m)s\left(t_m,\frac{2r(t_m)}{c}\right)K_\beta(u,z)\mathrm{d}u\right]\mathrm{d}t_m \qquad (8\text{-}14)$$

$$= F_\alpha\left[F_\beta\left[g(t_m)s\left(t_m,\frac{2r(t_m)}{c}\right)\right](z)\right]$$

因此，WRFRFT 满足索引交换性。

（5）帕塞瓦尔（Parseval）等式。WRFRFT 也同样满足传统的帕塞瓦尔等式：

$$\int_{-\infty}^{+\infty} g(t_m)x\left(t_m,\frac{2r_x(t_m)}{c}\right)y\left(t_m,\frac{2r_y(t_m)}{c}\right)\mathrm{d}t_m$$

$$= \int_{-\infty}^{+\infty}\text{WR}_x(\alpha,u)\text{WR}_y^*(\alpha,u)\mathrm{d}u \qquad (8\text{-}15)$$

其中，$\mathrm{WR}_x(\alpha,u)=F_\alpha\left[g(t_m)x\left(t_m,\dfrac{2r_x(t_m)}{c}\right)\right](u)$，$\mathrm{WR}_y(\alpha,u)=F_\alpha\left[g(t_m)y\left(t_m,\dfrac{2r_y(t_m)}{c}\right)\right](u)$。

特别地，当 $x=y$ 时，式（8-15）转变为能量守恒性质：

$$\int_{-\infty}^{+\infty}g(t_m)\left|x\left(t_m,\frac{2r_x(t_m)}{c}\right)\right|^2\mathrm{d}t=\int_{-\infty}^{+\infty}|\mathrm{WR}_x(\alpha,u)|^2\,\mathrm{d}u \tag{8-16}$$

WRFRFT 的平方幅值 $|\mathrm{WR}_x(\alpha,u)|^2$ 可看作角度 α 与窗函数 $g(t_m)$ 下的信号能量谱。

8.2.3　WRFRFT 方法的原理

将式（8-2）和式（8-3）代入式（8-4）中，可得：

$$\begin{aligned}
\mathrm{WR}_{g(t_m)}(\alpha,u)&=F_\alpha\left[g(t_m)s\left(t_m,\frac{2r(t_m)}{c}\right)\right](u)\\
&=\int_{-\infty}^{+\infty}g(t_m)s\left(t_m,\frac{2r(t_m)}{c}\right)K_\alpha(t_m,u)\mathrm{d}t_m\\
&=\int_{-\infty}^{+\infty}g(t_m)w(t_m)\sigma_0\mathrm{sinc}\left\{B\left[\frac{2r(t_m)}{c}-\frac{2R(t_m)}{c}\right]\right\}\times\\
&\quad\exp\left[-\mathrm{j}4\pi\frac{R(t_m)}{\lambda}\right]K_\alpha(t_m,u)\mathrm{d}t_m+\\
&\quad\int_{-\infty}^{+\infty}g(t_m)n_s\left(t_m,\frac{2r(t_m)}{c}\right)K_\alpha(t_m,u)\mathrm{d}t_m
\end{aligned} \tag{8-17}$$

式（8-17）中，等号右边的第一个积分项为目标信号的 WRFRFT，第二个积分项则为噪声的 WRFRFT。

令集合 C 和集合 D 分别表示窗函数 $g(t_m)$ 和 $w(t_m)$ 的非零区域：

$$C=\{t_m\mid g(t_m)=1\},\quad D=\{t_m\mid w(t_m)=1\} \tag{8-18}$$

情形 1　当 $C\bigcap D=\varnothing$ 时，有：

$$g(t_m)w(t_m)=0 \tag{8-19}$$

则式（8-17）可以表示成：

$$\begin{aligned}
\mathrm{WR}_{g(t_m)}(\alpha,u)&=0+\int_{-\infty}^{+\infty}g(t_m)n_s\left(t_m,\frac{2r(t_m)}{c}\right)K_\alpha(t_m,u)\mathrm{d}t_m\\
&=\int_{\eta_0}^{\eta_1}n_s\left(t_m,\frac{2r(t_m)}{c}\right)K_\alpha(t_m,u)\mathrm{d}t_m
\end{aligned} \tag{8-20}$$

此时，只有噪声被提取出并积累，而目标回波信号却没有得到提取与积累。

情形 2　当 $C\bigcap D\neq\varnothing$ 时，有：

$$g(t_m)w(t_m)=\begin{cases}1, & T'\leqslant t_m\leqslant T''\\0, & \text{其他}\end{cases} \tag{8-21}$$

其中

$$T' = \max[T_b, \eta_0], \quad T'' = \min[T_e, \eta_1] \tag{8-22}$$

则式（8-17）中的 WRFRFT 可以进一步表示成：

$$
\begin{aligned}
\mathrm{WR}_{g(t_m)}(\alpha, u) = &\int_{T'}^{T''} \sigma_0 \mathrm{sinc}\left\{ B\left[\frac{2r(t_m)}{c} - \frac{2R(t_m)}{c} \right] \right\} \times \\
&\exp\left[-\mathrm{j}4\pi \frac{R(t_m)}{\lambda} \right] K_\alpha(t_m, u)\mathrm{d}t_m + \\
&\int_{\eta_0}^{\eta_1} n_s\left(t_m, \frac{2r(t_m)}{c} \right) K_\alpha(t_m, u)\mathrm{d}t_m
\end{aligned} \tag{8-23}
$$

由式（8-22）和式（8-23）可以看出：η_0 和 η_1 的大小决定了目标信号和噪声的提取范围。为了保证最大限度地改善 SNR，一方面需要对所有的目标信号进行提取及积累，另一方面需要提取尽可能少的噪声。

首先，为了保证目标的所有回波信号都被提取并积累，需要满足以下条件：

$$T' \leqslant T_b, \quad T'' \geqslant T_e \tag{8-24}$$

结合式（8-22）可得：

$$\eta_0 \leqslant T_b, \quad \eta_1 \geqslant T_e \tag{8-25}$$

同时，为了确保提取的噪声尽可能少，则有：

$$\eta_0 = T_b, \quad \eta_1 = T_e \tag{8-26}$$

此时，式（8-23）可以表示为：

$$
\begin{aligned}
\mathrm{WR}_{g(t_m)}(\alpha, u) = &\int_{T_b}^{T_e} \sigma_0 \mathrm{sinc}\left\{ B\left[\frac{2r(t_m)}{c} - \frac{2R(t_m)}{c} \right] \right\} \times \\
&\exp\left[-\mathrm{j}4\pi \frac{R(t_m)}{\lambda} \right] K_\alpha(t_m, u)\mathrm{d}t_m + \\
&\int_{T_b}^{T_e} n_s\left(t_m, \frac{2r(t_m)}{c} \right) K_\alpha(t_m, u)\mathrm{d}t_m \\
= &\int_{T_b}^{T_e} \sigma_0 \exp\left[-\mathrm{j}4\pi \frac{R(t_m)}{\lambda} \right] K_\alpha(t_m, u)\mathrm{d}t_m + \\
&\int_{T_b}^{T_e} n_s\left(t_m, \frac{2r(t_m)}{c} \right) K_\alpha(t_m, u)\mathrm{d}t_m
\end{aligned} \tag{8-27}
$$

$$r_0 = R_0, \quad v = V, \quad a = A$$

式（8-27）表明：当搜索的运动参数等于目标的运动参数时，可以提取出目标的所有回波信号，并在 FRFT 域实现相参积累。

根据上面的分析可知：只有当 $\eta_0 = T_b$、$\eta_1 = T_e$ 时，目标信号是被完全提取并在 FRFT 域相参积累，同时确保尽可能少的噪声被提取，进而在 WRFRFT 的输出中形成峰值，该峰值位置对应目标的时间参数和运动参数。

不同的搜索参数（起始时间、终止时间、初始径向距离、径向速度、径向加速度）下，WRFRFT 处理后会获得不同的积累输出。当且仅当搜索参数与目标的真实参数匹配时，目标回波信号相参积累形成最大峰值。因此，目标的时间参数（起始时间与终止时间）和运动参数（径向距离、速度、加速度）可以估计如下：

$$(\hat{T}_b, \hat{T}_e, \hat{R}_0, \hat{V}, \hat{A}) = \underset{(\eta_0, \eta_1, r_0, v, a)}{\arg\max} | \mathrm{WR}_{g(t_m)}(\alpha, u)| \tag{8-28}$$

下面，通过一组仿真实验来分析 WRFRFT 在不同 η_0 和 η_1 下的积累输出响应。表 8-1 和表 8-2 分别给出了雷达系统参数、目标运动参数和时间参数。脉压后的雷达回波信号如图 8-2（a）所示。图 8-2（b）所示为 $\eta_0 = 0.755\mathrm{s}$、$\eta_1 = 3\mathrm{s}$ 时（此时 WRFRFT 的窗函数与目标信号相匹配）WRFRFT 的积累结果（速度-加速度切面）。可以看到，目标信号能量相参积累并形成峰值，峰值位置对应目标的径向速度和加速度。图 8-2（c）和图 8-2（d）分别展示了 $\eta_0 = 0.15\mathrm{s}$、$\eta_1 = 0.5\mathrm{s}$ 和 $\eta_0 = 3.05\mathrm{s}$、$\eta_1 = 3.5\mathrm{s}$ 两种情形下的 WRFRFT 积累结果。可以看到，这两种情形下都只有噪声被提取，导致 WRFRFT 积累处理后的输出散焦。图 8-2（e）所示为 $\eta_0 = 0.505\mathrm{s}$、$\eta_1 = 2.9\mathrm{s}$ 时的 WRFRFT 积累结果。此时，目标的回波信号只有部分被提取并积累。因此，图 8-2（e）中的 WRFRFT 积累峰值小于图 8-2（b）中的 WRFRFT 积累峰值。图 8-2（f）所示为 $\eta_0 = 0.755\mathrm{s}$、$\eta_1 = 3.4\mathrm{s}$ 时的 WRFRFT 积累结果，此时目标回波信号被完整地提取并积累。然而，与图 8-2（b）中的情形相比，$\eta_0 = 0.755\mathrm{s}$、$\eta_1 = 3.4\mathrm{s}$ 时被提取并积累的噪声更多，导致图 8-2（f）中的积累峰值小于图 8-2（b）中的积累峰值。

表 8-1　雷达系统参数

参数名称	取值
载频	6GHz
带宽	10MHz
采样频率	50MHz
脉冲重复频率	200Hz
脉冲持续时间	10μs
脉压后回波信号 SNR	4dB

表 8-2　目标运动参数和时间参数

参数名称	取值
初始距离单元	287
径向速度	90m/s
径向加速度	26m/s²
起始时间	0.755s
终止时间	3s

图 8-2（g）所示为 $\eta_1 = 3\mathrm{s}$（终止时间固定）时 WRFRFT 积累峰值随 η_0 变化的曲线，此时 WRFRFT 窗函数的终止时间与目标回波信号的终止时间相匹配。从图 8-2（g）可以看出，当 WRFRFT 窗函数的起始时间等于目标信号的起始时间（ $\eta_0 = 0.755\mathrm{s}$ ）时，其积累输出峰值最大。相应地，图 8-2（h）给出了 $\eta_0 = 0.755\mathrm{s}$（起始时间固定）时 WRFRFT 积累峰值随 η_1 变化的曲线，此时 WRFRFT 窗函数的起始时间与目标回波信号的起始时间相匹配。从图 8-2（h）可以看出，当 WRFRFT 窗函数的终止时间等于目标回波信号的终止时间（ $\eta_1 = 3\mathrm{s}$ ）时，其积累输出峰值最大。表 8-3 给出了图 8-2（b）～图 8-2（f）中的峰值幅度。

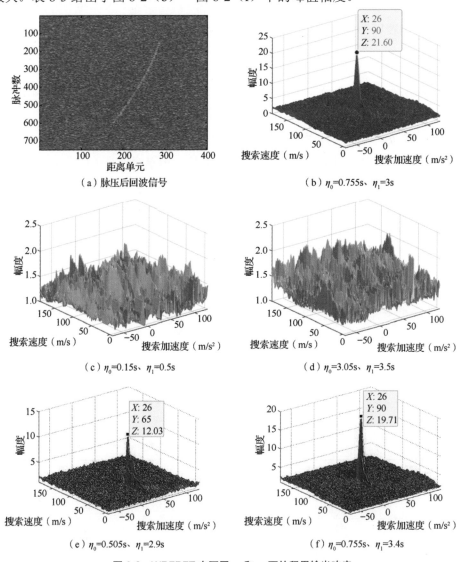

（a）脉压后回波信号

（b） $\eta_0 = 0.755\mathrm{s}$ 、 $\eta_1 = 3\mathrm{s}$

（c） $\eta_0 = 0.15\mathrm{s}$ 、 $\eta_1 = 0.5\mathrm{s}$

（d） $\eta_0 = 3.05\mathrm{s}$ 、 $\eta_1 = 3.5\mathrm{s}$

（e） $\eta_0 = 0.505\mathrm{s}$ 、 $\eta_1 = 2.9\mathrm{s}$

（f） $\eta_0 = 0.755\mathrm{s}$ 、 $\eta_1 = 3.4\mathrm{s}$

图 8-2　WRFRFT 在不同 η_0 和 η_1 下的积累输出响应

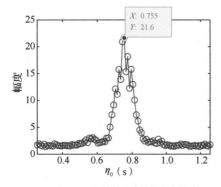
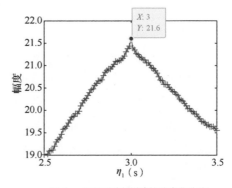

（g）$\eta_1=3$s时积累峰值的变化曲线　　　　　（h）$\eta_0=0.755$s时积累峰值的变化曲线

图 8-2　WRFRFT 在不同 η_0 和 η_1 下的积累输出响应（续）

表 8-3　WRFRFT 积累峰值幅度

图编号	图 8-2（b）	图 8-2（c）	图 8-2（d）	图 8-2（e）	图 8-2（f）
峰值大小	21.60	2.04	2.21	12.03	19.71

由图 8-2 可以确定，只有当 WRFRFT 窗函数的起始时间和终止时间分别等于目标信号的起始时间和终止时间时，WRFRFT 的积累输出才能达到最大值。

8.2.4　WRFRFT 方法的流程

假设 $[r_{\min},r_{\max}]$、$[v_{\min},v_{\max}]$ 以及 $[a_{\min},a_{\max}]$ 分别表示初始径向距离搜索范围、径向速度搜索范围以及径向加速度搜索范围。同时，令 $[\eta_{0\min},\eta_{0\max}]$ 和 $[\eta_{1\min},\eta_{1\max}]$ 分别表示起始时间和终止时间的搜索范围。WRFRFT 方法的流程如图 8-3 所示。具体而言，WRFRFT 方法的主要步骤如下。

步骤 1　根据雷达系统参数，可确定初始径向距离、径向速度、加速度、起始时间和终止时间的搜索范围。

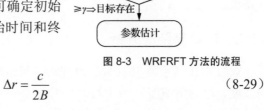

图 8-3　WRFRFT 方法的流程

$$\Delta r = \frac{c}{2B}$$

（8-29）

$$\Delta v = \frac{\lambda}{2(T_1 - T_0)} \tag{8-30}$$

$$\Delta a = \frac{\lambda}{2(T_1 - T_0)^2} \tag{8-31}$$

$$\Delta \eta = T_\mathrm{r} \tag{8-32}$$

其中，T_r 为雷达脉冲重复周期。

步骤 2 根据搜索参数 $(r_\mathrm{s}, v_\mathrm{s}, a_\mathrm{s}, \eta_{0\mathrm{s}}, \eta_{1\mathrm{s}})$，待搜索的目标运动轨迹和窗函数可分别表示为：

$$r_\mathrm{s}(t_m) = r_{0\mathrm{s}} + v_\mathrm{s}(t_m - \eta_{0\mathrm{s}}) + a_\mathrm{s}(t_m - \eta_{0\mathrm{s}})^2, \quad t_m \in [\eta_{0\mathrm{s}}, \eta_{1\mathrm{s}}] \tag{8-33}$$

$$g(t_m) = \mathrm{rect}\left[\frac{t_m - 0.5(\eta_{1\mathrm{s}} + \eta_{0\mathrm{s}})}{\eta_{1\mathrm{s}} - \eta_{0\mathrm{s}}}\right] \tag{8-34}$$

其中，$r_{0\mathrm{s}} = r_\mathrm{min} : \Delta r : r_\mathrm{max}$，$v_\mathrm{s} = v_\mathrm{min} : \Delta v : v_\mathrm{max}$，$a_\mathrm{s} = a_\mathrm{min} : \Delta a : a_\mathrm{max}$，$\eta_{0\mathrm{s}} = \eta_{0\mathrm{min}} : \Delta \eta : \eta_{0\mathrm{max}}$，$\eta_{1\mathrm{s}} = \eta_{1\mathrm{min}} : \Delta \eta : \eta_{1\mathrm{max}}$。

步骤 3 基于窗函数 $g(t_m)$ 和待搜索运动轨迹 $r_\mathrm{s}(t_m)$，从脉压信号中提取出相应的回波信号：

$$s_e(t_m) = g(t_m)s\left(t_m, \frac{2r_\mathrm{s}(t_m)}{c}\right) \tag{8-35}$$

步骤 4 对提取出的回波信号进行 WRFRFT 积累处理，如式（8-8）所示。

步骤 5 遍历所有搜索参数，得到相应的 WRFRFT 积累输出 $\mathrm{WR}_{g(t_m)}(\alpha, u)$。

步骤 6 以步骤 5 中的 WRFRFT 输出幅值作为检测统计量，并与给定虚警概率下的自适应阈值进行比较：

$$|\mathrm{WR}_{g(t_m)}(\alpha, u)| \underset{H_0}{\overset{H_1}{\underset{<}{\overset{>}{\gtrless}}}} \gamma \tag{8-36}$$

其中，检测门限 γ 由 WRFRT 处理后的参考单元计算得到。如果检测统计量 $|\mathrm{WR}_{g(t_m)}(\alpha, u)|$ 大于等于门限 γ，则声明目标存在。

步骤 7 若目标存在，其时间参数和运动参数可由 WRFRFT 积累峰值位置估计得到。

8.2.5 计算复杂度分析

WRFRFT 主要涉及五维参数搜索（起始时间、终止时间、初始径向距离、径向速度、径向加速度）和 FRFT 操作。需要注意的是，目标回波信号相参积累的条件是搜索参数分别与目标参数相等且 FRFT 的分数阶与目标加速度相匹配。因此，在 WRFRFT 处理过程中，以下关系可以利用：

$$\alpha = \operatorname{arccot}\left(\frac{-2a_sT_\eta}{\lambda f_s}\right) \tag{8-37}$$

其中，$T_\eta = \eta_{1s} - \eta_{0s} + T_r$，$f_s$ 为采样频率。

根据第 8.2.4 小节的分析，起始时间、终止时间、初始径向距离、径向速度、径向加速度的搜索数目分别为：

$$N_{\eta_0} = \operatorname{round}\left(\frac{\eta_{0\max} - \eta_{0\min}}{\Delta\eta}\right) \tag{8-38}$$

$$N_{\eta_1} = \operatorname{round}\left(\frac{\eta_{1\max} - \eta_{1\min}}{\Delta\eta}\right) \tag{8-39}$$

$$N_r = \operatorname{round}\left(\frac{r_{\max} - r_{\min}}{\Delta r}\right) \tag{8-40}$$

$$N_v = \operatorname{round}\left(\frac{v_{\max} - v_{\min}}{\Delta v}\right) \tag{8-41}$$

$$N_a = \operatorname{round}\left(\frac{a_{\max} - a_{\min}}{\Delta a}\right) \tag{8-42}$$

其中，$\operatorname{round}(\cdot)$ 表示取整运算。因此，WRFRFT 的计算复杂度为 $O(N_{\eta_0}N_{\eta_1}N_rN_vN_a M\log_2 N)$，$N$ 为雷达脉冲数目。此外，RFRFT 的计算复杂度为 $O(N_rN_vN_aN_p M\log_2 N)$，其中 N_p 是 FRFT 的变换阶的数目。

8.2.6　相关讨论

下面分别讨论起始时间、终止时间对 WRFRFT 相参积累性能的影响，以及多目标场景下 WRFRFT 的积累输出特性。

1．起始时间和终止时间的影响

在 WRFRFT 的相参积累过程中，两个时间参数（起始时间 η_0 和终止时间 η_1）对 WRFRFT 的积累输出有重要影响。具体来说，起始时间决定了目标的距离走动是否可以去除，而终止时间决定了信号提取的长度。相对而言，起始时间 η_0 对 WRFRFT 的积累输出更重要，具体分析如下。

WRFRFT 提取目标信号并实现相参积累的前提是：当搜索运动参数等于目标真实运动参数时，目标距离走动得到去除。此时，需满足：

$$r(t_m) - R(t_m) \equiv 0 \quad \text{当} r_0 = R_0, \ v = V, \ a = A \tag{8-43}$$

换言之，$r(t_m) - R(t_m)$ 对于每个 t_m 时刻都等于 0。

结合式（8-1）和式（8-5）可知：

$$r(t_m) - R(t_m) = (r_0 - R_0) + (v - V)t_m + (a - A)t_m^2 +$$
$$2(AT_b - a\eta_0)t_m + (a\eta_0 - AT_b^2) + (VT_b - v\eta_0) \tag{8-44}$$

当 $r_0 = R_0$，$v = V$，$a = A$ 时，式（8-44）可以进一步简化为：

$$r(t_m) - R(t_m) = 2(AT_b - a\eta_0)t_m + (a\eta_0 - AT_b^2) + (VT_b - v\eta_0) \tag{8-45}$$
$$= (\eta_0 - T_b)(A\eta_0 + AT_b - 2At_m - V)$$

从式（8-45）可以看出，为了使 $r(t_m) - R(t_m)$ 在任意瞬时时间 t_m 都等于 0，需要满足以下条件：

$$\eta_0 - T_b = 0 \tag{8-46}$$

因此，如果 η_0 的大小与目标信号的起始时间匹配，则可以校正提取的目标信号的距离走动，进而通过 WRFRFT 实现相参积累。但是，如果 η_0 值与目标信号的起始时间不匹配，则不能完全校正距离走动，也就无法实现提取信号的相参积累。换言之，起始时间 η_0 的值直接决定了 WRFRFT 所提取出的目标信号能否实现距离走动校正与相参积累。

至于终止时间 η_1，其大小与所提取目标信号的距离走动校正及相参积累没有直接关系。事实上，终止时间 η_1 通常决定了所提取信号的长度。因此，对于 WRFRFT 的相参积累过程，起始时间 η_0 相对而言比终止时间 η_1 更重要。

2. 多目标场景

考虑雷达探测区域内存在 K 个目标，其中第 i（$i = 1, 2, \cdots, K$）个目标进入雷达探测区域的时间为 $T_{b,i}$，离开探测区域的时间为 $T_{e,i}$。第 i 个目标的瞬时斜距可以表示为：

$$R_i(t_m) = R_{0,i} + V_i(t_m - T_{b,i}) + A_i(t_m - T_{b,i})^2 \tag{8-47}$$

其中，$R_{0,i}$、V_i 以及 A_i 分别为第 i 个目标的初始径向距离、径向速度以及径向加速度。

脉压处理后，雷达接收到的 K 个目标的回波信号可表示成：

$$s(t_m, \hat{t}) = \sum_{i=1}^{K} w_i(t_m)\sigma_{0,i}\text{sinc}\left\{B\left[\hat{t} - \frac{2R_i(t_m)}{c}\right]\right\}\exp\left[-\text{j}4\pi\frac{R_i(t_m)}{\lambda}\right] + n_s(t_m, \hat{t})$$
$$= \sum_{i=1}^{K} s_i(t_m, \hat{t}) + n_s(t_m, \hat{t}) \tag{8-48}$$

其中

$$w_i(t_m) = \text{rect}\left[\frac{t_m - 0.5(T_{b,i} + T_{e,i})}{T_{e,i} - T_{b,i}}\right] = \begin{cases} 1, & T_{b,i} \leqslant t_m \leqslant T_{e,i} \\ 0, & \text{其他} \end{cases} \tag{8-49}$$

$\sigma_{0,i}$ 表示第 i 个目标的信号幅度，$s_i(t_m, \hat{t})$ 表示第 i 个目标的信号分量：

$$s_i(t_m, \hat{t}) = \sum_{i=1}^{K} w_i(t_m)\sigma_{0,i}\text{sinc}\left\{B\left[\hat{t} - \frac{2R_i(t_m)}{c}\right]\right\}\exp\left[-\text{j}4\pi\frac{R_i(t_m)}{\lambda}\right] \quad (8\text{-}50)$$

相应地，多个目标脉压信号的 WRFRFT 可以表示为：

$$\begin{aligned}
\text{WR}_{g(t_m)}(\alpha, u) &= F_\alpha\left[g(t_m)s\left(t_m, \frac{2r(t_m)}{c}\right)\right](u) \\
&= \int_{\eta_0}^{\eta_1} g(t_m)s_1\left(t_m, \frac{2r(t_m)}{c}\right)K_\alpha(t_m, u)\text{d}t_m + \\
&\quad \int_{\eta_0}^{\eta_1} g(t_m)s_2\left(t_m, \frac{2r(t_m)}{c}\right)K_\alpha(t_m, u)\text{d}t_m + \cdots + \\
&\quad \int_{\eta_0}^{\eta_1} g(t_m)s_i\left(t_m, \frac{2r(t_m)}{c}\right)K_\alpha(t_m, u)\text{d}t_m + \cdots + \\
&\quad \int_{\eta_0}^{\eta_1} g(t_m)s_K\left(t_m, \frac{2r(t_m)}{c}\right)K_\alpha(t_m, u)\text{d}t_m + \\
&\quad \int_{\eta_0}^{\eta_1} g(t_m)n_s(t_m, \hat{t})K_\alpha(t_m, u)\text{d}t_m
\end{aligned} \quad (8\text{-}51)$$

其中，$\int_{\eta_0}^{\eta_1} g(t_m)s_i\left(t_m, 2r(t_m)/c\right)K_\alpha(t_m, u)\text{d}t_m$ 和 $\int_{\eta_0}^{\eta_1} g(t)n_s(t_m, \hat{t})K_\alpha(t_m, u)\text{d}t_m$ 分别表示第 i 个目标信号分量的 WRFRFT 和噪声的 WRFRFT。

不同的搜索参数下，式（8-51）的 WRFRFT 会得到不同的积累输出。只有当搜索参数与第 i 个目标的运动参数匹配时，通过 WRFRFT 可将第 i 个目标的信号能量相参积累并形成峰值，进而可通过峰值位置估计出目标 i 的运动参数和时间参数。需要指出的是，目标 i 积累后的峰值强度与它的初始振幅 $\sigma_{0,i}$ 以及有效驻留时间的乘积成正比。因此，多目标场景通常有以下两种情况。

（1）各目标初始振幅与有效停留时间的乘积接近，则不同目标积累后的峰值相近。此时，基于 WRFRFT 积累后的输出结果，就可以同时完成多目标检测和参数估计，处理流程与第 8.2.4 小节中的处理流程类似。

（2）各目标初始幅值与有效停留时间的乘积差异较大，则弱目标的积累峰值可能会被强目标的积累结果 "淹没"，导致难以直接获得弱目标的积累检测和参数估计结果。此时，可以联合采用 WRFRFT 方法以及 CLEAN 处理[4]。通过该方式，可以依次迭代实现强目标和弱目标的积累检测与参数估计。

8.2.7　仿真验证

下面通过详细的仿真实验来说明 WRFRFT 方法的有效性。雷达参数如表 8-1

所示，目标运动参数和时间参数如表 8-2 所示。为了对比，本小节也给出了几种典型的相参积累方法（RFRFT、GRFT[5]、RFT[6]）的处理结果。

1．弱目标情形下的相参积累

图 8-4 展示了 WRFRFT 对弱目标的积累结果。如图 8-4（a）所示，脉压后的雷达回波信号 SNR 为 0dB。图 8-4（b）、图 8-4（c）、图 8-4（d）以及图 8-4（f）分别给出了 WRFRFT 积累输出在不同维度下的投影结果，其中图 8-4（b）所示为距离-速度域的积累投影结果，图 8-4（c）所示为距离-加速度域的积累投影结果，图 8-4（d）所示为速度-加速度域的积累投影结果，图 8-4（e）所示为加速度-起始时间域的积累投影结果。可以看到，不同维度下的投影结果［如图 8-4（b）～图 8-4（d）］中的峰值位置表示了目标的对应参数（如距离、速度、加速度、起始时间）。此外，图 8-4（f）所示为起始时间-终止时间域的积累投影结果，图 8-4（g）和图 8-4（h）分别展示了图 8-4（f）的起始时间响应切面和终止时间响应切面，从中可以得到目标信号起始时间和终止时间的估计值。

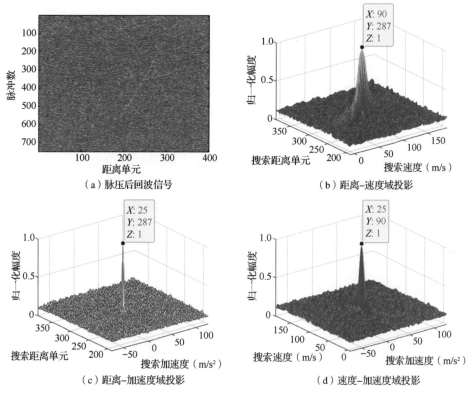

（a）脉压后回波信号   （b）距离−速度域投影

（c）距离−加速度域投影   （d）速度−加速度域投影

图 8-4　弱目标的 WRFRFT 积累结果

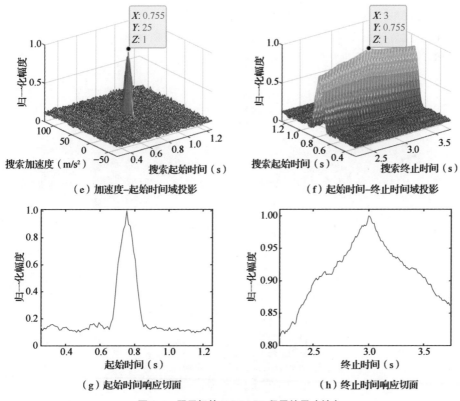

（e）加速度–起始时间域投影　　　　　（f）起始时间–终止时间域投影

（g）起始时间响应切面　　　　　　　（h）终止时间响应切面

图 8-4　弱目标的 WRFRFT 积累结果（续）

为了比较，图 8-5 给出了 RFRFT、GRFT 和 RFT 的积累处理结果。总的来说，由于目标信号的起始时间、终止时间与 RFRFT、GRFT 和 RFT 都不匹配，因此 RFRFT、GRFT 和 RFT 这 3 种方法的输出结果都是散焦的。与严重散焦的 GRFT 和 RFT 积累结果相比，RFRFT 的积累结果略好一些，但图 8-5（a）中仍然没有明显的峰值。更重要的是，图 8-5（a）中相对较高的峰值位置并没有出现在目标运动参数对应的位置，这意味着无法通过 RFRFT 准确估计目标的运动参数。

2．参数估计性能

下面通过蒙特卡洛实验，以均方根误差（RMSE）为评价指标，评估和分析 WRFRFT 在不同 SNR 背景下的目标运动参数（径向距离、速度、加速度）和时间参数（起始时间、终止时间）估计性能。目标参数设置为：初始径向距离 $R_0 = 35.5\text{km}$，径向速度 $V = 91.33\text{m/s}$，径向加速度 $A = 26.12\text{m/s}^2$。距离搜索区域为 $[30\text{km}:15\text{m}:39\text{km}]$，速度搜索区域为 $[80\text{m/s}:0.05\text{m/s}:100\text{m/s}]$，加速度搜索区域为 $[0\text{m/s}^2:0.05\text{m/s}^2:40\text{m/s}^2]$。图 8-6 所示为运动参数估计 RMSE 随 SNR 的变化曲线，其中每个 SNR 都进行了 200 次蒙特卡洛实验。从图 8-6 可以看出，WRFRFT 的运动参数估计性能比 RFRFT 更好；当 SNR 大于-10dB 时，WRFRFT 可以获得较好的估计性能。此外，图 8-7 所示为 WRFRFT 的时间参数估计 RMSE 曲线，从中可以得到类似的结论。

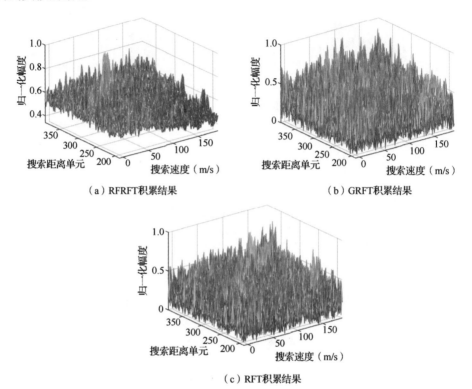

（a）RFRFT积累结果　　　　　　　　（b）GRFT积累结果

（c）RFT积累结果

图 8-5　弱目标的 RFRFT、GRFT 以及 RFT 积累结果

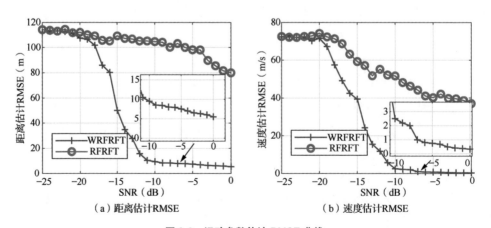

（a）距离估计RMSE　　　　　　　　（b）速度估计RMSE

图 8-6　运动参数估计 RMSE 曲线

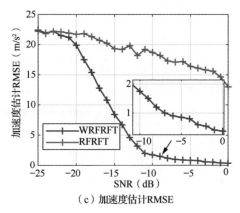

（c）加速度估计RMSE

图 8-6　运动参数估计 RMSE 曲线（续）

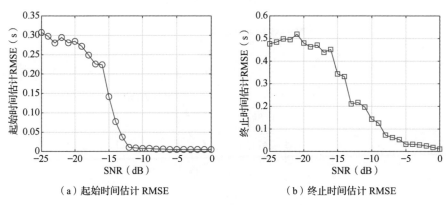

（a）起始时间估计 RMSE　　　　　　　　（b）终止时间估计 RMSE

图 8-7　时间参数估计 RMSE 曲线

3．目标检测性能

WRFRFT、RFRFT、GRFT、MTD 和 RFT 这 5 种相参积累方法在不同 SNR 下的目标检测性能曲线如图 8-8 所示，其中虚警概率为 $P_f = 10^{-5}$。从图中可以看出，WRFRFT 的检测性能优于 RFRFT、GRFT 以及 RFT，这是因为 WRFRFT 能够匹配目标的起始时间和终止时间，并对距离走动和多普勒走动进行校正补偿，从而实现信号的相参积累。例如，检测概率为 0.8 时，WRFRFT 所需的 SNR 比 RFRFT、GRFT、RFT 分别低 10dB、11.5dB、15.6dB。

此外，对于 RFRFT、GRFT、RFT，其信号提取与积累时间等于整个探测时间。但是，探测时间越长，噪声功率越大，而探测时间内目标能量固定不变。因此，对于驻留时间一定的目标，RFRFT、GRFT、RFT 的性能会受到探测时间的影响。具体而言，探测时间越长，RFRFT、GRFT、RFT 的积累输出噪声功率越大，导致积累输出 SNR 下降、目标检测性能恶化。为了更清楚地说明探测时间对 RFRFT、

GRFT、RFT 目标检测性能的影响，我们进行了仿真实验。实验中，考虑两个不同的探测时间（3.75s 和 7.5s）。不同探测时间下，RFRFT、GRFT、RFT 的目标检测性能曲线如图 8-9 所示。可以看到，随着探测时间的增加（从 3.75s 到 7.5s），RFRFT、GRFT、RFT 的目标检测性能有所下降。

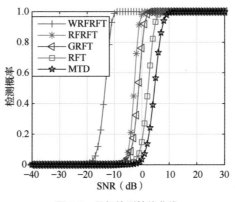

图 8-8　目标检测性能曲线

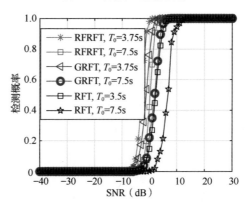

图 8-9　探测时间对 RFRFT、GRFT、RFT 目标检测性能的影响

4．多目标情形下的相参积累

图 8-10 所示为多目标情形下的 WRFRFT 相参积累仿真结果。考虑 4 个运动目标（分别记为 T_1、T_2、T_3 和 T_4），目标参数如表 8-4 所示。图 8-10（a）展示了脉压后的目标运动轨迹，从图中可以观察到 4 个弯曲的运动轨迹。图 8-10（b）、图 8-10（c）以及图 8-10（d）分别给出 WRFRFT 积累输出在不同维度上的投影结果。其中，图 8-10（b）所示为 $a_s = 25\text{m/s}^2$、$\eta_{0s} = 0.755\text{s}$、$\eta_{1s} = 3\text{s}$ 下的积累投影结果。此时，加速度、起始时间和终止时间的搜索值与目标 T_1 和目标 T_2 的参数匹配。因此，图 8-10（b）中，目标 T_1 和目标 T_2 的信号能量得到相参积累，并形成了两个明显的峰值。同时，由于加速度、起始时间以及终止时间的搜索值与目标 T_3 和目标 T_4 不匹

配，因此图 8-10（b）中，目标 T_3 和目标 T_4 的信号能量未能实现相参积累，无法形成明显峰值。

图 8-10（c）所示为 $a_s = 17\,\text{m/s}^2$、$\eta_{0s} = 0.905\text{s}$、$\eta_{1s} = 3.4\text{s}$ 下的积累投影结果。此时，加速度、起始时间和终止时间的搜索值与目标 T_3 的参数匹配。相应地，图 8-10（c）中，目标 T_3 的信号能量得到相参积累，并形成了明显的峰值。此外，图 8-10（d）为 $a_s = 13\,\text{m/s}^2$、$\eta_{0s} = 1.005\text{s}$、$\eta_{1s} = 3.2\text{s}$ 下的投影结果。由于加速度、起始时间和终止时间的搜索值与目标 T_4 的参数匹配，因此图 8-10（d）中的目标 T_4 的信号能量得到相参积累，并形成了明显的峰值。

表 8-4　多目标运动参数设置

参数	目标 T_1	目标 T_2	目标 T_3	目标 T_4
初始距离单元	287	323	269	305
径向速度	90m/s	70m/s	75m/s	95m/s
径向加速度	25m/s^2	25m/s^2	17m/s^2	13m/s^2
起始时间	0.705s	0.705s	0.905s	1.005s
终止时间	3s	3s	3.4s	3.2s
脉压后 SNR	6dB	6dB	6dB	6dB

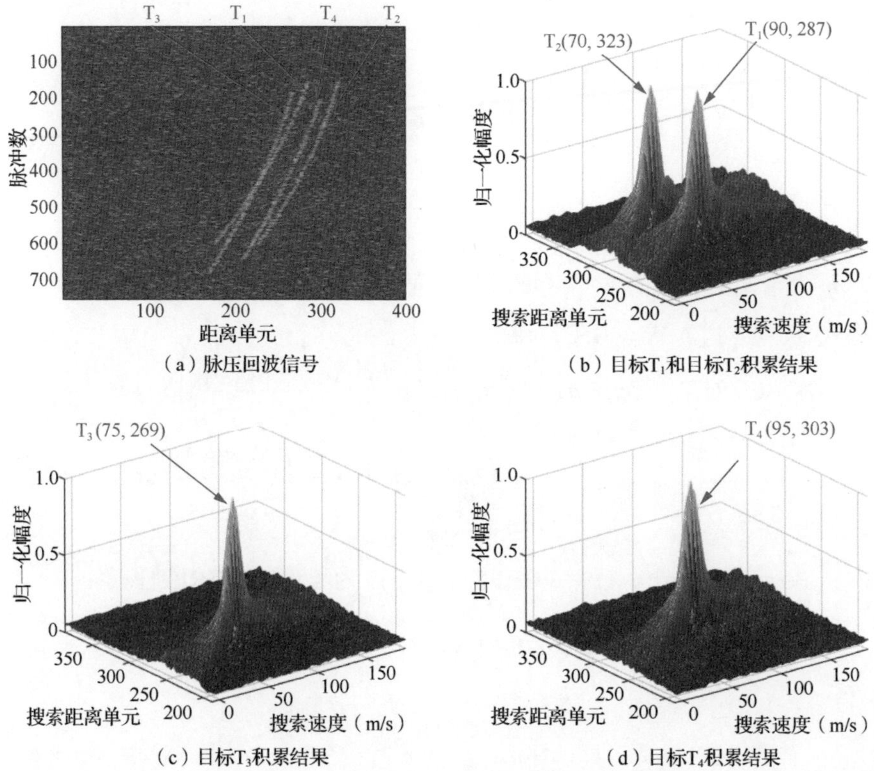

（a）脉压回波信号

（b）目标 T_1 和目标 T_2 积累结果

（c）目标 T_3 积累结果

（d）目标 T_4 积累结果

图 8-10　多目标情形下的 WRFRFT 相参积累仿真结果

8.3 EGRFT-WFRFT 相参积累方法

WRFRFT 积累处理过程中，需要进行五维参数搜索，计算复杂度较高。为了降低计算复杂度，本节介绍基于 EGRFT-WFRFT 的时间信息未知高速目标长时间相参积累方法。与 WRFRFT 方法相比，EGRFT-WFRFT 方法只需进行一次四维搜索和一次一维搜索，能够有效地降低计算复杂度。下面，首先给出 EGRFT 的定义，接着分析 EGRFT 在不同起始时间下的积累输出特性，然后讨论基于 WFRFT 的终止时间估计，并给出 EGRFT-WFRFT 相参积累的处理流程，随后进行方法对比及计算复杂度分析，最后进行仿真实验。

8.3.1 EGRFT 方法的定义

EGRFT 的定义如下：

$$
\text{EGRFT}_{h(t_m)}(r_0, v, a) = \int_{\eta_0}^{T_1} s\left(t_m, \frac{2r(t_m)}{c}\right) h(t_m) \times
$$
$$
\exp\left[j4\pi \frac{v(t_m - \eta_0) + a(t_m - \eta_0)^2}{\lambda}\right] dt_m \tag{8-52}
$$

其中

$$
r(t_m) = r_0 + v(t_m - \eta_0) + a(t_m - \eta_0)^2 \tag{8-53}
$$

$$
h(t_m) = \text{rect}\left[\frac{t_m - 0.5(T_1 + \eta_0)}{T_1 - \eta_0}\right] = \begin{cases} 1, & \eta_0 \leqslant t_m \leqslant T_1 \\ 0, & \text{其他} \end{cases} \tag{8-54}
$$

$$
T_0 \leqslant \eta_0 \leqslant T_1
$$

r_0 表示待搜索的初始径向距离，v 表示待搜索的径向速度，a 表示待搜索的径向加速度，η_0 为窗函数 $h(t)$ 的非零区域起始时间。

将式（8-2）代入式（8-52）得：

$$
\text{EGRFT}_{h(t_m)}(r_0, v, a) = \int_{\eta_0}^{T_1} \sigma_0 \text{sinc}\left\{B\left\{\frac{2[r(t_m) - R(t_m)]}{c}\right\}\right\} \times
$$
$$
w(t_m) h(t_m) \exp\left[j4\pi \frac{r(t_m) - R(t_m)}{\lambda}\right] dt_m + \tag{8-55}
$$
$$
\text{EGRFT}_n(r_0, v, a)
$$

其中，$\sigma_0 = \sigma \exp(-j4\pi r_0 / \lambda)$，$\text{EGRFT}_n(r_0, v, a)$ 为噪声的 EGRFT 积累：

$$
\text{EGRFT}_n(r_0, v, a) = \int_{\eta_0}^{T_1} n_s\left(t_m, \frac{2r(t_m)}{c}\right) \exp\left(-j4\pi \frac{r_0}{\lambda}\right) \times
$$
$$
\exp\left[j4\pi \frac{r(t_m)}{\lambda}\right] dt_m \tag{8-56}
$$

为了便于比较，这里也给出 GRFT[5]和 STGRFT[7]的定义：

$$\text{GRFT}(r_0,v,a) = \int_{T_0}^{T_1} s\big(2r(t_m)t_m,c\big) \exp\left[j4\pi \frac{v(t_m-T_0)+a(t_m-T_0)^2}{\lambda}\right] dt_m \quad （8\text{-}57）$$

$$\text{STGRFT}_{g(t_m)}(r_0,v,a) = \int_{\eta_0}^{\eta_1} s\left(t_m,\frac{2r(t_m)}{c}\right) g(t_m) \times$$

$$\exp\left[j4\pi \frac{r_0 + v(t_m-\eta_0)+a(t_m-\eta_0)^2}{\lambda}\right] dt_m \quad （8\text{-}58）$$

其中，$g(t_m) = \begin{cases} 1, & \eta_0 \leqslant t_m \leqslant \eta_1 \\ 0, & \text{其他} \end{cases}$，$\eta_1$ 为窗函数 $g(t_m)$ 非零区域的终止时间。

由式（8-52）、式（8-57）、式（8-58）中所示的 EGRFT、GRFT 以及 STGRFT 的定义可以发现，EGRFT 与 GRFT 以及 STGRFT 的主要区别为：GRFT 积累处理的起始时间是固定的，而 EGRFT 积累处理的起始时间是可调的，这意味着 EGRFT 在积累处理的起始时间上具有更大的自由度；与 STGRFT 需要进行五维搜索不同，EGRFT 只需要进行四维搜索，同时无须进行目标初始距离引起的相位项补偿。因此，EGRFT 的计算复杂度低于 STGRFT。

8.3.2　关于起始时间 η_0 的积累输出特性

与 GRFT、STGRFT 类似，EGRFT 能够实现目标信号相参积累的前提是：当搜索运动参数等于目标运动参数时，目标的距离走动和多普勒走动分别得到校正和补偿。相应地，以下条件必须满足：

$$r(t_m) - R(t_m) = (r_0 - R_0) + (v - V)t_m + (a - A)t_m^2 + 2(AT_b - a\eta_0)t_m +$$

$$(a\eta_0^2 - AT_b^2) + (VT_b - v\eta_0) \equiv 0 \quad （8\text{-}59）$$

$$t_m \in [T_b, T_e]\, r_0 = R_0,\ v = V,\ a = A$$

根据 η_0 和 T_b 之间的大小关系，EGRFT 的积累处理结果可分为以下 4 种情形。

情形 1　$\eta_0 = T_b$。此时，式（8.56）可以表示成：

$$\text{EGRFT}_{h(t_m)}(r_0,v,a) = \int_{T_b}^{T_e} \sigma_0 \text{sinc}\left\{B\left\{\frac{2[r(t_m)-R(t_m)]}{c}\right\}\right\} \times$$

$$\exp\left[j4\pi \frac{r(t_m)-R(t_m)}{\lambda}\right] dt_m + \text{EGRFT}_n(r_0,v,a) \quad （8\text{-}60）$$

当搜索运动参数等于目标真实运动参数（$r_0 = R_0$，$v = V$，$a = A$）时，$r(t_m) - R(t_m) \equiv 0$。此时，目标回波信号的距离走动与多普勒走动得到校正及补偿。式（8-60）则可以进一步表示为：

$$\text{EGRFT}_{h(t_m)}(r_0,v,a) = \int_{T_b}^{T_e} \sigma_0 \exp\big(j4\pi \cdot 0\big) dt_m + \text{EGRFT}_n(r_0,v,a)$$

$$= \sigma_0(T_e - T_b) + \text{EGRFT}_n(r_0,v,a) \quad （8\text{-}61）$$

因此，情形 1 下，EGRFT 可以获得目标信号能量的相参积累，并形成峰值，峰值位于 $r_0 = R_0$、$v = V$、$a = A$ 处。

情形 2 $\eta_0 < T_b$。此时，式（8-55）可以表示为：

$$\text{EGRFT}_{h(t_m)}(r_0, v, a) = \int_{T_b}^{T_e} \sigma_0 \text{sinc} \left\{ B \left\{ \frac{2[r(t_m) - R(t_m)]}{c} \right\} \right\} \times$$

$$\exp \left[j4\pi \frac{r(t_m) - R(t_m)}{\lambda} \right] dt_m + \tag{8-62}$$

$$\text{EGRFT}_n(r_0, v, a)$$

当 $r_0 = R_0$、$v = V$、$a = A$ 时，式（8-59）中的 $r(t_m) - R(t_m)$ 可以进一步简化成：

$$r(t_m) - R(t_m) = 2A(T_b - \eta_0)t_m + A(\eta_0^2 - T_b^2) + V(T_b - \eta_0) \neq 0 \tag{8-63}$$

因此，情形 2 时 EGRFT 不能实现目标回波信号能量的相参积累。

情形 3 $T_b < \eta_0 \leq T_e$。此时，式（8-55）中的 EGRFT 可以表示成：

$$\text{EGRFT}_{h(t_m)}(r_0, v, a) = \int_{\eta_0}^{T_e} \sigma_0 \text{sinc} \left\{ B \left\{ \frac{2[r(t_m) - R(t_m)]}{c} \right\} \right\} \times$$

$$\exp \left[j4\pi \frac{r(t_m) - R(t_m)}{\lambda} \right] dt_m + \tag{8-64}$$

$$\text{EGRFT}_n(r_0, v, a)$$

当 $r_0 = R_0$、$v = V$、$a = A$ 时，式（8-59）中的 $r(t_m) - R(t_m)$ 可以进一步简化为：

$$r(t_m) - R(t_m) = 2A(T_b - \eta_0)t_m + A(\eta_0^2 - T_b^2) + V(T_b - \eta_0) \neq 0 \tag{8-65}$$

因此，情形 3 时 EGRFT 不能实现目标回波信号能量的相参积累。

情形 4 $T_e < \eta_0 \leq T_1$。此时，式（8-55）中的 EGRFT 可以表示成：

$$\text{EGRFT}_{h(t_m)}(r_0, v, a) = 0 + \text{EGRFT}_n(r_0, v, a) \tag{8-66}$$

式（8-66）表明：情形 4 下只有噪声被提取并积累，而目标回波信号没有被提取并积累。表 8-5 给出了这 4 种情形下的 EGRFT 积累响应。可以看到，只有当 EGRFT 的积累处理起始时间等于目标信号的起始时间（$\eta_0 = T_b$）时，目标信号才会被完整提取并相参积累，从而形成峰值（峰值位置对应 $r_0 = R_0$、$v = V$、$a = A$）。因此，目标的起始时间、初始径向距离、径向速度和加速度可以估计如下：

$$(\hat{T}_b, \hat{R}_0, \hat{V}, \hat{A}) = \underset{(\eta_0, r_0, v, a)}{\arg \max} | \text{EGRFT}_{h(t_m)}(r_0, v, a) | \tag{8-67}$$

表 8-5   4 种情形下的 EGRFT 积累响应

4 种情形	η_0 和 T_b 的关系	相参积累
情形 1	$\eta_0 = T_b$	是
情形 2	$\eta_0 < T_b$	否
情形 3	$T_b < \eta_0 \leq T_e$	否
情形 4	$T_e < \eta_0 \leq T_1$	否

下面通过一组仿真实验来说明 EGRFT 在上述 4 种情形下的积累响应。表 8-6、表 8-7、表 8-8 分别给出了窗函数、雷达系统参数和目标运动参数的仿真设置。图 8-11 展示了 EGRFT 的积累结果，其中图 8-11（a）所示为目标的脉压回波信号（SNR 为 5dB）。从图 8-11（a）可以看出，目标回波信号的存在时间只是整个探测时间的一部分。图 8-11（b）～图 8-11（e）分别给出了情形 1、情形 2、情形 3、情形 4 下的 EGRFT 积累结果。从图 8-11（b）～图 8-11（e）可知：只有在情形 1 下，目标信号经过 EGRFT 处理后会相参积累并形成峰值[图 8-11（b）]，而在其他 3 种情形下，目标信号不能实现相参积累。

表 8-6　4 种情形下的窗函数

4 种情形	窗函数
情形 1	$h(t_m) = \begin{cases} 1, & t_m \in [0.805\text{s}, 3.78\text{s}] \\ 0, & \text{其他} \end{cases}$
情形 2	$h(t_m) = \begin{cases} 1, & t_m \in [0.75\text{s}, 3.78\text{s}] \\ 0, & \text{其他} \end{cases}$
情形 3	$h(t_m) = \begin{cases} 1, & t_m \in [1.055\text{s}, 3.78\text{s}] \\ 0, & \text{其他} \end{cases}$
情形 4	$h(t_m) = \begin{cases} 1, & t_m \in [3.53\text{s}, 3.78\text{s}] \\ 0, & \text{其他} \end{cases}$

表 8-7　雷达系统参数

参数名称	取值
载频	0.6GHz
带宽	50MHz
采样频率	100MHz
脉冲重复频率	200Hz
脉冲持续时间	4μs
探测时间	0～3.78s

表 8-8　目标运动参数

参数名称	取值
初始径向距离单元	268
径向速度	75m/s
径向加速度	21m/s^2
目标进入探测区域时间	0.805s
目标离开探测区域时间	3.28s

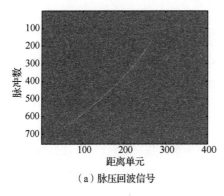

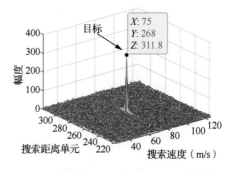

（a）脉压回波信号

（b）情形1（$\eta_0 = T_b$）下的EGRFT积累结果

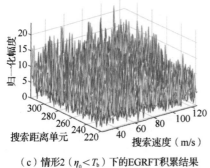

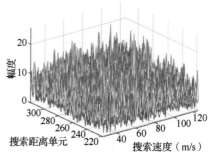

（c）情形2（$\eta_0 < T_b$）下的EGRFT积累结果

（d）情形3（$T_b < \eta_0 \leqslant T_e$）下的EGRFT积累结果

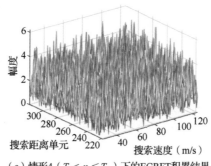

（e）情形4（$T_e < \eta_0 \leqslant T_1$）下的EGRFT积累结果

图 8-11　4 种不同情形下的 EGRFT 积累结果

8.3.3　基于 WFRFT 的终止时间估计

利用估计得到的参数 $(\hat{T}_b, \hat{R}_0, \hat{V}, \hat{A})$，可以从脉压回波信号中提取出对应目标信号起始时间的回波：

$$s_e(t_m) = s\left(t_m, \frac{2\hat{r}(t_m)}{c}\right), \quad t_m \geqslant \hat{T}_b \tag{8-68}$$

其中

$$\hat{r}(t_m) = \hat{R}_0 + \hat{V}(t_m - \hat{T}_b) + \hat{A}(t_m - \hat{T}_b)^2 \tag{8-69}$$

将式（8-2）代入式（8-68）中得：

$$s_e(t_m) = w(t_m)\sigma_0 \exp\left[-\mathrm{j}4\pi\frac{(R_0 + Vt_m + At_m^2)}{\lambda}\right] + $$

$$w_1(t_m)n_e(t_m), \quad t_m \in [T_b, T_1] \tag{8-70}$$

其中

$$w_1(t_m) = \mathrm{rect}\left[\frac{t_m - 0.5(T_b + T_1)}{T_1 - T_b}\right] = \begin{cases} 1, & T_b \leqslant t_m \leqslant T_1 \\ 0, & \text{其他} \end{cases} \tag{8-71}$$

$n_e(t_m)$ 表示提取出的噪声。

式（8-70）表明提取出的回波包含目标信号和噪声，目标信号为线性调频信号，其存在时间段为 $[T_b, T_e]$，而在其他时间内只有噪声存在。

FRFT 在分析线性调频信号和正弦信号方面具有优异的性能，并在雷达信号处理领域得到了广泛的应用[8-10]。受 FRFT 的启发，本节提出加窗分数阶傅里叶变换，用以实现目标回波信号终止时间的估计。

首先，为了消除由目标加速度[11-13]引起的信号频谱扩散问题，采用去调频处理补偿式（8-70）中的二次相位项。为此，构建如下的相位补偿函数：

$$H(t_m) = \exp\left(\mathrm{j}4\pi\frac{\hat{A}t_m^2}{\lambda}\right) \tag{8-72}$$

将式（8-70）乘式（8-72）可得：

$$s_e(t_m) = w(t_m)\sigma_0 \exp\left[-\mathrm{j}4\pi\frac{(R_0 + Vt_m)}{\lambda}\right] + w_1(t_m)n_s(t_m) \tag{8-73}$$

其中，$n_s(t_m)$ 为进行乘法运算后的噪声。

式（8-73）的 WFRFT 定义为：

$$X_\alpha(u, \eta_1) = F_\alpha[w_2(t_m)s_e(t_m)] = \int_{-\infty}^{+\infty} w_2(t_m)s_e(t_m)K_\alpha(t_m, u)\mathrm{d}t_m \tag{8-74}$$

其中，$w_2(t_m)$ 为 WFRFT 的窗函数。

$$w_2(t_m) = \mathrm{rect}\left[\frac{t_m - 0.5(T_b + \eta_1)}{\eta_1 - T_b}\right] = \begin{cases} 1, & T_b \leqslant t_m \leqslant \eta_1 \\ 0, & \text{其他} \end{cases} \tag{8-75}$$

η_1 是窗函数非零区域的终止时间。

由式（8-74）可以看出，$s_e(t_m)$ 的 WFRFT 包括两步处理：通过窗函数对回波进行截断处理，其范围由 η_1 决定；对截取出的信号进行 FRFT 处理，以实现目标信号在分数阶域的相参积累。

不同的终止时间 η_1 下，不同范围内的回波信号会被截取并在 FRFT 域上进行积累。只有当搜索终止时间等于目标信号的终止时间时，目标信号才会被完整截取并相参积累，从而在 FRFT 域上形成峰值。因此，目标信号的终止时间可以估

计为:

$$\hat{T}_{\mathrm{e}} = \arg\max_{\eta_{\mathrm{l}}} |X_{\alpha}(u,\eta_{\mathrm{l}})| \tag{8-76}$$

需要说明的是,从式(8-70)中可以看出,所提取的回波中包含了目标信号(LFM信号)和噪声。通过对目标加速度的估计,可以先对式(8-70)进行二次相位补偿,然后得到式(8-73)。若加速度估计值等于目标的真实加速度,则式(8-73)中的目标信号分量为正弦信号。但是,由于加速估计是通过匹配搜索过程获得的,受限于搜索步长等,目标加速度的估计可能会有轻微的误差,使得式(8-73)中目标的信号分量的二次相位项仍然存在,而不再是严格意义上的正弦信号。相应地,二次相位补偿后的目标信号要么是严格正弦信号(目标的加速度估计值等于目标真实值),要么是 LFM 信号(目标加速度估计有轻微误差)。因此,本节基于 FRFT,采用了WFRFT 来实现去调频处理后的回波信号终止时间的估计。

8.3.4 EGRFT-WFRFT 方法的流程

图 8-12 给出了 EGRFT-WFRFT 方法的流程,具体步骤如下。

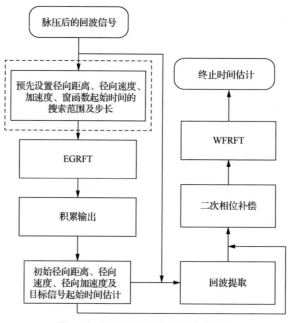

图 8-12 EGRFT-WFRFT 方法的流程

步骤 1 对雷达接收到的回波信号进行脉压处理,得到脉压后的回波信号,如式(8-2)所示。

步骤 2 根据目标类型和运动状态等信息,预先设置径向距离、径向速度以及加速度的搜索范围，分别记作$[r_{\min}, r_{\max}]$、$[v_{\min}, v_{\max}]$以及$[a_{\min}, a_{\max}]$。此外，根据雷达参数，径向距离、径向速度以及加速度的搜索步长可以分别设置为：

$$\Delta r = \frac{c}{2B} \tag{8-77}$$

$$\Delta v = \frac{\lambda}{2(T_1 - T_0)} \tag{8-78}$$

$$\Delta a = \frac{\lambda}{2(T_1 - T_0)^2} \tag{8-79}$$

步骤 3　根据探测时间和雷达脉冲重复周期，确定窗函数起始时间的搜索范围为$\eta_0 \in [T_0, T_1]$、搜索步长为$\Delta \eta = T_r$。

步骤 4　根据步骤 2 和步骤 3 中的搜索参数设置，对脉压后的回波信号进行 EGRFT 积累处理。

步骤 5　遍历所有的搜索参数，获得相应的 EGRFT 积累输出。通过 EGRFT 积累输出的峰值位置，得到目标信号起始时间、初始径向距离、径向速度以及径向加速度的估计值$(\hat{T}_b, \hat{R}_0, \hat{V}, \hat{A})$。

步骤 6　利用步骤 5 中得到的估计值及雷达接收到的脉压回波信号，提取出对应目标信号起始时间的回波信号，并完成二次相位补偿。

步骤 7　对相位补偿处理后的回波信号进行 WFRFT 处理，获得目标信号终止时间的估计值。

8.3.5　方法对比及计算复杂度分析

目标回波信号的起始时间为T_b、终止时间为T_e，而整个探测时间为T_0至T_1。回波信号的提取与积累过程中，WFRFT 通过起始时间与终止时间的二维搜索，匹配回波信号的起始时间与终止时间；相应地，WFRFT 匹配积累过程中，只有$[T_b, T_e]$范围内的回波信号与噪声被提取并积累。

EGRFT-WFRFT 在提取回波信号时，只进行起始时间的搜索，而提取的终止时间则为探测终止时间T_1（$T_1 > T_e$）。因此，EGRFT-WFRFT 匹配积累过程中，$[T_b, T_e]$内的回波信号和$[T_b, T_1]$内的噪声会被提取并积累。换言之，最优匹配时，WFRFT 和 EGRFT-WFRFT 两种方法提取和积累的回波信号是一样的，但是 EGRFT-WFRFT 提取和积累的噪声比 WFRFT 更多。因此，WFRFT 的积累性能优于 EGRFT-WFRFT。

当然，WFRFT 积累性能更优的代价就是计算复杂度增加。原因：WFRFT 需要同时进行起始时间和终止时间的搜索，而 EGRFT-WFRFT 对起始时间和终止时间的搜索是先后进行的，等价于进行了降维处理。下面对这两种方法的计算复杂度进行详细分析。

令N_{η_0}和N_r分别表示目标信号起始时间的搜索数目以及距离单元的搜索数目，

N_v 和 N_a 分别表示径向速度搜索数目以及加速度搜索数目。EGRFT-WFRFT 主要包括 EGRFT 处理和 WFRFT 处理：EGRFT 需要四维搜索，计算复杂度为 $O(N_{\eta_0}N_rN_vN_aN)$，WFRFT 的计算复杂度为 $O(N_{\eta_1}N^2\log_2 N)$。其中，N 为探测时间内的雷达脉冲数目。因此，EGRFT-WFRFT 的计算代价为 $O(N_{\eta_0}N_rN_vN_aN + N_{\eta_1}N^2\log_2 N)$。

另外，STGRFT 的积累处理过程需要进行五维参数搜索，计算复杂度为 $O(N_{\eta_1}N_{\eta_0}N_rN_vN_aN)$，其中 N_{η_1} 为终止时间的搜索数目。对于需要在起始时间–终止时间–距离–速度–加速度域进行参数搜索的 WRFRFT，其计算复杂度为 $O(N_{\eta_0}N_{\eta_1}N_rN_vN_aN\log_2 N)$。此外，基于四维搜索的 GRFT 的计算复杂度为 $O(N_rN_vN_aN)$。表 8-9 给出了 EGRFT-WFRFT、STGRFT、WRFRFT 以及 GRFT 这 4 种方法的计算复杂度。

表 8-9　4 种方法的计算复杂度对比

方法名称	计算复杂度
EGRFT-WFRFT	$O(N_{\eta_0}N_rN_vN_aN + N_{\eta_1}N^2\log_2 N)$
STGRFT	$O(N_{\eta_1}N_{\eta_0}N_rN_vN_aN)$
WRFRFT	$O(N_{\eta_0}N_{\eta_1}N_rN_vN_aN\log_2 N)$
GRFT	$O(N_rN_vN_aN)$

假设目标径向加速度和径向速度的搜索范围分别为 $[-20\text{m/s}^2, 20\text{m/s}^2]$、$[-200\text{m/s}, 200\text{m/s}]$。距离单元数目为 400，雷达系统参数设置如表 8-7 所示。不同积累脉冲数下，EGRFT-WFRFT、STGRFT、WRFRFT 以及 GRFT 这 4 种方法的计算复杂度曲线如图 8-13 所示。由表 8-9 和图 8-13 可知，EGRFT-WFRFT 的计算复杂度要低于 WRFRFT 以及 STGRFT。此外，虽然 GRFT 的计算复杂度最低，但是它不能用于未知时间信息高速目标的长时间相参积累。

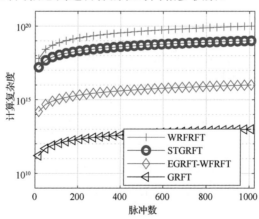

图 8-13　计算复杂度随脉冲数变化的曲线

8.3.6　仿真验证

本小节通过仿真实验对 EGRFT-WFRFT 的相参积累性能进行分析。表 8-7 给出了仿真实验中的雷达参数。

1. 低 SNR 下的相参积累

首先，对低 SNR 下 EGRFT-WFRFT 的相参积累性能进行仿真分析，目标运动参数如表 8-8 所示。图 8-14 展示了积累结果。其中，图 8-14（a）所示为脉压后的回波信号。可以看到，由于回波 SNR 为−5dB，目标信号被噪声淹没。为了清晰地呈现目标的运动轨迹，图 8-14（b）展示了无噪声条件下的脉压回波。

EGRFT 处理后，积累输出的距离单元-速度投影、速度-加速度投影、加速度-起始时间投影分别如图 8-14（c）～图 8-14（e）所示。由此可以看出，目标回波信号经过 EGRFT 处理，相参积累后形成了明显的峰值；通过峰值位置可以获得目标信号起始时间、初始径向距离单元、径向速度以及加速度的估计值。基于估计出的目标参数可以提取出相应的回波信号，如图 8-14（f）所示。二次相位补偿后，WFRFT 的处理结果如图 8-14（g）所示，从中可以获得目标信号终止时间的估计值。

为了比较，图 8-15 给出了 WRFRFT、GRFT 以及 STGRFT 这 3 种方法的积累结果。可以看到，GRFT 和 STGRFT 都不能有效地实现目标回波信号能量的相参积累。

2. 多目标相参积累

其次，仿真分析多目标情况下 EGRFT-WFRFT 的相参积累性能。表 8-10 给出了各目标的运动参数。该仿真实验考虑了 4 种情形：各目标的初始径向距离单元不同，各目标的径向速度不同，各目标的径向加速度不同，各目标的信号起始时间不同。

（1）只考虑目标 1 和目标 2：两者的初始径向距离单元不同。脉压后的回波信号如图 8-16（a）所示。EGRFT 处理后，距离单元-速度域上的积累结果如图 8-16（b）所示。

（2）只考虑目标 1 和目标 3：两者具有不同的径向速度。脉压后的回波信号如图 8-16（c）所示。EGRFT 处理后，距离单元-速度域上的积累结果如图 8-16（d）所示。

（3）只考虑目标 1 和目标 4：两者具有不同径向加速度。图 8-16（e）所示为脉压后的回波信号，从中可以看到目标 1 和目标 4 的运动轨迹非常接近。这是因为，目标 1 和目标 4 除了径向加速度略有不同外，其余运动参数都相同。EGRFT 处理后，速度-加速度域上的积累结果如图 8-16（f）所示。可以看到，两个目标信号能量得到积累并形成两个明显峰值。

（4）只考虑目标 1 和目标 5：两者具有不同的信号起始时间。脉压后的回波信号如图 8-16（g）所示。EGRFT 积累处理后，加速度-起始时间域的积累结果如图 8-16（h）所示。

图 8-16 的仿真结果表明：基于 EGRFT 的方法能够有效地实现多个目标回波信号能量的相参积累。

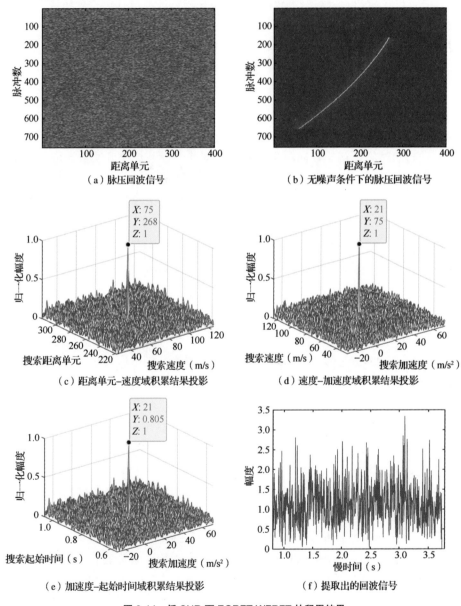

（a）脉压回波信号

（b）无噪声条件下的脉压回波信号

（c）距离单元–速度域积累结果投影

（d）速度–加速度域积累结果投影

（e）加速度–起始时间域积累结果投影

（f）提取出的回波信号

图 8-14　低 SNR 下 EGRFT-WFRFT 的积累结果

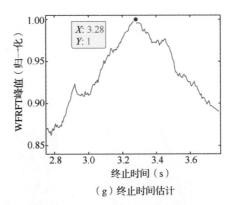

（g）终止时间估计

图 8-14　低 SNR 下 EGRFT-WFRFT 的积累结果（续）

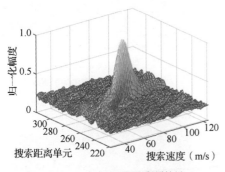

（a）WRFRFT积累结果

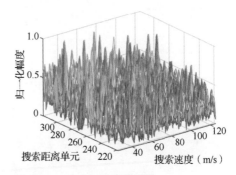

（b）GRFT积累结果

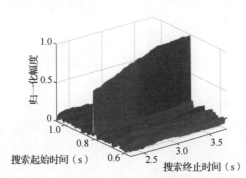

（c）STGRFT积累结果

图 8-15　低 SNR 下 WRFRFT、GRFT 以及 STGRFT 的积累结果

表 8-10　多目标运动参数设置

参数	目标 1	目标 2	目标 3	目标 4	目标 5
初始距离单元	268	240	268	268	268
径向速度	75m/s	75m/s	50m/s	75m/s	75m/s
径向加速度	21m/s^2	21m/s^2	21m/s^2	21m/s^2	21m/s^2

参数	目标 1	目标 2	目标 3	目标 4	目标 5
起始时间	0.805s	0.805s	0.805s	0.805s	1.305s
终止时间	3.28s	3.28s	3.28s	3.28s	3.28s
脉压后 SNR	6dB	6dB	6dB	6dB	6dB

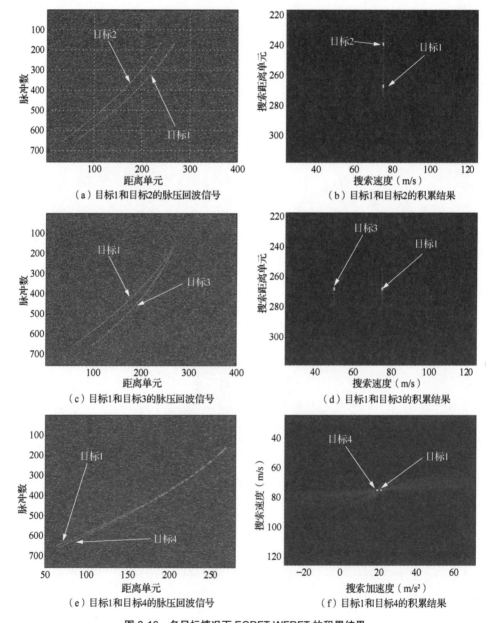

图 8-16　多目标情况下 EGRFT-WFRFT 的积累结果

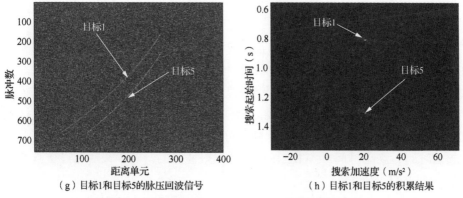

（g）目标1和目标5的脉压回波信号　　　　　（h）目标1和目标5的积累结果

图 8-16　多目标情况下 EGRFT-WFRFT 的积累结果（续）

3．运动参数估计

最后，通过蒙特卡洛仿真实验对 EGRFT-WFRFT 的运动参数估计性能进行分析。图 8-17 展示了不同 SNR 下加速度、速度以及初始径向距离估计的 RMSE 曲线。为了对比，该图也展示了 STGRFT、WRFRFT 以及 GRFT 这 3 种方法的估计性能曲线。图 8-17 的实验结果表明，当输出 SNR 大于-11dB 时，EGRFT-WFRFT 可以获得良好的参数估计性能。此外，EGRFT-WFRFT 的参数估计性能与 STGRFT 以及 WRFRFT 接近，但是优于 GRFT。

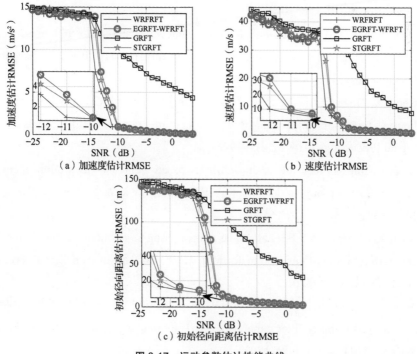

（a）加速度估计RMSE　　　　　（b）速度估计RMSE

（c）初始径向距离估计RMSE

图 8-17　运动参数估计性能曲线

8.4　本章小结

针对时间信息未知高速目标的长时间相参积累问题，本章研究了 WRFRFT、EGRFT-WFRFT 这两种长时间相参积累方法，主要内容总结如下。

（1）本章首先建立了时间信息未知高速目标的回波信号模型，介绍了基于 WRFRFT 的时间信息未知高速目标长时间相参积累方法，包括它的定义、几个重要性质，以及原理与详细流程；随后分析了 WRFRFT 的计算复杂度，并讨论了起始时间、终止时间对 WRFRFT 相参积累性能的影响；最后通过仿真实验分析了 WRFRFT 的性能。

（2）为了进一步降低计算复杂度，本章还介绍了 EGRFT-WFRFT。首先给出了 EGRFT 的定义，并分析和讨论了 EGRFT 在不同起始时间下的积累响应；随后介绍了基于 WFRFT 的终止时间估计方法，给出了相参积累处理流程。与 WRFRFT 相比，EGRFT-WFRFT 的积累检测性能有所下降，但是能够降低计算复杂度。

参考文献

[1]　Li X, Sun Z, Zhang T, et al. WRFRFT-based coherent detection and parameter estimation of radar moving target with unknown entry/departure time[J]. Signal Processing, 2020, 166: 107228.

[2]　Li X, Sun Z, Yeo T S. Computational efficient refocusing and estimation method for radar moving target with unknown time information[J]. IEEE Transactions on Computational Imaging, 2020, 6: 544-557.

[3]　Chen X, Guan J, Liu N, et al. Maneuvering target detection via Radon-fractional Fourier transform-based long-time coherent integration[J]. IEEE Transactions on Signal Processing, 2014, 62(4): 939-953.

[4]　Li X, Kong L, Cui G, et al. CLEAN-based coherent integration method for high-speed multi-targets detection[J]. IET Radar, Sonar & Navigation, 2016, 10(9): 1671-1682.

[5]　Xu J, Xia X G, Peng S B, et al. Radar maneuvering target motion estimation based on generalized Radon-Fourier transform[J]. IEEE Transactions on Signal Processing, 2012, 60(12): 6190-6201.

[6]　Xu J, Yu J, Peng Y N, et al. Radon-Fourier transform for radar target detection（Ⅰ）: Generalized Doppler filter bank[J]. IEEE Transactions on Aerospace and Electronic Systems, 2011, 47(2): 1186-1202.

[7] Li X, Sun Z, Yeo T S, et al. STGRFT for detection of maneuvering weak target with multiple motion models[J]. IEEE Transactions on Signal Processing, 2019, 67(7): 1902-1917.

[8] Pei S C, Ding J J. Fractional Fourier transform, Wigner distribution, and filter design for stationary and nonstationary random processes[J]. IEEE Transactions on Signal Processing, 2010, 58(8): 4079-4092.

[9] Sejdić E, Djurović I, Stanković L J. Fractional Fourier transform as a signal processing tool: An overview of recent developments[J]. Signal Processing, 2011, 91(6): 1351-1369.

[10] Qi L, Tao R, Zhou S, et al. Detection and parameter estimation of multicomponent LFM signal based on the fractional Fourier transform[J]. Science in China Series F: Information Sciences, 2004, 47(2): 184-198.

[11] Sun H B, Liu G S, Gu H, et al. Application of the fractional Fourier transform to moving target detection in airborne SAR[J]. IEEE Transactions on Aerospace and Electronic Systems, 2002, 38(4): 1416-1424.

[12] Zhu S, Liao G, Qu Y, et al. Ground moving targets imaging algorithm for synthetic aperture radar[J]. IEEE Transactions on Geoscience and Remote Sensing, 2010, 49(1): 462-477.

[13] Sun G, Xing M, Xia X G, et al. Robust ground moving-target imaging using deramp-keystone processing[J]. IEEE Transactions on Geoscience and Remote Sensing, 2012, 51(2): 966-982.

第9章　高速目标多帧联合长时间相参积累

科学技术的发展日新月异，促使高速目标的隐身性能不断提升、飞行速度不断加快，这对雷达的高速目标探测威力提出了新的要求。为了进一步提升雷达的作用距离，从信号处理的角度来看，不仅需要实现回波信号的帧内多脉冲积累，还需要实现雷达多帧回波信号的帧间积累，以最大限度地改善回波 SNR。数字相控阵雷达技术的发展使得雷达对目标的较长时间探测成为可能。探测时间内，雷达可以接收到目标的多帧多脉冲回波并进行长时间积累处理，包括帧内积累处理与帧间积累处理。

本书第 2 章～第 8 章重点对高速目标回波信号的帧内积累处理进行了介绍。然而，为了最大可能地提高积累性能，最佳方式之一是同时考虑帧内积累和帧间积累。为此，本章针对高速目标的多帧联合长时间相参积累问题，研究距离走动目标回波信号的帧内帧间联合长时间相参积累方法。首先，本章提出用改进 RFT（Modified RFT，MRFT）方法校正目标距离走动，以实现每一帧回波信号能量的帧内相参积累；然后，分析 MRFT 积累处理后输出信号的二维分布特征；随后针对 MRFT 积累输出特性，提出 MRFT 域的帧间积累处理方法，以获得多帧信号能量的相参积累。通过帧内处理和帧间处理的相参积累增益，基于 MRFT 的多帧联合长时间相参积累方法可以显著地提高目标的回波 SNR 与雷达的目标检测性能。本章还会分析基于 MRFT 的多帧联合长时间相参积累方法的积累输出响应、检测概率、虚警概率以及输入输出 SNR 性能，并讨论盲速旁瓣响应。最后，通过数值实验验证该方法的有效性。

9.1　高速目标多帧回波模型与 MRFT 帧内相参积累方法

本节首先建立高速目标多帧回波信号模型，然后介绍 MRFT 帧内相参积累方法，并分析 MRFT 积累输出的信号特征。

9.1.1　高速目标多帧回波模型

假设雷达探测区域内有一个径向匀速运动目标，其速度为 V_T；雷达总探测时间为 T_{total}，探测期间雷达接收到 K 帧回波，而在第 $k(k=1,2,\cdots,K)$ 帧内雷达与目标的径向距离为：

$$R_k(t_m) = R_{0,1} + V_T[t_m + (k-1)T_F]$$
$$= R_{0,k} + V_T t_m \tag{9-1}$$

其中，$t_m = mT_r$（$m = 1, 2, \cdots, N_a$）表示慢时间，T_r 为雷达脉冲重复周期，N_a 为每帧回波信号的脉冲数；$R_{0,k} = R_{0,1} + V_T(k-1)T_F$ 为第 k 帧目标的初始径向距离，$T_F = N_a T_r$ 为帧周期时间。

第 k 帧内雷达接收到的目标基带回波信号可以表示为：

$$s_k(t_m, \hat{t}) = A_0 \text{rect}\left[\frac{\hat{t} - 2R_k(t_m)}{T_p}\right] \exp\left\{j\pi\mu\left[\hat{t} - \frac{2R_k(t_m)}{c}\right]^2\right\} \times$$
$$\exp\left[-j\frac{4\pi R_k(t_m)}{\lambda}\right] \tag{9-2}$$

其中，A_0 为接收信号的幅度，T_p 为脉冲持续时间。

脉压处理后，第 k 帧的脉压信号为：

$$s_k(t_m, \hat{t}) = A_T \text{sinc}\left\{\pi B\left[\hat{t} - \frac{2R_k(t_m)}{c}\right]\right\} \exp\left[-j\frac{4\pi R_k(t_m)}{\lambda}\right] \tag{9-3}$$

其中，A_T 为脉压后的信号幅度，B 为带宽。

令 $r = c\hat{t}/2$，则式（9-3）可以表示为：

$$s_k(t_m, r) = A_T \text{sinc}\left\{\pi\left[\frac{r - R_k(t_m)}{\rho_r}\right]\right\} \exp\left[-j\frac{4\pi R_k(t_m)}{\lambda}\right] \tag{9-4}$$

其中，$\rho_r = c/(2B)$ 为距离分辨率。

根据雷达系统的脉冲重复时间 f_p 和距离采样频率 f_s 可得，第 k 帧脉压后信号的离散形式为：

$$s_k(m, n) = A_T \text{sinc}\left\{\frac{\pi[(n - i_T^k)\Delta r - v_T m T_r]}{\rho_r}\right\} \exp\left[-j\frac{4\pi}{\lambda}(i_T^k \Delta r + v_T m T_r)\right] \tag{9-5}$$
$$m = 1, 2, \cdots, N_a, \quad n = 1, 2, \cdots, N_g$$

其中，$n = \text{round}(r/\Delta r)$ 为距离采样索引，$\text{round}(\cdot)$ 表示四舍五入的整数运算，$\Delta r = c/(2f_s)$；i_T^k 为对应目标初始径向距离 $R_{0,k}$ 的距离采样索引，N_g 为距离向上的采样点数。

9.1.2　MRFT 帧内相参积累方法

根据待检测目标的相关先验信息（如运动状态和种类等），可以预设目标的径向距离和速度的搜索范围，分别记为 $[r_{min}, r_{max}]$、$[v_{min}, v_{max}]$。径向距离和速度的搜索步长则可分别设置为 $\Delta r = c/(2f_s)$ 以及 $\Delta v = c/(2T_F)$。此时目标的径向速度可以近似表示成 $V_T = q_T \Delta v$ [1]，其中 q_T 是与目标速度相对应的常系数。因此，径向距离和速度的搜索数目分别为：

$$N_r = \text{round}\left(\frac{r_{\max} - r_{\min}}{\Delta r}\right) \tag{9-6}$$

$$N_v = \text{round}\left(\frac{v_{\max} - v_{\min}}{\Delta v}\right) \tag{9-7}$$

相应地，径向距离和速度的离散搜索值可分别确定如下：

$$r(i) = i\Delta r \in [r_{\min}, r_{\max}], \quad i = 1, 2, \cdots, N_r \tag{9-8}$$

$$v(q) = q\Delta v \in [v_{\min}, v_{\max}], \quad q = 1, 2, \cdots, N_v \tag{9-9}$$

基于径向距离和速度的搜索值，式（9-5）的 MRFT 定义为：

$$G_k(i,q) = \sum_{m=1}^{N_a} s\left(m, \frac{\text{round}\big(r(i) + mT_r v(q)\big)}{\Delta r}\right) \exp\left\{j\frac{4\pi}{\lambda}\big[r(i) + mT_r v(q)\big]\right\} \tag{9-10}$$

将式（9-5）代入式（9-10）得：

$$
\begin{aligned}
G_k(i,q) \approx &\sum_{m=1}^{N_a} A_{\text{T}} \text{sinc}\left\{\frac{\pi}{\rho_r}\big[(i - i_{\text{T}}^k)\Delta r + (q - q_{\text{T}})\Delta v m T_r\big]\right\} \times \\
&\exp\left[j\frac{4\pi(q - q_{\text{T}})\Delta v m T_r}{\lambda}\right] \exp\left[j\frac{4\pi}{\lambda}(i - i_{\text{T}}^k)\Delta r\right]
\end{aligned} \tag{9-11}
$$

经过数学运算，式（9-11）的 MRFT 结果可以表示为[2]：

$$
\begin{aligned}
G_k(i,q) \approx &A_{\text{T}} N_a \text{sinc}\left[\pi\frac{(i - i_{\text{T}}^k)\Delta r}{\rho_r}\right]\delta(q - q_{\text{T}}) \times \\
&\exp\left[j\frac{4\pi}{\lambda}(i - i_{\text{T}}^k)\Delta r\right]
\end{aligned} \tag{9-12}
$$

由式（9-12）可以看出，当搜索参数与目标运动参数匹配时，即 $i = i_{\text{T}}^k$、$q = q_{\text{T}}$（对应 $r(i) = R_{0,k}$、$v(q) = V_{\text{T}}$）时，通过 MRFT 可实现第 k 帧内目标信号能量的相参积累。也就是说，通过 MRFT，可以获得每一帧回波信号的帧内相参积累结果，从中可以得出如下结论。

（1）经过 MRFT 的帧内信号相参积累处理后，第 k 帧的目标信号能量得到积累并在距离-速度域形成峰值，峰值位置 (i_k, q_k) 为：

$$i_k = i_{\text{T}}^k \tag{9-13}$$

$$q_k = q_{\text{T}} \tag{9-14}$$

（2）MRFT 积累处理后，相邻两帧间的峰值位置满足：

$$i_{k+1} = i_k + \text{round}\left(\frac{V_{\text{T}} T_{\text{F}}}{\Delta r}\right) \tag{9-15}$$

$$q_{k+1} = q_k \tag{9-16}$$

（3）MRFT 积累输出的每个网格点的坐标位置（i 和 q）与相应的搜索距离与搜索速度对应。具体而言，对于网格点 (i, q)，有：

$$i \to r(i), \quad q \to v(q) \tag{9-17}$$

其中，→ 表示一对一的对应关系。

值得注意的是，与 RFT[2-4] 相比，MRFT 不仅补偿了目标速度引起的多普勒项，而且补偿了目标初始距离引起的相位项。因此，MRFT 可以匹配和补偿目标不同帧间回波信号的相位差，有利于后续多帧间回波信号的相参积累。

9.2　MRFT 域的帧间相参积累方法

如式（9-12）所示，MRFT 积累处理后可以在距离–速度域中获得各帧的帧内相参积累输出结果。需要指出的是，MRFT 的输出结果正是帧间相参积累处理的输入。为此，在充分考虑 MRFT 积累输出信号特征的基础上，本节提出 MRFT 域的帧间相参积累方法，用以实现多帧回波信号能量的相参积累。下面首先介绍该方法的基本原理和流程，随后分析和推导帧间积累处理后的输出响应、检测概率、虚警概率以及输入输出 SNR 性能。

9.2.1　基本原理与流程

MRFT 域的帧间相参积累方法基于 MRFT 处理后帧内积累输出的特性而提出，可以进一步实现多帧回波信号间的能量积累。MRFT 域的帧间相参积累处理可表示为：

$$
\begin{aligned}
I_K(i,q) &= G_K(i,q) + G_{K-1}\left(i - \frac{v(q)T_F}{\Delta r}, q\right) + \\
&\quad G_{K-2}\left(i - \frac{2v(q)T_F}{\Delta r}, q\right) + \cdots + G_1\left(i - \frac{(K-1)v(q)T_F}{\Delta r}, q\right) \quad (9\text{-}18) \\
&= \sum_{k=1}^{K} G_{K+1-k}\left(i - \frac{(k-1)v(q)T_F}{\Delta r}, q\right)
\end{aligned}
$$

具体来说，MRFT 域帧间积累方法的主要处理流程如下。

（1）输入：K 帧脉压回波信号的 MRFT 积累结果 $G_k(i,q)(1 \leqslant k \leqslant K)$，距离搜索值 $r(i)$ 和速度搜索值 $v(q)$。其中，$i \in [1, N_r]$，$q \in [1, N_v]$。

（2）初始化：

$$
I_1(i,q) = G_1(i,q) \quad (9\text{-}19)
$$

（3）递归：对于 $2 \leqslant k \leqslant K$、$1 \leqslant i \leqslant N_r$、$1 \leqslant q \leqslant N_v$，进行如下操作：

$$
I_k(i,q) = G_k(i,q) + I_{k-1}(i_{\text{trans}}, q_{\text{trans}}) \quad (9\text{-}20)
$$

其中

$$
i_{\text{trans}} = i - \text{round}\left(\frac{v(q)T_F}{\Delta r}\right) \quad (9\text{-}21)
$$

$$
q_{\text{trans}} = q \quad (9\text{-}22)
$$

（4）输出：多帧相参积累输出结果 $I_K(\cdot)$。

表 9-1 给出了 MRFT 域的帧间相参积累方法的具体步骤。

表 9-1 MRFT 域的帧间相参积累方法

1. **输入**：K 帧脉压回波信号的 MRFT 积累结果 $G_k(i,q)$，$1 \leqslant k \leqslant K$；距离搜索值 $r(i)$ 和速度搜索值 $v(q)$，其中 $i \in [1, N_r]$、$q \in [1, N_v]$。
2. **初始化**：$I_1(i,q) = G_1(i,q)$。
3. **递归**：

    for $2 \leqslant k \leqslant K$

      for $1 \leqslant i \leqslant N_r$

        for $1 \leqslant q \leqslant N_v$

          $i_{\text{trans}} = i - \text{round}(v(q)T_F / \Delta r)$

          $q_{\text{trans}} = q$

          $I_k(i,q) = G_k(i,q) + I_{k-1}(i_{\text{trans}}, q_{\text{trans}})$

          $\Psi_k(\boldsymbol{x}_k) = [i_{\text{trans}}, q_{\text{trans}}]$

        end

      end

    end

4. **输出**：多帧相参积累输出结果 $I_k(\cdot)$。

9.2.2 相参积累输出响应

式（9-18）所示的 k 帧雷达回波信号经过帧内与帧间相参积累后的输出可表示成：

$$I_k(i,q) \approx kA_T N_a \text{sinc}\left[\pi \frac{(i - i_T^k)\Delta r}{\rho_r} \right] \delta(q - q_T) \exp\left[j\frac{4\pi}{\lambda}(i - i_T^k)\Delta r \right] \tag{9-23}$$

详细证明过程如下。

（1）当 $k=1$ 时，有：

$$I_1(i,q) = G_1(i,q) \tag{9-24}$$

此时，式（9-23）显然满足。

（2）假设当 $k=n$ 时，式（9-11）成立：

$$I_n(i,q) \approx nA_T N_a \text{sinc}\left[\pi \frac{(i - i_T^n)\Delta r}{\rho_r} \right] \delta(q - q_T) \exp\left[j\frac{4\pi}{\lambda}(i - i_T^n)\Delta r \right] \tag{9-25}$$

那么，当 $k=n+1$ 时，根据第 9.2.1 小节中 MRFT 域的多帧相参积累原理可得：

$$I_{n+1}(i,q) = I_n(i_{\text{trans}}, q_{\text{trans}}) + G_{n+1}(i,q) \tag{9-26}$$

其中

$$G_{n+1}(i,q) \approx A_T N_a \text{sinc}\left[\pi \frac{(i - i_T^{n+1})\Delta r}{\rho_r} \right] \delta(q - q_T) \exp\left[j\frac{4\pi}{\lambda}(i - i_T^{n+1})\Delta r \right] \tag{9-27}$$

$$I_n(i_{\text{trans}}, q_{\text{trans}}) \approx n A_{\text{T}} N_a \text{sinc}\left[\pi \frac{(i_{\text{trans}} - i_{\text{T}}^n)\Delta r}{\rho_r} \right] \times$$

$$\delta(q_{\text{trans}} - q_{\text{T}}) \exp\left[\text{j} \frac{4\pi}{\lambda} (i_{\text{trans}} - i_{\text{T}}^n)\Delta r \right] \tag{9-28}$$

由于

$$i_{\text{trans}} = i - \text{round}\left(\frac{v(q) T_{\text{F}}}{\Delta r} \right) \tag{9-29}$$

$$q_{\text{trans}} = q \tag{9-30}$$

因此，可得：

$$r(i_{\text{trans}}) = r(i) - \text{round}\left(\frac{v(q) T_{\text{F}}}{\Delta r} \right) \Delta r \tag{9-31}$$

$$\approx r(i) - v(q) T_{\text{F}}$$

$$v(q_{\text{trans}}) = v(q) \tag{9-32}$$

若 $v(q) = V_{\text{T}}$，可得 $v(q_{\text{trans}}) = V_{\text{T}}$、$r(i_{\text{trans}}) = r_i - V_{\text{T}}\text{CPI}$，则有：

$$I_n(i_{\text{trans}}, q_{\text{trans}}) = n A_{\text{T}} N_a \text{sinc}\left[\pi \frac{(i_{\text{trans}} - i_{\text{T}}^n)\Delta r}{\rho_r} \right] \exp\left[\text{j} \frac{4\pi}{\lambda} (i_{\text{trans}} - i_{\text{T}}^n)\Delta r \right] \tag{9-33}$$

$$G_{n+1}(i, q) \approx A_{\text{T}} N_a \text{sinc}\left[\pi \frac{(i - i_{\text{T}}^{n+1})\Delta r}{\rho_r} \right] \exp\left[\text{j} \frac{4\pi}{\lambda} (i - i_{\text{T}}^{n+1})\Delta r \right] \tag{9-34}$$

注意，i_{trans} 和 i_{T}^n 满足以下关系：

$$i_{\text{trans}} - i_{\text{T}}^n = \text{round}\left(\frac{r(i_{\text{trans}}) - R_{0,n}}{\Delta r} \right)$$

$$= \text{round}\left(\frac{r_i - V_{\text{T}} T_{\text{F}} - R_{0,n}}{\Delta r} \right)$$

$$= \text{round}\left(\frac{r_i - (R_{0,n} + V_{\text{T}} T_{\text{F}})}{\Delta r} \right)$$

$$= \text{round}\left(\frac{r_i - R_{0,n+1}}{\Delta r} \right) \tag{9-35}$$

$$= i - i_{\text{T}}^{n+1}$$

因此，可得：

$$I_{n+1}(i, q) = I_n(i_{\text{trans}}, q_{\text{trans}}) + G_{n+1}(i, q)$$

$$= n A_{\text{T}} N_a \text{sinc}\left[\pi \frac{(i - i_{\text{T}}^{n+1})\Delta r}{\rho_r} \right] \exp\left[\text{j} \frac{4\pi}{\lambda} (i - i_{\text{T}}^{n+1})\Delta r \right] +$$

$$A_{\text{T}} N_a \text{sinc}\left[\pi \frac{(i - i_{\text{T}}^{n+1})\Delta r}{\rho_r} \right] \exp\left[\text{j} \frac{4\pi}{\lambda} (i - i_{\text{T}}^{n+1})\Delta r \right] \tag{9-36}$$

$$= (n+1) A_{\text{T}} N_a \text{sinc}\left[\pi \frac{(i - i_{\text{T}}^{n+1})\Delta r}{\rho_r} \right] \exp\left[\text{j} \frac{4\pi}{\lambda} (i - i_{\text{T}}^{n+1})\Delta r \right]$$

若 $v(q_{\text{trans}}) \neq V_{\text{T}}$，则有：

$$G_{n+1}(i,q) \approx 0 \tag{9-37}$$

$$q_{\text{trans}} \neq q_{\text{T}} \tag{9-38}$$

$$I_n(i_{\text{trans}}, q_{\text{trans}}) \approx 0 \tag{9-39}$$

此时，多帧相参积累输出响应为：

$$I_{n+1}(i,q) = I_n(i_{\text{trans}}, q_{\text{trans}}) + G_{n+1}(i,q) \approx 0 \tag{9-40}$$

结合式（9-33）～式（9-40），可以得到如下结论：

$$
\begin{aligned}
I_{n+1}(i,q) \approx & (n+1)A_{\text{T}}N_a \text{sinc}\left[\pi \frac{(i - i_{\text{T}}^{n+1})\Delta r}{\rho_r}\right] \times \\
& \delta(q - q_{\text{T}})\exp\left[\mathrm{j}\frac{4\pi}{\lambda}(i - i_{\text{T}}^{n+1})\Delta r\right]
\end{aligned}
\tag{9-41}
$$

因此，式（9-23）得到证明。由此可见，多帧联合长时间相参积累处理后，积累峰值随脉冲数 N_a 和帧数 k 的增加而线性增长。

9.2.3 检测概率和虚警概率

假设脉压后的第 k 帧回波中的加性噪声服从高斯分布 $n_{1,k}(m,n) \sim \text{CN}(0, \sigma_n^2)$，并且各帧之间的噪声是独立同分布的。MRFT 处理过程本质上是一种线性变换。经过 MRFT 处理后的噪声仍然服从高斯分布 $w_k(i,q) \sim \text{CN}(0, \sigma_n^2 N_a)$，并且各帧之间的噪声仍为独立同分布。同样地，式（9-20）～式（9-22）所示的帧间积累也是一个线性运算过程，所以噪声的多帧积累过程可以看作 K 个独立高斯随机变量之和。相应地，经过帧间积累处理后，噪声分布服从：

$$n_2(i,q) \sim \text{CN}(0, \sigma_n^2 N_a K) \tag{9-42}$$

因此，多帧相参积累处理后的运动目标检测可以表示为复杂高斯白噪声背景下的二值假设检验问题：

$$
\begin{aligned}
H_1 &: Z(i,q) = I_K(i,q) + n_2(i,q) \\
H_0 &: Z(i,q) = n_2(i,q)
\end{aligned}
\tag{9-43}
$$

其中，$n_2(i,q) \sim \text{CN}(0, \sigma_n^2 N_a K)$，

$$
\begin{aligned}
I_K(i,q) \approx & KA_{\text{T}}N_a \text{sinc}\left[\pi \frac{(i - i_{\text{T}}^k)\Delta r}{\rho_r}\right] \times \\
& \delta(q - q_{\text{T}})\exp\left[\mathrm{j}\frac{4\pi}{\lambda}(i - i_{\text{T}}^k)\Delta r\right]
\end{aligned}
\tag{9-44}
$$

$Z(i,q)$ 为一个复向量，其实部和虚部分别记为 $\text{Re}[Z(i,q)]$、$\text{Im}[Z(i,q)]$。那么，$Z(i,q)$ 的幅度可以表示为：

$$M = \sqrt{\mathrm{Re}^2[Z(i,q)] + \mathrm{Im}^2[Z(i,q)]} = |Z(i,q)| \qquad (9\text{-}45)$$

在 H_0 假设下，随机变量 $\mathrm{Re}[Z(i,q)]|H_0$ 和 $\mathrm{Im}[Z(i,q)]|H_0$ 都服从均值为 0、方差为 $\sigma_n^2 N_a K / 2$ 的正态分布，并且它们的概率密度函数（Probability Density Function，PDF）可以表示为：

$$p(\mathrm{Re}[Z(i,q)]|H_0) = \frac{1}{\sqrt{2\pi}\sigma} \exp\left[-\frac{|\mathrm{Re}[Z(i,q)]|^2}{2\sigma^2}\right] \qquad (9\text{-}46)$$

$$p(\mathrm{Im}[Z(i,q)]|H_0) = \frac{1}{\sqrt{2\pi}\sigma} \exp\left[-\frac{|\mathrm{Im}[Z(i,q)]|^2}{2\sigma^2}\right] \qquad (9\text{-}47)$$

其中，$\sigma^2 = \sigma_n^2 N_a K / 2$。

包络 $M|H_0$ 服从瑞利分布，并且其 PDF 为[5]：

$$p(M|H_0) = \frac{M}{\sigma^2} \exp\left(-\frac{M^2}{2\sigma^2}\right) \qquad (9\text{-}48)$$

在假设 H_1 下，$\mathrm{Re}[Z(i,q)]|H_1$ 和 $\mathrm{Im}[Z(i,q)]|H_1$ 也服从高斯分布，它们的均值和 PDF 分别为：

$$E(\mathrm{Re}[Z(i,q)]|H_1) = K A_\mathrm{T} N_a \cos(\theta) \qquad (9\text{-}49)$$

$$E(\mathrm{Im}[Z(i,q)]|H_1) = K A_\mathrm{T} N_a \sin(\theta) \qquad (9\text{-}50)$$

$$p(\mathrm{Re}[Z(i,q)]|H_1) = \frac{1}{\sqrt{2\pi}\sigma} \exp\left[\frac{-|\mathrm{Re}[Z(i,q)] - E(\mathrm{Re}[Z(i,q)]|H_1)|^2}{2\sigma^2}\right] \quad (9\text{-}51)$$

$$p(\mathrm{Im}[Z(i,q)]|H_1) = \frac{1}{\sqrt{2\pi}\sigma} \exp\left[\frac{-|\mathrm{Im}[Z(i,q)] - E(\mathrm{Im}[Z(i,q)]|H_1)|^2}{2\sigma^2}\right] \quad (9\text{-}52)$$

其中，θ 为 $I_K(i,q)$ 峰值的相位角。

那么，包络 $M|H_1$ 服从如下的莱斯分布[5]：

$$p(M|H_1) = \frac{M}{\sigma^2} \exp\left[-\frac{M^2 + (KN_a A_\mathrm{T})^2}{2\sigma^2}\right] I_0\left(\frac{KN_a A_\mathrm{T}}{\sigma^2} M\right) \qquad (9\text{-}53)$$

其中，$I_0(\cdot)$ 为第一类修正的贝塞尔函数。

由 H_1 和 H_0 假设下的概率密度函数可得，似然比检测器为：

$$\begin{aligned} L(M) &= \frac{p(M|H_1)}{p(M|H_0)} \\ &= I_0\left(\frac{KN_a A_\mathrm{T}}{\sigma^2} M\right) \exp\left[-\frac{(KN_a A_\mathrm{T})^2}{2\sigma^2}\right] \end{aligned} \qquad (9\text{-}54)$$

修正后的贝塞尔函数 $I_0(\cdot)$ 是一个单调递增函数，因此可以将变量 M 作为检验统计量，相应的检测器可以表示为：

$$M = |Z(i,q)| \overset{H_1}{\underset{H_0}{\overset{>}{\underset{<}{\gamma}}}} \tag{9-55}$$

其中，γ 为似然比检测门限，大小由给定的虚警概率和噪声功率决定。

此外，由于随机变量 $M \mid H_1$ 和 $M \mid H_0$ 分别服从瑞利分布和莱斯分布，因此检测概率和虚警概率可以分别计算如下：

$$\begin{aligned} P_d &= \int_{\gamma}^{+\infty} p(M \mid H_1)\mathrm{d}M \\ &= \int_{\gamma}^{+\infty} \frac{M}{\sigma^2} \exp\left[-\frac{M^2 + (KN_a A_T)^2}{2\sigma^2} \right] I_0\left(\frac{KN_a A_T}{\sigma^2} M \right)\mathrm{d}M \end{aligned} \tag{9-56}$$

$$P_{fa} = \int_{\gamma}^{+\infty} p(M \mid H_0)\mathrm{d}M = \exp\left(\frac{-\gamma^2}{2\sigma^2} \right) \tag{9-57}$$

9.2.4 输入/输出 SNR

式（9-23）和式（9-42）表明，多帧相参积累处理后的输出 SNR 为：

$$\begin{aligned} \mathrm{SNR}_{\mathrm{output}} &= 10\lg\left(\frac{(KN_a A_T)^2}{\sigma_n^2 N_a K} \right) \\ &= 10\lg\left(\frac{A_T^2}{\sigma_n^2} \right) + 10\lg N_a + 10\lg K \\ &= \mathrm{SNR}_{\mathrm{input}} + \mathrm{Gain}_{\mathrm{intra}} + \mathrm{Gain}_{\mathrm{inter}} \end{aligned} \tag{9-58}$$

其中，$\mathrm{SNR}_{\mathrm{input}}$ 为每帧雷达回波脉压后的 SNR，$\mathrm{Gain}_{\mathrm{intra}}$ 为 MRFT 处理过程中的 SNR 增益，$\mathrm{Gain}_{\mathrm{inter}}$ 为帧间相参积累处理的 SNR 增益：

$$\mathrm{SNR}_{\mathrm{input}} = 10\lg\left(\frac{A_T^2}{\sigma_n^2} \right) \tag{9-59}$$

$$\mathrm{Gain}_{\mathrm{intra}} = 10\lg N_a \tag{9-60}$$

$$\mathrm{Gain}_{\mathrm{inter}} = 10\lg K \tag{9-61}$$

式（9-58）～式（9-61）表明：多帧联合相参积累处理后的输出 SNR 随积累帧数 K 和脉冲数 N_a 的增加而线性增长。

9.2.5 扩展与讨论

1. 扩展至帧间非相参积累

在某些情况下，多帧回波间的相参性可能无法得到满足，比如雷达处于扫描模式、目标具有闪烁雷达横截面（Radar Cross Section，RCS）等。此时，雷达回波往往只在每一帧内是相参的，而不同帧之间的回波则非相参。在这种情况下，通过 MRFT 进行帧内相参积累处理后，我们只需使用 MRFT 积累输出信号的幅度（而不考虑相位信息）作为帧间积累处理的输入，其余处理流程与帧间相参积累处理一致，就可实现多帧回波信号能量的积累：帧内相参积累+帧间非相参积累。因此，本章提出的方法可以扩展并应用于帧间回波信号非相参的情形。

2．扩展至机动目标检测

对于机动目标（如目标具有加速度或者加加速度）的多帧积累目标检测，本章提出的方法可以通过以下方式进行调整，以用于实现机动目标的多帧积累：首先，可以使用高阶多项式模型来表征机动目标的径向距离；其次，可以采用广义 RFT（GRFT）[6]代替 MRFT 来实现各帧回波的帧内相参积累；最后，针对 GRFT 的帧内积累输出，在帧间积累处理时，需要增加目标状态变量的维数，以匹配 GRFT 的多维参数空间输出结果。实际上，这种扩展可以看作对目标运动空间维度的扩展处理。运动空间维度越大，扩展处理后的积累方法所适用的目标的机动性就越强，需要的计算复杂度就越高。因此，在实际应用中，需要根据目标的机动特性选择合适的方法扩展形式，以平衡计算复杂度和相参积累性能。

9.2.6　与全信号直接相参积累方法的比较

多帧探测时间内，我们也可以对雷达接收到的全部信号直接进行相参积累，即采用全信号直接相参积累方法。但是与多帧联合相参积累方法相比，全信号直接相参积累方法的计算复杂度更高，并且对目标机动性（如加速度）更敏感。下面从 SNR 改善、计算复杂度、加速度影响这 3 个方面对比分析多帧联合相参积累方法与全信号直接相参积累方法。

1．SNR 改善

由第 9.2.4 小节中的分析可知，通过本章提出的多帧联合积累处理后，输入输出 SNR 关系为：

$$\text{SNR}_{\text{output}} = \text{SNR}_{\text{input}} + 10\lg K + 10\lg N_a \qquad (9\text{-}62)$$

式（9-62）表明：基于 MRFT 的多帧联合相参积累方法的 SNR 改善量为 $10\lg(KN_a)$。

另外，全信号直接积累处理时，其积累脉冲数为 KN_a，相应的输出 SNR 为：

$$\text{SNR}_{\text{output,2}} = \text{SNR}_{\text{input}} + 10\lg(KN_a) \qquad (9\text{-}63)$$

因此，基于 MRFT 的多帧联合相参积累方法的 SNR 改善与全信号直接相参积累方法的 SNR 改善是相同的。

2. 计算复杂度

令速度的搜索范围为 $[-V_{max}, V_{max}]$，距离的搜索范围为 $[-R_{max}, R_{max}]$。在进行基于 MRFT 的多帧联合相参积累时，每帧回波信号的处理时间为 $T_1 = N_a T_r$；而进行全信号直接相参积累时，其处理时间为 KT_1。因此，两种相参积累方法（基于 MRFT 的多帧联合相参积累方法以及全信号直接相参积累方法）的速度搜索间隔与距离搜索间隔分别为：

$$\Delta v_1 = \frac{\lambda}{2T_1}, \quad \Delta r_1 = \frac{c}{2f_s} \tag{9-64}$$

$$\Delta v_2 = \frac{\lambda}{2KT_1}, \quad \Delta r_2 = \frac{c}{2f_s} \tag{9-65}$$

相应地，两种方法的速度搜索数、距离搜索数分别为：

$$N_{v_1} = \frac{2V_{max}}{\Delta v_1}, \quad N_{r_1} = \frac{2R_{max}}{\Delta r_1} \tag{9-66}$$

$$N_{v_2} = \frac{2V_{max}}{\Delta v_2}, \quad N_{r_2} = \frac{2R_{max}}{\Delta r_2} \tag{9-67}$$

基于 MRFT 的多帧联合相参积累方法的主要处理步骤包括帧内积累处理和帧间积累处理。其中，帧内积累处理需要的复数乘法次数为 $KN_{v_1}N_{r_1}N_a$，复数加法次数为 $KN_{v_1}N_{r_1}(N_a-1)$；帧间积累处理需要的复数乘法次数为 $2KN_{v_1}N_{r_1}$，复数加法次数为 $2(K-1)N_{v_1}N_{r_1}$。全信号直接相参积累方法所需的复数乘法次数为 $KN_{v_2}N_{r_2}N_a$，复数加法次数为 $N_{v_2}N_{r_2}(KN_a-1)$。

令 η 为 MRFT 方法与全信号相参积累方法的计算复杂度之比。为便于分析，评估计算复杂度时仅考虑复数乘法次数，则有 $\eta \approx 1/K$。换言之，与 MRFT 方法相比，随着积累帧数 K 的增加，全信号相参积累方法的计算复杂度也逐渐增加。比如，当积累帧数 $K=10$ 时，两种方法的计算复杂度之比为 $\eta \approx 0.1$。也就是说，MRFT 方法的计算复杂度只有全信号相参积累方法的 10%。

3. 加速度的影响

在较长的积累时间内，目标除了速度外，还可能具有一定的加速度。此时，为了保证相参积累性能，积累时间内目标加速度引起的多普勒变化量不能超过一个多普勒分辨单元。采用 MRFT 方法处理时，单帧积累时间为 T_1，相应的多普勒分辨单元为 $\rho_{r_1} = 1/T_1$；采用全信号直接相参积累法处理的时间则为 KT_1，相应的多普勒分辨单元为 $\rho_{r_2} = 1/KT_1$。因此，有：

$$\frac{2a_{1,max}T_1}{\lambda} \leq \frac{1}{T_1} \tag{9-68}$$

$$\frac{2a_{2,\max}KT_1}{\lambda} \leqslant \frac{1}{KT_1} \tag{9-69}$$

其中，$a_{1,\max}$ 为 MRFT 方法所允许的最大加速度，$a_{2,\max}$ 为全信号直接相参积累方法所允许的最大加速度。

因此，可以得到 MRFT 方法与全信号直接相参积累方法所允许的加速度大小分别为：

$$a_{1,\max} \leqslant \frac{\lambda}{2T_1^2} \tag{9-70}$$

$$a_{2,\max} \leqslant \frac{\lambda}{2K^2T_1^2} \tag{9-71}$$

如式（9-70）和式（9-71）所示，MRFT 方法所允许的最大加速度值要大于全信号直接相参积累方法。

9.3　仿真验证

本节通过仿真实验分析 MRFT 方法的性能，主要包括相参积累输出响应、弱目标的相参积累性能、多目标的相参积累性能、输入输出 SNR 性能以及目标检测性能。雷达参数设置为：载频 $f_c = 0.15\text{GHz}$，带宽 $B = 20\text{MHz}$，采样频率 $f_s = 40\text{MHz}$，脉冲重复频率 $f_p = 200\text{Hz}$，脉冲持续时间 $T_p = 5\mu\text{s}$，每帧脉冲数 $N_a = 200$。

9.3.1　相参积累输出响应

本小节对 MRFT 方法相参的积累输出响应进行仿真分析。目标运动参数设置为：初始距离单元（对应目标的初始径向距离）为 270，径向速度 $V_T = 150\text{m/s}$，积累帧数 $K = 6$。多帧相参积累输出响应如图 9-1 所示。

图 9-1（a）展示了第 6 帧脉压处理后的目标回波信号，从中可以看出目标发生了距离走动：目标信号能量分布在不同的距离单元内。通过 MRFT 方法处理后，积累结果如图 9-1（b）所示。可以看出，经过多帧联合相参积累后，目标信号能量得到了有效的积累并形成了明显的峰值。为了更清楚地呈现积累后的输出结果，图 9-1（c）和图 9-1（e）分别展示了积累结果的距离响应切面以及速度响应切面；为了对比，图 9-1（c）和图 9-1（e）还展示了由式（9-23）计算得到的理论响应结果。此外，图 9-1（d）和图 9-1（f）分别展示了图 9-1（c）和图 9-1（e）的局部放大结果。可以看到，仿真实验结果与理论结果的吻合度较高。

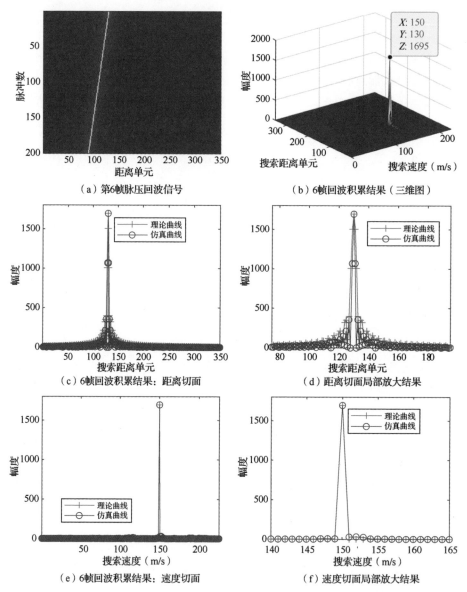

（a）第6帧脉压回波信号

（b）6帧回波积累结果（三维图）

（c）6帧回波积累结果：距离切面

（d）距离切面局部放大结果

（e）6帧回波积累结果：速度切面

（f）速度切面局部放大结果

图9-1　多帧相参积累输出响应

9.3.2　弱目标的相参积累性能

本小节通过仿真实验分析 MRFT 方法对弱目标的相参积累性能。目标运动参数与第 9.3.1 小节相同，脉压前目标的回波 SNR 为-37dB，仿真结果如图 9-2 所示。由于雷达的时宽带宽积 $D=100$，因此脉压处理的 SNR 增益为 $G_{pc}=10\lg D=20\text{dB}$。相应地，脉压后的回波信号 SNR 为-37dB+20dB=-17dB，此时目标信号功率仍然小于噪声功率，所以目标信号仍然不可见，如图 9-2（a）所示。图 9-2（b）展示了 MTD 的积累结果。可以看到，由于目标的距离走动，MTD 未能有效实现脉压回波信号的多脉冲相参积累，难以进一步提升回波信号 SNR，导致 MTD 积累处理后的目标信号仍然被淹没在噪声中。

第 1 帧脉压回波信号的 RFT 积累结果如图 9-2（c）所示。可以看到，要基于图 9-2（c）的积累结果实现目标检测仍然不容易。这是因为 200 个脉冲相参积累情况下（SNR 增益为 $10\lg 200 = 23\text{dB}$ ），RFT 积累输出的 SNR 约为 $-17\text{dB}+23\text{dB}=6\text{dB}$，仍不足以使目标足够突出，难以检测。不同帧数（ $K=2,3,4,5,6$ ）下的 MRFT 积累结果如图 9-2（d）～图 9-2（h）所示。可以看到，随着积累帧数的增加，目标信号积累后的峰值逐渐突出。图 9-2（h）表明：6 帧回波信号采用 MRFT 方法进行相参积累后，目标回波信号能量得到相参积累并形成了明显的峰值（高于周围噪声水平），有利于后续的目标检测。图 9-2 说明，MRFT 方法可以有效地实现目标多帧回波信号的联合积累，进而改善回波信号 SNR。

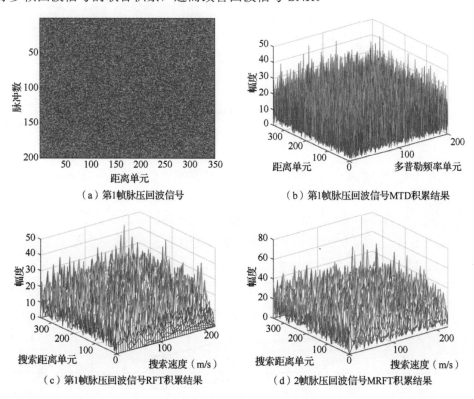

（a）第1帧脉压回波信号　　　　　　　（b）第1帧脉压回波信号MTD积累结果

（c）第1帧脉压回波信号RFT积累结果　　　（d）2帧脉压回波信号MRFT积累结果

图 9-2　弱目标多帧联合相参积累

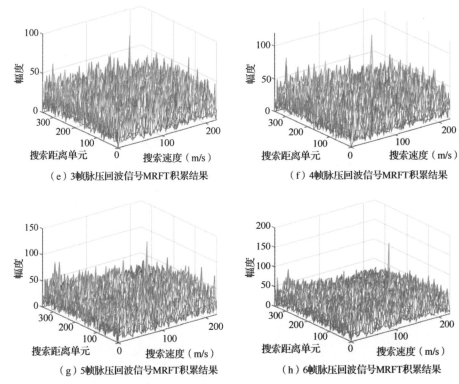

（e）3帧脉压回波信号MRFT积累结果　　　　　　（f）4帧脉压回波信号MRFT积累结果

（g）5帧脉压回波信号MRFT积累结果　　　　　　（h）6帧脉压回波信号MRFT积累结果

图 9-2　弱目标多帧联合相参积累（续）

9.3.3　多目标的相参积累性能

本小节仿真分析多目标情形下 MRFT 方法的相参积累性能。根据各目标间运动参数的差异，通常可以分为以下 3 种情形：目标间的初始径向距离与径向速度都不相同；目标间的径向速度不同，但具有相同的初始径向距离；目标间的初始径向距离不同，但具有相同的径向速度。表 9-2 给出了 4 个目标的运动参数。

表 9-2　4 个目标的运动参数

参数	目标 1	目标 2	目标 3	目标 4
初始距离单元	270	260	270	240
径向速度	150m/s	75m/s	75m/s	150m/s
脉压后 SNR	6dB	6dB	6dB	6dB

（1）考虑目标 1 和目标 2，它们满足情形 1：初始径向距离和径向速度都不相同。第 1 帧脉压后的雷达回波信号如图 9-3（a）所示，6 帧回波相参积累结果如图 9-3（b）所示。

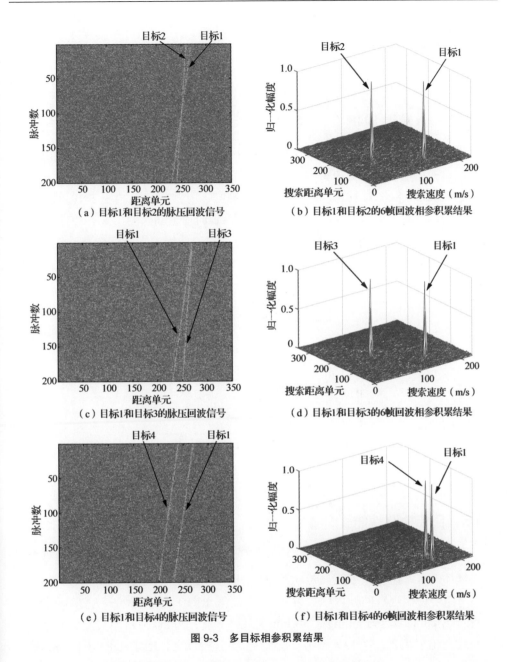

（a）目标1和目标2的脉压回波信号

（b）目标1和目标2的6帧回波相参积累结果

（c）目标1和目标3的脉压回波信号

（d）目标1和目标3的6帧回波相参积累结果

（e）目标1和目标4的脉压回波信号

（f）目标1和目标4的6帧回波相参积累结果

图 9-3　多目标相参积累结果

（2）考虑目标 1 和目标 3，它们满足情形 2：径向速度不同，但初始径向距离相同。图 9-3（c）所示为两个目标的第 1 帧脉压后的雷达回波信号，图 9-3（d）所示为 6 帧回波相参积累结果。

（3）考虑目标 1 和目标 4，它们满足情形 3：初始径向距离不同，但是径向速度相同。图 9-3（e）所示为两个目标的第 1 帧脉压后的雷达回波信号，图 9-3（f）

所示为 6 帧回波相参积累结果。

图 9-3 表明：MRFT 方法能够有效地实现多个运动目标回波信号的多帧相参积累。

9.3.4 输入输出 SNR

为了验证 MRFT 方法的 SNR 增益，本小节仿真分析了该方法的输入输出 SNR 性能。目标运动参数与第 9.3.1 小节相同，脉压后的单帧回波 SNR 变化范围设置为−23～20dB，步长为 1dB。图 9-4 展示了 MRFT 方法的输入输出 SNR 曲线。为了对比，图 9-4 也展示了由式（9-59）计算得到的理论输入输出 SNR 曲线。可以看到，仿真实验获得的输入输出 SNR 曲线与理论曲线的吻合度较高，这意味着 MRFT 方法可以获得接近理论值的相参积累增益。

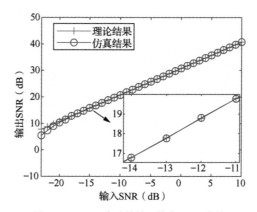

图 9-4 MRFT 方法的输入输出 SNR 曲线

9.3.5 目标检测性能

本小节仿真分析 MRFT 方法的目标检测性能，虚警概率为 $P_f = 10^{-4}$。现有研究文献都没有考虑发生了距离走动的目标的帧内与帧间联合相参积累。为了对比，本小节组合使用现有的帧内积累方法（HT[7-9]和 RFT）与帧间积累方法[动态规划算法（Dynamic Programming Algorithm，DPA）][10-11]，以便对距离走动目标进行多帧联合相参积累，两种处理方法分别记为 HT+DPA、RFT+DPA。仿真结果如图 9-5 所示，从中可以得到如下结论。

（1）与 RFT+DPA 方法相比，在检测概率为 0.9 时，MRFT 方法能够获得 3.5dB 的 SNR 增益。原因：虽然 MRFT 方法与 RFT+DPA 方法的帧内积累方式相似，但 MRFT 方法的帧间积累是相参积累，而 RFT+DPA 方法的帧间积累则是非相参积累。相应地，MRFT 方法能够在帧间处理过程中获得更高的 SNR 增益。

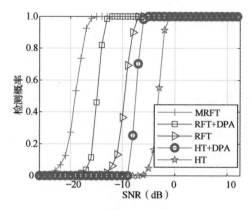

图 9-5　不同方法的检测概率曲线

（2）与 HT+DPA 方法相比，在检测概率为 0.9 时，MRFT 方法能够获得约 11dB 的 SNR 增益。原因：HT+DPA 方法的帧内积累和帧间积累都是非相参积累，而 MRFT 方法的帧内积累和帧间积累都是相参积累。

（3）与 RFT 方法和 HT 方法相比，MRFT 方法分别能够获得 8dB 以及 15dB 的 SNR 增益。这是因为 RFT 方法和 HT 方法都只能实现帧内信号的积累（其中 RFT 为帧内相参积累，HT 为帧内非相参积累），而 MRFT 方法能够同时实现帧内和帧间的联合相参积累，进而获得更高的 SNR 增益和更好的目标检测性能。

另外，MRFT 方法在不同积累帧数 K 下的目标检测性能如图 9-6 所示。可以看到，随着积累帧数 K 的增加，MRFT 方法的检测性能也在不断提升，从而能够适用于更低 SNR 下的目标检测。比如，检测概率为 0.9 时，与 $K = 2$ 时相比，$K = 3,4,5,6$ 时所需的输入 SNR 分别降低了 1.65dB、3.02dB、4.01dB 以及 4.75dB。

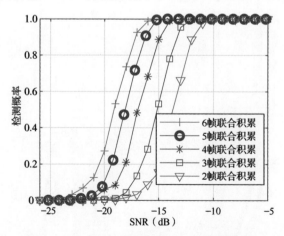

图 9-6　MRFT 方法在不同帧数下的目标检测性能

9.4　盲速旁瓣分析

对于一些特殊情况，如超高速目标和/或低重复频率雷达，MRFT 方法的帧内相参积累输出结果中可能会出现盲速旁瓣（BSSL）。此时，式（9-11）中 MRFT 方法的相参积累处理结果可进一步表示为：

$$G_k(i,q) \approx E_{0,k}(i,q) + \sum_{p=1,p \neq s}^{P} E_{p,k}(i,q) \tag{9-72}$$

其中，$E_{0,k}(i,q)$ 为主瓣峰值项，其位置与目标运动参数对应；$E_{p,k}(i,q)$ 为盲速旁瓣项：

$$E_{0,k}(i,q) = A_{\mathrm{T}} N_a \mathrm{sinc}\left[\pi \frac{(i-i_{\mathrm{T}}^k)\Delta r}{\rho_r}\right] \delta(q-q_{\mathrm{T}}) \exp\left[\frac{4\pi}{\lambda}(i-i_{\mathrm{T}}^k)\Delta r\right] \tag{9-73}$$

$$
\begin{aligned}
E_{p,k}(i,q) = &\frac{2A_{\mathrm{T}}\rho_r}{\lambda(p-s)} \mathrm{sinc}\left[\pi \frac{2\rho_r}{\lambda(p-s)N_a}(q'-q_{\mathrm{T}}')\right] \times \\
&\mathrm{rect}\left[\frac{2(i-i_{\mathrm{T}}^k)\Delta r}{\lambda N_a(p-s)}\right] \exp\left[\frac{4\pi}{\lambda}(i-i_{\mathrm{T}}^k)\Delta r\right]
\end{aligned}
\tag{9-74}
$$

$$p = \mathrm{round}\left(\frac{q}{N_a}\right) \tag{9-75}$$

$$s = \mathrm{round}\left(\frac{2V_{\mathrm{T}}}{\lambda f_{\mathrm{p}}}\right) \tag{9-76}$$

$$q' = q - pN_a \tag{9-77}$$

$$q_{\mathrm{T}}' = q_{\mathrm{T}} - \mathrm{round}\left(\frac{2V_{\mathrm{T}}}{\lambda f_{\mathrm{p}}}\right) N_a \tag{9-78}$$

其中，f_{p} 为脉冲重复频率。

由式（9-73）和式（9-74）可以看出，MRFT 相参积累输出的主瓣-盲速旁瓣比（Mainlobe to BSSL Ratio，MBR）为：

$$\mathrm{MBR}_1 = \frac{A_{\mathrm{T}}N_a}{\dfrac{2A_{\mathrm{T}}\rho_r}{\lambda(p-s)}} = \frac{\lambda(p-s)N_a}{2\rho_r} \tag{9-79}$$

同时，MRFT 处理后，第 k 帧输出的主峰位置为 $(i_{\mathrm{T}}^k, q_{\mathrm{T}})$，则盲速旁瓣位置满足：

$$
\begin{aligned}
q' &= q_{\mathrm{T}}' \\
\left|\frac{2(i-i_{\mathrm{T}}^k)\Delta r}{\lambda N_a(p-s)}\right| &\leqslant \frac{1}{2}
\end{aligned}
\tag{9-80}
$$

将式（9-72）代入式（9-18）中得：

$$I_K(i,q) = \sum_{k=1}^{K} E_{0,K+1-k}\left(i - \frac{(k-1)v(q)T_F}{\Delta r}, q\right) +$$
$$\sum_{k=1}^{K}\sum_{p=1,p\neq s}^{P} E_{p,K+1-k}\left(i - \frac{(k-1)v(q)T_F}{\Delta r}, q\right) \tag{9-81}$$

式（9-81）中，等号右边的第一个求和项为主瓣峰值的叠加，第二个求和项则为盲速旁瓣的叠加。根据第 9.2 节的分析和推导，可以得到主瓣峰值的求和结果为：

$$\sum_{k=1}^{K} E_{0,K+1-k}\left(i - \frac{(k-1)v(q)T_F}{\Delta r}, q\right) \approx kA_T N_a \text{sinc}\left[\pi\frac{(i-i_T^k)\Delta r}{\rho_r}\right] \times$$
$$\delta(q'-q_T')\exp\left[\frac{4\pi}{\lambda}(i-i_T^k)\Delta r\right] \tag{9-82}$$

下面分析并证明帧间相参积累处理过程中，与主瓣峰值的相参积累不同，盲速旁瓣不会进行有效的积累。

9.4.1　帧间积累盲速旁瓣响应

如图 9-7 所示，不失一般性，令 A 和 A' 分别表示 MRFT 相参积累处理后第 k 帧和第 $k+h$ 帧的主瓣峰值位置，对应的坐标分别记为 (i_T^k, q_T^k)、(i_T^{k+h}, q_T^{k+h})。同理，令 B 和 B' 分别表示第 k 帧和第 $k+h$ 帧 MRFT 相参积累处理后的盲速旁瓣位置，对应的坐标分别记为 (i_b^k, q_b^k)、(i_b^{k+h}, q_b^{k+h})。

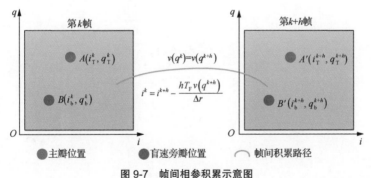

图 9-7　帧间相参积累示意图

根据基于 MRFT 的多帧联合相参积累处理原理可知，帧内相参积累处理后，MRFT 的主瓣与盲速旁瓣的位置关系满足以下条件。

（1）如式（9-73）～式（9-74）所示，同一帧内 MRFT 的主瓣与盲速旁瓣之间，有：

$$| i_{\mathrm{b}}^{k} - i_{\mathrm{T}}^{k} | \leqslant \frac{\lambda N_{a} | p - s |}{4\Delta r}$$

$$| q_{\mathrm{b}}^{k} - q_{\mathrm{T}}^{k} | = N_{a} | p - s | \tag{9-83}$$

$$| i_{\mathrm{b}}^{k+h} - i_{\mathrm{T}}^{k+h} | \leqslant \frac{\lambda N_{a} | p - s |}{4\Delta r}$$

$$| q_{\mathrm{b}}^{k+h} - q_{\mathrm{T}}^{k+h} | = N_{a} | p - s | \tag{9-84}$$

（2）不同帧之间，基于 MRFT 域的多帧积累路径，可以得到第 k 帧与第 $k+h$ 帧之间的主瓣位置满足：

$$i_{\mathrm{T}}^{k} = i_{\mathrm{T}}^{k+h} - \frac{V_{\mathrm{T}} h T_{\mathrm{F}}}{\Delta r} \tag{9-85}$$

$$q_{\mathrm{T}}^{k} = q_{\mathrm{T}}^{k+h} = q_{\mathrm{T}} \tag{9-86}$$

$$v(q_{\mathrm{T}}^{k}) = v(q_{\mathrm{T}}^{k+h}) = V_{\mathrm{T}} \tag{9-87}$$

需要指出的是，MRFT 域的帧间相参积累处理过程中，为了让第 k 帧与第 $k+h$ 帧的盲速旁瓣对应叠加，必须满足以下条件：

$$i_{\mathrm{b}}^{k} = i_{\mathrm{b}}^{k+h} - \frac{v(q_{\mathrm{b}}^{k+h}) h T_{\mathrm{F}}}{\Delta r}$$

$$q_{\mathrm{b}}^{k} = q_{\mathrm{b}}^{k+h} \tag{9-88}$$

然而，式（9-88）无法满足，证明如下。

当 $q_{\mathrm{b}}^{k} = q_{\mathrm{b}}^{k+h}$ 时，式（9-83）和式（9-84）有以下两种情形。

情形 1

$$0 \leqslant i_{\mathrm{b}}^{k} - i_{\mathrm{T}}^{k} \leqslant \frac{\lambda N_{a} | p - s |}{4\Delta r}$$

$$q_{\mathrm{b}}^{k} - q_{\mathrm{T}}^{k} = -N_{a} | p - s | \tag{9-89}$$

$$0 \leqslant i_{\mathrm{b}}^{k+h} - i_{\mathrm{T}}^{k+h} \leqslant \frac{\lambda N_{a} | p - s |}{4\Delta r}$$

$$q_{\mathrm{b}}^{k+h} - q_{\mathrm{T}}^{k+h} = -N_{a} | p - s | \tag{9-90}$$

相应地，有：

$$i_{\mathrm{b}}^{k} \leqslant i_{\mathrm{T}}^{k} + \frac{\lambda N_{a} | p - s |}{4\Delta r}$$

$$v(q_{\mathrm{b}}^{k}) - v(q_{\mathrm{T}}^{k}) = -\frac{\lambda f_{p} | p - s |}{2} \tag{9-91}$$

$$i_{\mathrm{T}}^{k+h} \leqslant i_{\mathrm{b}}^{k+h} \tag{9-92}$$

因此，可以得到如下不等式：

$$i_{\mathrm{b}}^{k} - i_{\mathrm{b}}^{k+h} + \frac{v(q_{\mathrm{b}}^{k+h})hT_{\mathrm{F}}}{\Delta r}$$

$$\leqslant i_{\mathrm{T}}^{k} + \frac{\lambda N_a \,|\, p - s \,|}{4\Delta r} - i_{\mathrm{b}}^{k+h} + \frac{v(q_{\mathrm{b}}^{k+h})hT_{\mathrm{F}}}{\Delta r}$$

$$\leqslant i_{\mathrm{T}}^{k} + \frac{\lambda N_a \,|\, p - s \,|}{4\Delta r} - i_{\mathrm{T}}^{k+h} + \frac{v(q_{\mathrm{b}}^{k+h})hT_{\mathrm{F}}}{\Delta r} \qquad (9\text{-}93)$$

$$\leqslant i_{\mathrm{T}}^{k} - i_{\mathrm{T}}^{k+h} + \frac{\lambda N_a \,|\, p - s \,|}{4\Delta r} + \frac{v(q_{\mathrm{b}}^{k+h})hT_{\mathrm{F}}}{\Delta r}$$

将式（9-85）代入式（9-93）得：

$$i_{\mathrm{b}}^{k} - i_{\mathrm{b}}^{k+h} + \frac{v(q_{\mathrm{b}}^{k+h})hT_{\mathrm{F}}}{\Delta r}$$

$$\leqslant \frac{\lambda N_a \,|\, p - s \,|}{4\Delta r} + \frac{[v(q_{\mathrm{b}}^{k+h}) - V_{\mathrm{T}}]hT_{\mathrm{F}}}{\Delta r}$$

$$\leqslant \frac{\lambda N_a \,|\, p - s \,|}{4\Delta r} - \frac{\lambda \,|\, p - s \,| f_p}{2} \frac{hT_{\mathrm{F}}}{\Delta r} \qquad (9\text{-}94)$$

$$\leqslant \frac{\lambda N_a \,|\, p - s \,|}{4\Delta r}(1 - 2h)$$

因此，式（9-88）所示的条件不成立。

情形 2

$$\begin{cases} -\dfrac{\lambda N_a \,|\, p - s \,|}{4\Delta r} \leqslant i_{\mathrm{b}}^{k} - i_{\mathrm{T}}^{k} < 0 \\[2mm] q_{\mathrm{b}}^{k} - q_{\mathrm{T}}^{k} = N_a \,|\, p - s \,| \end{cases} \qquad (9\text{-}95)$$

$$\begin{cases} -\dfrac{\lambda N_a \,|\, p - s \,|}{4\Delta r} \leqslant i_{\mathrm{b}}^{k+h} - i_{\mathrm{T}}^{k+h} < 0 \\[2mm] q_{\mathrm{b}}^{k+h} - q_{\mathrm{T}}^{k+h} = N_a \,|\, p - s \,| \end{cases} \qquad (9\text{-}96)$$

相应地，有：

$$\begin{cases} i_{\mathrm{T}}^{k} - \dfrac{\lambda N_a \,|\, p - s \,|}{4\Delta r} \leqslant i_{\mathrm{b}}^{k} \\[2mm] v(q_{\mathrm{b}}^{k}) - v(q_{\mathrm{T}}^{k}) = \dfrac{\lambda f_p \,|\, p - s \,|}{2} \end{cases} \qquad (9\text{-}97)$$

$$i_{\mathrm{b}}^{k+h} < i_{\mathrm{T}}^{k+h} \qquad (9\text{-}98)$$

进而可以得到式（9-99）：

$$i_{\mathrm{b}}^{k} - i_{\mathrm{b}}^{k+h} + \frac{v(q_{\mathrm{b}}^{k+h})hT_{\mathrm{F}}}{\Delta r}$$

$$\geqslant i_{\mathrm{T}}^{k} - \frac{\lambda N_a \,|\, p - s \,|}{4\Delta r} - i_{\mathrm{b}}^{k+h} + \frac{v(q_{\mathrm{b}}^{k+h})hT_{\mathrm{F}}}{\Delta r}$$

$$\geqslant i_{\mathrm{T}}^{k} - \frac{\lambda N_a \,|\, p - s \,|}{4\Delta r} - i_{\mathrm{T}}^{k+h} + \frac{v(q_{\mathrm{b}}^{k+h})hT_{\mathrm{F}}}{\Delta r} \qquad (9\text{-}99)$$

$$\geqslant i_{\mathrm{T}}^{k} - i_{\mathrm{T}}^{k+h} - \frac{\lambda N_a \,|\, p - s \,|}{4\Delta r} + \frac{v(q_{\mathrm{b}}^{k+h})hT_{\mathrm{F}}}{\Delta r}$$

将式（9-85）代入式（9-99），有：

$$
\begin{aligned}
i_{\mathrm{b}}^{k} - i_{\mathrm{b}}^{k+h} &+ \frac{v(q_{\mathrm{b}}^{k+h})hT_{\mathrm{F}}}{\Delta r} \\
&\geqslant -\frac{\lambda N_a \,|\, p-s \,|}{4\Delta r} + \frac{[v(q_{\mathrm{b}}^{k+h}) - V_{\mathrm{T}}]hT_{\mathrm{F}}}{\Delta r} \\
&\geqslant -\frac{\lambda N_a \,|\, p-s \,|}{4\Delta r} + \frac{\lambda \,|\, p-s \,|\, f_p}{2}\frac{hT_{\mathrm{F}}}{\Delta r} \\
&\geqslant \frac{\lambda N_a \,|\, p-s \,|}{4}(2h-1) > 0
\end{aligned}
\tag{9-100}
$$

因此，式（9-88）所示的条件不成立。

根据以上分析可以发现：MRFT 方法在帧间相参积累过程中，任意两帧的盲速旁瓣都不会叠加在一起。同时，所有帧间的主瓣峰值都会相参积累。换言之，帧间积累处理过程中，随着积累帧数 K 的增加，主瓣峰值的积累幅度会线性地增加，而盲速旁瓣的幅值却基本保持不变。这就意味着，经过帧间积累处理后，MBR 得到增强（等价于盲速旁瓣得到抑制）。相应地，多帧积累后的 MBR 可表示成：

$$
\mathrm{MBR}_2 \approx \frac{KA_{\mathrm{T}}N_a}{\dfrac{2A_{\mathrm{T}}\rho_r}{\lambda(p-s)}} = K\mathrm{MBR}_1
\tag{9-101}
$$

9.4.2 仿真分析

下面通过仿真实验分析多帧联合相参积累过程中，盲速旁瓣随积累帧数的变化情况。雷达系统参数为：载波频率 $f_{\mathrm{c}} = 0.75\mathrm{GHz}$，信号带宽 $B = 15\mathrm{MHz}$，采样频率 $f_{\mathrm{s}} = 2B$，脉冲持续时间 $T_{\mathrm{p}} = 10\mu\mathrm{s}$，每帧脉冲数 $N_a = 200$，帧数 $K = 6$，脉冲重复频率 $f_{\mathrm{p}} = 200\mathrm{Hz}$。目标做径向匀速运动，速度为 $V_{\mathrm{T}} = 150\mathrm{m/s}$，初始径向距离单元为 330。基于 MRFT 的多帧联合相参积累结果如图 9-8 所示，其中图 9-8（a）所示为第 1 帧回波的积累结果，图 9-8（b）～图 9-8（f）分别为 $K = 2,3,4,5,6$ 时的积累结果。由图 9-8 可以看出，随着积累帧数 K 的增加，MBR 不断增大，相应的盲速旁瓣抑制性能得到提升。

为了更直观地对比不同积累帧数下的盲速旁瓣抑制效果，表 9-3 展示了图 9-8（a）～图 9-8（f）中的 MBR。同时，图 9-9 展示了不同积累帧数下 MBR 的仿真曲线与理论曲线 [由式（9-101）计算获得]。由此可以看出，仿真曲线与理论结果的吻合度较高。

表 9-3　不同积累帧数下的 MBR

积累帧数	MBR
图 9-8（a），1 帧积累	0.2630
图 9-8（b），2 帧积累	0.1310
图 9-8（c），3 帧积累	0.0870
图 9-8（d），4 帧积累	0.0650
图 9-8（e），5 帧积累	0.0520
图 9-8（f），6 帧积累	0.0434

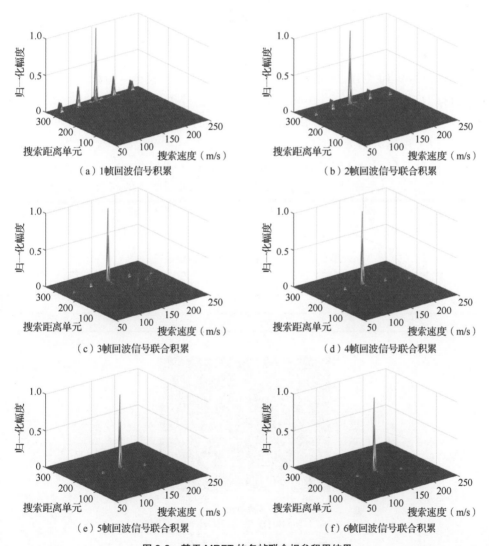

图 9-8　基于 MRFT 的多帧联合相参积累结果

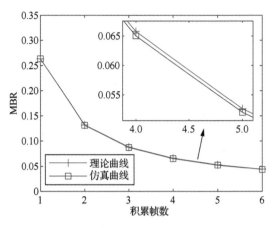

图 9-9　MBR 随积累帧数变化的曲线

　　此外，图 9-10 给出了多目标场景下 MRFT 方法的盲速旁瓣抑制能力。目标 A 和目标 B 的运动参数如表 9-4 所示。图 9-10（a）所示为两个目标的第 6 帧脉压回波信号，可以看到目标 A 和目标 B 的回波信号能量分布在多个距离单元内。图 9-10（b）所示为第 6 帧脉压回波信号的 MRFT 相参积累结果，其等高线结果如图 9-10（c）所示。从图 9-10（b）和图 9-10（c）可以看出，目标 A 和目标 B 的主瓣旁瓣附近存在较高的盲速旁瓣，不利于目标真实数目的获取。6 帧脉压回波信号的 MRFT 相参积累结果如图 9-10（d）所示，相应的等高线结果如图 9-10（e）所示。可以看到，与主瓣相比，盲速旁瓣得到了很好的抑制。

表 9-4　目标 A 和目标 B 的参数设置

参数	目标 A	目标 B
初始距离单元	330	260
径向速度	150m/s	110m/s

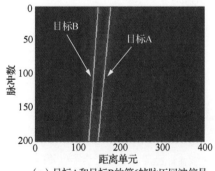

（a）目标A和目标B的第6帧脉压回波信号

图 9-10　多目标下的盲速旁瓣响应

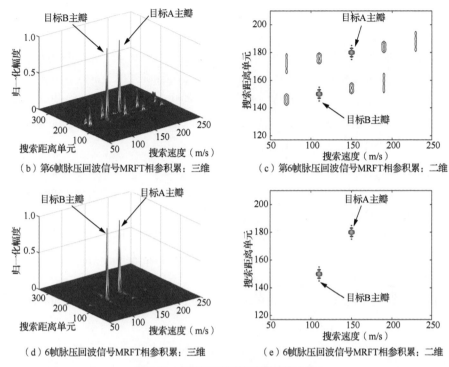

（b）第6帧脉压回波信号MRFT相参积累：三维

（c）第6帧脉压回波信号MRFT相参积累：二维

（d）6帧脉压回波信号MRFT相参积累：三维

（e）6帧脉压回波信号MRFT相参积累：二维

图 9-10　多目标下的盲速旁瓣响应（续）

9.5　本章小结

为了进一步提高雷达对高速目标的积累检测性能，本章围绕高速目标的多帧（帧内-帧间）联合长时间相参积累信号处理问题，介绍了基于 MRFT 的多帧联合相参积累方法，主要内容总结如下。

（1）首先，建立了高速目标多帧联合长时间相参积累处理的三维（快时间-慢时间-帧时间）回波模型。其次，提出了改进 RFT（MRFT）的帧内回波信号相参积累方法，实现了目标回波信号能量的帧内多脉冲积累，并分析了 MRFT 处理后的积累输出特性；随后，针对 MRFT 积累输出特征，提出了 MRFT 域的多帧（帧间）相参积累方法，同时详细地分析了多帧联合处理后的积累输出响应，并从理论角度推导了 MRFT 域多帧相参积累处理后的目标检测概率与虚警概率的表达式以及输入输出 SNR。

（2）针对超高速目标或雷达的脉冲重复频率较低时，基于 MRFT 的帧内相参积累输出中可能会出现盲速旁瓣的问题，本章分析了多帧联合长时间相参积累处理后的盲速旁瓣响应。理论分析和仿真实验结果表明：多帧联合相参积累处理过程中，随着积累帧数的增加，主瓣峰值的积累幅度会线性增加，而盲速旁瓣的幅值基本保持不变。换言之，经过帧间积累处理后，MBR 得到增强，盲速旁瓣得到抑制。

参考文献

[1]   Xu J, Yu J, Peng Y N, et al. Space-time Radon-Fourier transform and applications in radar target detection[J]. IET Radar, Sonar & Navigation, 2012, 6(9): 846-857.

[2]   Xu J, Yu J, Peng Y N, et al. Radon-Fourier transform for radar target detection(I): Generalized Doppler filter bank[J]. IEEE Transactions on Aerospace and Electronic Systems, 2011, 47(2): 1186-1202.

[3]   Xu J, Yu J, Peng Y N, et al. Radon-Fourier transform for radar target detection (II): Blind speed sidelobe suppression[J]. IEEE Transactions on Aerospace and Electronic Systems, 2011, 47(4): 2473-2489.

[4]   Yu J, Xu J, Peng Y N, et al. Radon-Fourier transform for radar target detection (III): Optimality and fast implementations[J]. IEEE Transactions on Aerospace and Electronic Systems, 2012, 48(2): 991-1004.

[5]   Kay S M. Fundamentals of statistical of signal processing volume II: Detection theory[M]. NJ: Prentice Hall PTR, 1998:141-165.

[6]   Xu J, Xia X G, Peng S B, et al. Radar maneuvering target motion estimation based on generalized Radon-Fourier transform[J]. IEEE Transactions on Signal Processing, 2012, 60(12): 6190-6201.

[7]   Carlson B D, Evans E D, Wilson S L. Search radar detection and track with the Hough transform (I): System concept[J]. IEEE Transactions on Aerospace and Electronic Systems, 1994, 30(1): 102-108.

[8]   Carlson B D, Evans E D, Wilson S L. Search radar detection and track with the Hough transform (II): Detection statistics[J]. IEEE Transactions on Aerospace and Electronic Systems, 1994, 30(1): 109-115.

[9]   Carlson B D, Evans E D, Wilson S L. Search radar detection and track with the Hough transform (III): Detection performance with binary integration[J]. IEEE Transactions on Aerospace and Electronic Systems, 1994, 30(1): 116-125.

[10]   Tonissen S M, Evans R J. Peformance of dynamic programming techniques for track-before-detect[J]. IEEE Transactions on Aerospace and Electronic Systems, 1996, 32(4): 1440-1451.

[11]   Johnston L A, Krishnamurthy V. Performance analysis of a dynamic programming track before detect algorithm[J]. IEEE Transactions on Aerospace and Electronic Systems, 2002, 38(1): 228-242.

后记

临近空间高速飞行器、F-22战斗机等高速目标具有飞行速度快、攻击距离远、隐身能力强等特点，给现代雷达预警探测带来了巨大挑战。高速目标长时间相参积累信号处理技术通过对较长探测周期内的雷达回波信号进行距离对齐与相位补偿，可实现回波信号的同相积累，进而有效地提高回波 SNR 与目标积累探测性能。然而，由于目标的高速与机动特性，雷达相参积累信号处理也面临距离走动、多普勒走动等问题。本书从雷达高速目标长时间相参积累信号处理面临的主要难点出发，较系统和深入地讨论了高速目标长时间相参积累信号处理技术，较全面地介绍了长时间相参积累信号处理方法，并提供了较丰富的仿真实验与结果分析。

尽管本书围绕目标运动状态，从匀速运动、匀加速运动、变加速运动、高阶机动、多模态运动、变尺度、时间信息未知等多个角度介绍了高速目标长时间相参积累信号处理技术，但长时间相参积累信号处理领域仍有相关研究方向有待进一步的探索。现列举如下，以供读者参考。

（1）非高斯噪声背景下的长时间相参积累：如海面机动目标的相参积累与运动参数估计，还有待进一步的研究。

（2）多雷达组网长时间相参积累：相参积累信号处理对同步精度具有很高的要求，同步误差对多雷达长时间相参积累性能的影响以及如何设计相应的补偿积累方法，是长时间相参积累信号处理领域的一项重要而艰巨的任务。

（3）先进雷达长时间相参积累方法的工程实现：如何将理论上先进的相参积累方法可靠且快速地应用到工程实践中，是雷达相参积累信号处理技术工程化及实际应用中面临的关键问题，应成为未来的研究重点之一。

（4）雷达长时间相参积累信号处理中的模型库和知识库技术研究：为了获得良好的目标回波信号积累检测性能，相参积累方法的选择和设计需要匹配目标的运动模态。如何针对具体战术背景和目标特性，建立雷达长时间相参积累信号处理中的模型库和知识库，研究高速并行推理机制，是雷达长时间相参积累信号处理领域的一项重要而艰巨的任务。

（5）跨波束下的长时间积累问题：切向速度很大的目标可能在雷达长时间探测过程中穿过多个波束。此时，如何设计有效的算法联合补偿距离/多普勒频率/波束走动，以实现回波信号能量的有效积累，值得进一步研究。

主要术语表

缩写	英文名称	中文名称
ACCF	Adjacent Cross Correlation Function	相邻互相关函数
BSSL	Blind Speed Sidelobe	盲速旁瓣
CFAR	Constant False Alarm Rate	恒虚警率
CPF	Cubic Phase Function	三阶相位函数
DFM	Dopppler Frequency Migration	多普勒走动
DP	Dechirp Process	去调频处理
FFT	Fast Fourier Transform	快速傅里叶变换
FRM	First-order Range Migration	一阶距离走动
FRFT	Fractional Fourier Transform	分数阶傅里叶变换
FT	Fourier Transform	傅里叶变换
GDP	Generalized Dechirp Process	广义去调频处理
GKT	Generalized Keystone Transform	广义梯形变换
GRFT	Generalized Radon Fourier Transform	广义 Radon 傅里叶变换
IFFT	Inverse Fast Fourier Transform	快速傅里叶逆变换
KT	Keystone Transform	梯形变换
KTLVD	Keystone Transform and Lv's Distribution	梯形变换和吕分布
LFM	Linear Frequency Modulated	线性频率调制
LVD	Lv's Distribution	吕分布
MTD	Moving Target Detection	运动目标检测
MBR	Mainlobe to BSSL Ratio	主瓣-盲速旁瓣比
MFP	Matched Filtering Process	匹配滤波处理
MLRT	Modified Location Rotation Transform	改进位置旋转变换
MPSF	Modified Point Spread Function	改进点扩散函数
MRFT	Modified Radon Fourier Transform	改进 Radon 傅里叶变换
MSE	Mean Square Error	均方误差
PRF	Pulse Repetition Frequency	脉冲重复频率
PSP	Principle of Stationary Phase	驻定相位原理
PSF	Point Spread Function	点扩散函数
PSO	Particle Swarm Optimization	粒子群优化
RC	Range Curvature	距离弯曲
RM	Range Migration	距离走动

缩写	英文名称	中文名称
RFT	Radon Fourier Transform	Radon 傅里叶变换
RLVD	Radon-Lv's Distribution	Radon 吕分布
RFRFT	Radon Fractional Fourier Transform	Radon 分数阶傅里叶变换
RMSE	Root Mean Square Error	均方根误差
SAR	Synthetic Aperture Radar	合成孔径雷达
SAF	Symmetric Autocorrelation Function	对称相关函数
SCFT	Scaled Fourier Transform	尺度傅里叶变换
SFT	Scaled Fourier Transform	尺度傅里叶变换
SKT	Second-order Keystone Transform	二阶梯形变换
SNR	Signal-to-Noise Ratio	信噪比
SPSF	Sinc-like Point Spread Function	辛格状点扩散函数
SRM	Second-order Range Migration	二阶距离走动
STGRFT	Short Time GRFT	短时广义 Radon 傅里叶变换
TRM	Third-order Range Migration	三阶距离走动
TKT	Third-order Keystone Transform	三阶梯形变换
TRT	Time Reversing Transform	时间翻转变换

中国电子学会简介

中国电子学会于 1962 年在北京成立，是 5A 级全国学术类社会团体。学会拥有个人会员 10 万余人、团体会员 1200 多个，设立专业分会 47 个、专家委员会 17 个、工作委员会 9 个，主办期刊 13 种，并在 26 个省、自治区、直辖市设有相应的组织。学会总部是工业和信息化部直属事业单位，在职人员近 200 人。

中国电子学会的 47 个专业分会覆盖了半导体、计算机、通信、雷达、导航、微波、广播电视、电子测量、信号处理、电磁兼容、电子元件、电子材料等电子信息科学技术的所有领域。

中国电子学会的主要工作是开展国内外学术、技术交流；开展继续教育和技术培训；普及电子信息科学技术知识，推广电子信息技术应用；编辑出版电子信息科技书刊；开展决策、技术咨询，举办科技展览；组织研究、制定、应用和推广电子信息技术标准；接受委托评审电子信息专业人才、技术人员技术资格，鉴定和评估电子信息科技成果；发现、培养和举荐人才，奖励优秀电子信息科技工作者。

中国电子学会是国际信息处理联合会（IFIP）、国际无线电科学联盟（URSI）、国际污染控制学会联盟（ICCCS）的成员单位，发起成立了亚洲智能机器人联盟、中德智能制造联盟。世界工程组织联合会（WFEO）创新专委会秘书处、中国科协联合国咨商信息与通信技术专业委员会秘书处、世界机器人大会秘书处均设在中国电子学会。中国电子学会与电气电子工程师学会（IEEE）、英国工程技术学会（IET）、日本应用物理学会（JSAP）等建立了会籍关系。

关注中国电子学会微信公众号

加入中国电子学会